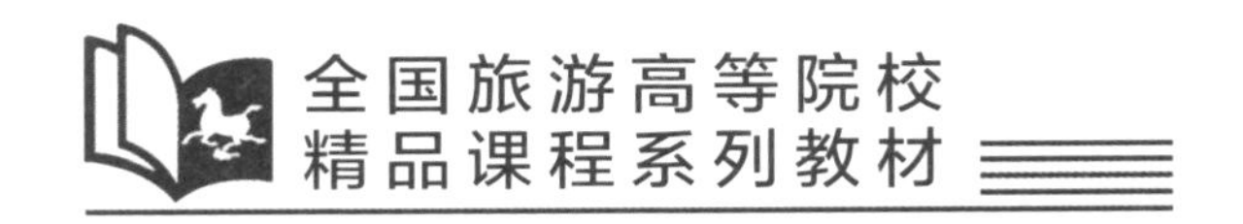

Xinbian Jisuanji Yingyong Jichu

新编计算机应用基础

（Office 2016版）

主　编◎刘　蓉　肖　伟

中国旅游出版社

编委会名单

《新编计算机应用基础（Office 2016 版）》编写组

单元 1	计算机文化	马　卫
单元 2	计算机系统概述	龚　玮
单元 3	Word 2016 电子文档	肖　伟
单元 4	Excel 2016 电子表格	刘　蓉
单元 5	PowerPoint 2016 演示文稿	商永巧
单元 6	计算机网络基础	史冬蕾
单元 7	常用工具介绍	潘巍巍

序　言

“十四五”时期，中国特色社会主义已经进入新时代，我国社会主要矛盾已经转化为人民日益增长的美好生活需要和不平衡不充分的发展之间的矛盾。旅游产业作为服务人民群众美好生活的重要组成部分，已成为现代社会的主要生活方式，正以其强劲的势头成为我国经济产业中具有活力的“朝阳产业”，为国民经济和社会发展提供了强有力的支撑。

旅游职业教育是以服务为宗旨，以就业为导向，以服务产业经济发展为重点的类型教育。近年来，随着文旅融合深入推进、大众旅游持续发展，以“互联网+旅游”为特征的旅游业发展新模式，以融合创新、开放共享为特征的旅游新业态层出不穷，各种现代新科技、新理念、新产品的应用，为推动旅游产业转型升级注入了新的活力，也为旅游职业教育改革提出了新的挑战。面对旅游业日新月异的发展，面对产业融合和信息技术快速发展，旅游院校必须加快推动教育综合改革，紧贴行业办学，紧贴需求育人，进一步提升人才培养适用性，为现代旅游产业发展提供有力的人才保障。

为了进一步提升旅游专业学生和行业从业人员的综合素养、职业技能和可持续发展能力，培养适应旅游产业发展需求的高素质技术技能和管理服务人才。由南京旅游职业学院与校企合作单位共同编写了这套旅游职业教育精品系列教材。这套系列教材的编写旨在贯彻落实党中央、国务院的决策部署，服务“四个全面”战略布局，以服务旅游业发展为宗旨，以促进旅游就业创业为导向，具有针对性和实用性，利于学生综合素质与职业能力的提升。这套系列教材由旅游通识教育系列和旅游专业教育系列两部分组成，包括《中华经典诵读》《礼仪文化》《形体训练》《中式烹饪基础工艺与实训》《民航服务心理学》《烹饪英语》《前厅服务与管理》《旅游概论》《旅游策划实务》《大学生创新理论与实践》《旅游景区概论》《酒店工程管理》《酒店信息智能化》《南京景点日语导游》《酒店日语》《新编计算机应用基础（Office 2016 版）》等教材，是南京旅游职业学院在教学改革方面的最新成果。

本套丛书是集体智慧的结晶，尽管编写过程中编写组力图全面反映旅游专业知识和旅游行业发展的最新成果和趋势，使教材既便于教师教学，也能促进学生自主学习，但囿于经验和学识有限，教材中难免有瑕疵，敬请读者批评指正。

教材编委会

2021 年 8 月

目录
CONTENTS

单元1　计算机文化

计算机在我们生活中占据着十分重要的地位，无论是在日常生活还是在高精尖的前沿科技领域中都随处可见它的身影。计算机的出现堪称20世纪人类最伟大的发明之一，为人类的科技进步提供了前所未有的技术支持。对于当代大学生而言，无论从事什么类型的行业，对计算机有一定的了解并掌握一些基本技能都是十分必要的。通过本单元的学习，了解计算机的发展、类型及其应用领域，了解计算机中的信息表示，了解多媒体技术的概念与应用，目前信息技术在旅游行业中的应用，为进一步学习和使用计算机打下一定的基础。

项目1.1　了解信息社会与信息素养

1. 项目要求

了解电子计算机出现之前的计算技术，了解计算机的发展历程，了解计算机的未来发展趋势，了解计算机的类型以及了解计算机的应用领域。

2. 项目实现

任务1　了解电子计算机出现之前的计算技术

当人类第一次开始思考“1+1=2”的时候，数学就开始了它的发展。随着人类思考的不断延伸，越来越大的数字给人类运算带来了很大的困难，于是自然而然地，人们开始思考如何记住这些数字，计数方法就这样诞生了。

《易・系辞下》文献记载："上古结绳而治，后世圣人易之以书契，百官以治，万民以察。"意思是上古时期，人们使用绳结来记数，后来圣人们则以书契记数。百官利用此来治理政务，百姓通过此来知晓世情。

在原始社会，人们用"结绳记事"来计数。结绳计数直到 20 世纪中叶一直在云南的少数民族地区延续着。而且不只是中国，世界各地的不同民族都有类似的计数方法。据说，古秘鲁印加族人（印第安人的一支）用来打结的绳子名为"魁普"（quipus），表示的数目清楚、完备，用来登录账目、人口数及税收数。

后来，在公元元年前后，古巴比伦、古罗马和古中国都出现了算盘。算盘，如图 1-1 所示，起源于中国，迄今已有 2600 多年的历史，是中国古代的一项重要发明。在阿拉伯数字出现前，算盘是世界广为使用的计算工具。算盘结合了十进制计数法和一整套计算口诀，被人们沿用至今。

图 1-1　中国算盘

在欧洲，文艺复兴时期，意大利博学家列奥纳多・达・芬奇（Leonardo da Vinci，1452—1519）曾设计了一款利用齿轮制作的计算机，但由于当时制造工艺的限制，这台计算机并没有被制造出来，只留下了图纸。

17 世纪，法国科学家布莱士・帕斯卡（Blaise Pascal，1623—1662）发明了帕斯卡加法器，又称滚轮式加法器，如图 1-2 所示。这台由他于 1642 年设计并制作的能自动进位的加减法计算装置，被称为世界上第一台数字计算器，为以后的计算机设计提供了基本原理。

1671 年，德国数学家戈特弗里德・威廉・莱布尼茨（Gottfried Wilhelm Leibniz，1646—1716）在帕斯卡加、减法机械计算机的基础上进行改进，使这种机械计算机能进行乘法、除法、自乘的演算。他设计的计算样机达到了可以进行四则运算的水平，如图 1-3 所示。

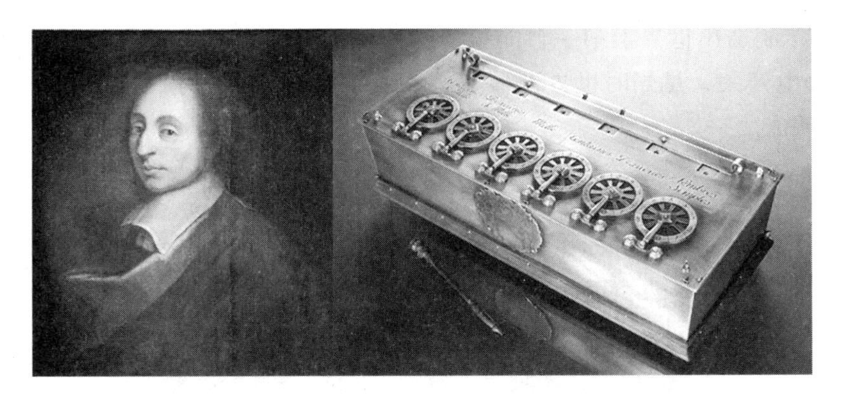

图 1–2　帕斯卡及他发明的加法器

图 1–3　乘法器

19 世纪，英国数学家查尔斯 · 巴贝奇（Charles Babbage，1791—1871）将计算工具的概念进行延伸推广，试图创建第一个可编程式计算器，这是划时代的思想，超越了当时的客观现实，但由于当时加工技术的限制，在制造了第一台运算精度为 6 位小数的差分机（如图 1–4 所示）之后，这个蕴含先进思想的机器再也无法更进一步，这也成了巴贝奇最大的遗憾，事实上，今天所使用的每一台计算机都遵循巴贝奇的基本设计方案，因此巴贝奇被称为"电脑先驱"。

图 1–4　差分机

1938 年，德国工程师康拉德 · 楚泽（Konrad Zuse，1910—1995）提出了计算机程序控制的基础概念，1941 年制造出世界上第一台能编程的计算机 Z3，如图 1-5 所示。这台计算机总共设 2000 个电开关，是当时世界上最高水平的编程语言的计算机，楚泽因此被称为现代计算机发明人之一。

图 1-5　Z-3 计算机

美国哈佛大学教授霍华德·艾肯（Howard Hathaway Aiken，1900—1973），在 20 世纪 40 年代成功研制出世界上第一台大型自动数字计算机 Mark-Ⅰ，如图 1-6 所示，获 1980 年 IEEE 计算机先驱奖。

图 1-6　Mark-I 计算机

从最早期的算盘开始，到达·芬奇、帕斯卡、莱布尼茨，再到巴贝奇、楚泽、艾肯，人类就一直在努力改进计算机，经过一代代科学家的不懈努力，为早期电子计算机的设计积累了经验，为现代电子计算机的发展奠定了理论和实践基础。

任务 2　了解计算机的发展

通常我们认为世界上第一台现代电子数字计算机是由美国宾夕法尼亚大学电子工程系教授莫克利和他的研究生埃克特于 1946 年 2 月研制的 ENIAC（Electronic Numerical Integrator And Computer，埃尼亚克），如图 1–7 所示。

ENIAC 长 30.48 米，宽 6 米，高 2.4 米，占地面积约 180 平方米，30 个操作台，重达 30.48 吨，耗电量 150 千瓦，造价 48 万美元。它包含了 17468 根真空管（电子管），7200 根晶体二极管，1500 个中转，70000 个电阻器，10000 个电容器，1500 个继电器，6000 多个开关，计算速度是每秒 5000 次加法或 400 次乘法，是使用继电器运转的机电式计算机的 1000 倍、手工计算的 20 万倍。起初，ENIAC 被用于计算弹道，后来用于天气预报和原子能的开发。

图 1–7　ENIAC

在第一台计算机问世以后，计算机的发展极为迅速，人们将出现划时代突破后的计算机称为新一代计算机。迄今为止，计算机的发展共经历了 4 代。

第 1 代：电子管数字机（1946—1958 年）

世界上第一台电脑在硬件方面，逻辑元件采用的是真空电子管，主存储器采用汞延迟线、阴极射线示波管静电存储器、磁鼓、磁芯，外存储器采用的是磁带。软件方面采用的是机器语言、汇编语言。应用领域以军事和科学计算为主。特点是体积大、功耗高、可靠性差。虽然速度慢（一般为每秒数千次至数万次）、价格昂贵，但为以后的计算机发展奠定了基础。

第 2 代：晶体管数字机（1958—1964 年）

应用领域以科学计算和事务处理为主，并开始进入工业控制领域。特点是体积缩小、能耗降低、可靠性增强、运算速度提高（一般为每秒数 10 万次，可高达 300 万次）、性能比第 1 代计算机有很大的提高。

第 3 代：集成电路数字机（1964—1970 年）

硬件方面，逻辑元件采用中、小规模集成电路（MSI、SSI），主存储器仍采用磁芯。软件方面出现了分时操作系统以及结构化、规模化程序设计方法。特点是速度更快（一般为每秒数百万次甚至数千万次），而且可靠性有了显著提高，价格进一步下降，产品走向了通用化、系列化和标准化等。应用领域开始进入文字处理和图形图像处理领域。

第 4 代：大规模集成电路机（1970 年至今）

硬件方面，逻辑元件采用大规模和超大规模集成电路（LSI 和 VLSI）。软件方面出现了数据库管理系统、网络管理系统和面向对象语言等。特点是 1971 年世界上第一台微处理器在美国硅谷诞生，开创了微型计算机的新时代。应用领域从科学计算、事务管理、过程控制逐步走向家庭。

任务 3　了解计算机未来发展趋势

在人们不断提高芯片集成度的同时，也开始注重对非电子计算机的研究，如生物计算机、光子计算机和量子计算机等。

（1）生物计算机

生物计算机又称仿生计算机，是微电子技术和生物工程这两项高科技的互相渗透的产物。主要原材料是生物工程技术产生的蛋白质分子，并以此作为生物芯片来替代半导体硅片，利用有机化合物存储数据。信息以波的形式传播，当波沿着蛋白质分子链传播时，会引起蛋白质分子链中单键、双键结构顺序的变化。运算速度要比当今最新一代计算机快 10 万倍，它具有很强的抗电磁干扰能力，并能彻底消除电路间的干扰。能量消耗仅相当于普通计算机的十亿分之一，且具有巨大的存储能力。生物计算机具有生物体的一些特点，如能发挥生物本身的调节功能，自动修复芯片上发生的故障，还能模仿人脑的机制等。

（2）光子计算机

光子计算机是一种由光信号进行数字运算、逻辑操作、信息存储和处理的新型计算机。它由激光器、光学反射镜、透镜、滤波器等光学元件和设备构成，靠激光束进入反射镜和透镜组成的阵列进行信息处理，以光子代替电子，光运算代替电运算。光的并行、高速，天然地决定了光子计算机的并行处理能力很强，具有超高运算速度。光子计算机还具有与人脑相似的容错性，系统中某一元件损坏或出错时，并不影响最终的计算结果。光子在光介质中传输所造成的信息畸变和失真极小，光传输、转换时能量消耗和散发热量极低，对环境条件的要求比电子计算机低得多。随着现代光学与计算机技术、微电子技术相结合，在不久的将来，光子计算机将成为人类普遍的工具。

（3）量子计算机

量子计算机是一类遵循量子力学规律进行高速的数学和逻辑运算、存储及处理量子信息的物理装置。当某个装置处理和计算的是量子信息，运行的是量子算法时，它就是量子计算机。

量子计算机的特点主要有运行速度较快、处置信息能力较强、应用范围较广等。与一般计算机比较起来，信息处理量越多，对于量子计算机实施运算也就越加有利，运算的精准性就越高。

2021年2月8日，中国科学院量子信息重点实验室的科技成果转化平台所在的合肥本源量子科技公司，发布了具有自主知识产权的量子计算机操作系统“本源司南”。

任务4　了解计算机的类型

（1）按照使用范围分类

按照使用范围分类，可以分为通用计算机和专用计算机。

①通用计算机，是指各行业、各种工作环境都能使用的计算机，学校、家庭、工厂、医院、公司等用户都能使用的就是通用计算机，能适用于一般的科学计算、学术研究、工程设计和数据处理等广泛用途。

②专用计算机，是指专为解决某一特定问题而设计制造的电子计算机。一般拥有固定的存储程序。如控制轧钢过程的轧钢控制计算机，计算导弹弹道的专用计算机等，解决特定问题的速度快、可靠性强，且结构简单、价格便宜。

（2）按照自身性能分类

依据性能主要包括字长、存储容量、运算速度、外部设备、允许同时使用一台计算机的多少和价格高低等，可分为微型机、小型机、大型机和超级计算机。

①微型计算机（Microcomputer），简称微机，其准确的称谓应该是微型计算机系统。它可以简单地定义为：在微型计算机硬件系统的基础上配置必要的外部设备和软件构成的实体。具有产量大，应用广，体积小，性价比高等特点。微机按性能和结构可分为单片机、个人计算机、工作站和服务器等。近年来广泛使用的智能手机也属于微机的

一种。

②小型计算机（Minicomputer），是指采用 8~32 颗处理器，性能和价格介于大型机和微型机服务器之间的一种高性能 64 位计算机。相对服务器而言，小型机的特点是价格低、可靠性高、便于维护和使用。适合中小企业单位使用。

③大型计算机（Mainframe），并非主要通过每秒运算次数（MIPS）来衡量性能，而是可靠性、安全性、向后兼容性和极其高效的 I/O 性能。主机通常强调大规模的数据输入输出，着重强调数据的吞吐量。它们一般用于大型事务处理系统，特别是过去完成的且不值得重新编写的数据库应用系统方面，大型计算机主要用于大量数据和关键项目的计算，如银行金融交易及数据处理、人口普查、企业资源规划等。

④超级计算机（Supercomputer），又称巨型机，具有很强的计算和处理数据的能力，主要特点表现为高速度和大容量，配有多种外部和外围设备及丰富的、高功能的软件系统。超级计算机采用涡轮式设计，每个刀片就是一个服务器，能实现协同工作，并可根据应用需要随时增减。以我国第一台全部采用国产处理器构建的“神威・太湖之光”为例，如图 1-8 所示，它的持续性能为 9.3 亿亿次 / 秒，峰值性能可以达到 12.5 亿亿次 / 秒，在 2017 年 11 月国际 TOP500 组织公布的全球超级计算机排名中名列榜首。通过先进的架构和设计，实现了存储和运算的分开，确保用户数据、资料在软件系统更新或 CPU 升级时不受任何影响，保障了存储信息的安全，真正实现了保持长时、高效、可靠的运算并易于升级和维护的优势。

图 1-8　神威・太湖之光

根据处理器的不同，可以把超级计算机分为两类，采用专用处理器或者采用标准兼容处理器。前者可以高效地处理同一类型问题，而后者则可一机多用，使用范围比较灵活、广泛。专一用途计算机多见于天体物理学、密码破译等领域。国际“象棋高手”“深蓝”、日本的“地球模拟器”都属于这样的超级计算机，很多超级计算机是非专用系统，服务于军事、医药、气象、金融、能源、环境和制造业等众多领域。

任务5　了解计算机的应用领域

计算机为人类在信息的处理上提供了便利，所以信息涉及的领域就是计算机涉及的领域，下面根据信息处理任务的性质，分类列举部分应用领域。

（1）科学计算

在现代科学和工程技术中，经常会遇到大量复杂的数学计算问题，而对计算的精度要求极高，稍有不慎就会造成严重的事故。在没有计算机的情况下，仅凭人工来完成这烦琐的计算任务难度极大，而高精度的计算机则可以准确地完成科学研究和工程技术中所遇到的数学计算任务，如航天技术中对卫星轨道的计算，气象预报，对化学反应甚至核爆炸的计算机模拟。

（2）信息数据处理

信息数据处理一般是收集、存储、整理、分类、利用和传播数据等活动，如企业管理、物资管理、报表统计、账目计算、信息情报检索等。国内许多机构纷纷建设自己的管理信息系统（MIS）；生产企业也开始采用制造资源规划软件（MRP），商业流通领域则逐步使用电子信息交换系统（EDI），即所谓无纸贸易，办公自动化、人事管理、企业管理、金融业务、图像处理、卫星遥感数据处理、信息情报与文献资料检索等。

（3）辅助系统

计算机辅助设计、制造、测试（CAD/CAM/CAT）。用计算机辅助进行工程设计、产品制造、性能测试。

①经济管理：国民经济管理，公司企业经济信息管理，计划与规划，分析统计，预测，决策；物资、财务、劳资、人事等管理。

②情报检索：图书资料、历史档案、科技资源、环境等信息检索自动化；建立各种信息系统。

③自动控制：工业生产过程综合自动化，工艺过程最优控制，武器控制，通信控制，交通信号控制。

④模式识别：应用计算机对一组事件或过程进行鉴别和分类，它们可以是文字、声音、图像等具体对象，也可以是状态、程度等抽象对象。

（4）人工智能

人工智能是指用计算机模拟实现人的某些智能行为，包括专家系统、模式识别、机器翻译、智能机器人等。

专家系统包含知识库和推理机两大部分，能在某个特定的领域内使用大量专家知识，去解决需要专家水平能解决的某些问题，阿尔法围棋（AlphaGo）是第一个击败人类职业围棋选手、第一个战胜围棋世界冠军的人工智能机器人，由谷歌（Google）旗下DeepMind公司戴密斯·哈萨比斯领衔的团队开发。其主要工作原理是“深度学习”。

2016年3月，阿尔法围棋与围棋世界冠军、职业九段棋手李世石进行围棋人机大战，以4比1的总比分获胜；2016年年末2017年年初，该程序在中国棋类网站上以“大师”（Master）为注册账号与中日韩数十位围棋高手进行快棋对决，连续60局无一败绩；2017年5月，在中国乌镇围棋峰会上，它与排名世界第一的世界围棋冠军柯洁对战，以3比0的总比分获胜。围棋界公认阿尔法围棋的棋力已经超过人类职业围棋顶尖水平，在GoRatings网站公布的世界职业围棋排名中，其等级分曾超过排名人类第一的棋手柯洁。

2017年5月27日，在柯洁与阿尔法围棋的人机大战之后，阿尔法围棋团队宣布阿尔法围棋将不再参加围棋比赛。2017年10月18日，DeepMind团队公布了最强版阿尔法围棋，代号AlphaGo Zero。

任务6　理解信息技术

信息技术的发展促进了信息社会的到来。半个多世纪以来，人类社会正由工业社会全面进入信息社会，其最主要的动力就是以计算机技术、通信技术和控制技术为核心的现代信息技术。

（1）信息技术的定义

信息技术（Information Technology，IT），是主要用于管理和处理信息所采用的各种技术的总称。它主要是应用计算机科学和通信技术来设计、开发、安装和实施信息系统及应用软件。它也常被称为信息和通信技术（Information and Communications Technology，ICT）。主要包括传感技术、计算机与智能技术、通信技术和控制技术。

信息技术不仅包括现代信息技术，还包括在现代文明之前的原始时代和古代社会中与那个时代相对应的信息技术。因此不能将信息技术和现代信息技术混为一谈。

（2）现代信息技术的内容

一般来说，信息技术包含三个层次的内容：信息基础技术、信息系统技术和信息应用技术。

①信息基础技术

信息基础技术包括新材料、新能源、新器件的开发和制造技术，近十几年来，发展最快、应用最广泛、对信息技术以及整个高科技领域发展影响最大的是微电子技术和光电子技术。

微电子技术主要研究半导体材料、器件、工艺、集成电路设计等方面基本知识和技能，进行集成电路版图设计以及集成电路封装、测试等。例如，运用在电视机上的高清视频芯片的加工与制造，印刷电路板上的封装，汽车防盗系统中集成电路运用与检测，集成电路研发等。微电子技术是微电子学中各项工艺技术的总和。

光电子技术是由光子技术和电子技术结合二层的新技术，涉及光显示、光存储、激光等领域是未来信息产业的核心技术。

②信息系统技术

信息系统技术是指有关信息获取、传输、处理、控制的设备和系统的技术。感测技术、通信技术、计算机与智能技术和控制技术是它的核心和支撑技术。

③信息应用技术

信息应用技术是针对各种实用目的如信息管理、信息控制的信息决策而发展起来的具体技术，如企业生产自动化、办公自动化、家庭自动化、人工智能和互联网技术等。它们是信息技术开发的根本目的所在。信息技术在社会的各个领域得到广泛的应用，显示出强大的生命力。

（3）现代信息技术的发展趋势

①数字化

数字化的优点在于数字传输的品质比模拟传输的品质要好得多，大量信息可以被压缩并以光速传送。许多信息形态可以被结合、创造，并打破时间与空间的限制，随时随地都可以读取使用。

②多媒体化

多媒体技术将文字、声音、图形、图像、视频等信息媒体与计算机集成在一起，使计算机可以处理文、图、声、影集成信息。

③高速度、网络化、宽频带

目前互联网尽管已经能够传输多媒体信息，但仍被认为是一条频带宽度低的网络路径，下一代应承担技术的传输速率可以达到 2.4GB 每秒，实现宽频的多媒体网络是未来信息技术的发展趋势之一。

④智能化

随着未来信息技术向着智能化方向发展，软件代理可以替人们在网上漫游。它不再需要浏览器，本身就是信息的寻找器，能够收集任何可能想在网上获取的信息。

项目 1.2　了解计算机中的信息表示

1. 项目要求

了解数据与信息的联系与区别，理解进位计数制及其之间的相互转换。

2. 项目实现

任务 1　了解计算机中的数据

（1）数据与信息

数据是对客观事物的符号表示。数值、文字、语言、图形、图像等都是不同形式的数据。

一般来说，信息既是对各种事物变化和特征的反映，也是事物之间相互联系的表征后经过加工处理并对人类客观行为产生影响的数据表现形式。人通过接收信息来认识事物，信息是一种知识。

计算机科学中的信息通常被认为是能够用计算机处理的内容或消息，他们以数据的形式出现，如数值、文字、语言、图形、图像等。而数据是信息的载体，信息是对人有效的数据。

数据与信息的区别是数据处理之后产生的结果为信息，信息具有针对性和时效性。

信息同物质、能源一样重要，是人类社会生存和发展的三大基本资源之一，可以说信息不仅关系着社会的生存与发展而且在不断地推动社会经济的发展。

（2）计算机中的数据

世界上第一台计算机 ENIAC 是一台十进制计算机。它采用十个真空管来表示一位十进制数。冯 · 诺伊曼后续发现这种十进制的表示和实现方式十分麻烦，因此提出了二进制的表示方法，从此改变了整个计算机的发展历史。

二进制只有 0 和 1，相对十进制而言，二进制不但运算简单，易于物理实现、通用性强，更重要的优点是所占的空间和所消耗的能量小，机器可靠性高。

（3）计算机中数据的单位

计算机中数据最小单位是位（bit），储存容量的基本单位是字节（byte）。一个字节有八个二进制位，此外还有 KB、MB、GB、TB 等。

● 位

位是计算机中度量数据的最小单位，在数字电路和计算机技术中采用二进制表示数据代码，只有 0 和 1 采用多个数码（0 和 1 的组合）来表示一个数，其中每一个数码成为一位。

● 字节

字节是二进制数据的单位。一个字节通常 8 位长。在多数的计算机系统中，一个字节是一个 8 位长的数据单位，大多数的计算机用一个字节表示一个字符、数字或其他字符。一个字节也可以表示一系列二进制位。在一些计算机系统中，4 个字节代表一个字，这是计算机在执行指令时能够有效处理数据的单位。一些语言描述需要 2 个字节表示一个字符，这叫作双字节字符集。一些处理器能够处理双字节或单字节指令。字节通常简写为“B”，而位通常简写为小写“b”，计算机存储器的大小通常用字节来表示。

1 字节（Byte）=8 位（bit）

1KB（Kilobyte，千字节）=1024B

1MB（Megabyte，兆字节）=1024KB

1GB（Gigabyte，吉字节，千兆）=1024MB

1TB（Trillionbyte，万亿字节，太字节）=1024GB

1PB（Petabyte，千万亿字节，拍字节）=1024TB

● 字长

一个字的位数，即字长，是计算机系统结构中的一个重要特性。字长在计算机结构和操作的多个方面均有体现。计算机中大多数寄存器的大小是一个字长。计算机处理的典型数值也可能是以字长为单位。CPU 和内存之间的数据传送单位也通常是一个字长。还有内存中用于指明一个存储位置的地址也经常是以字长为单位的。现代计算机的字长通常为 16 位、32 位、64 位。其他曾经使用过的字长有：8 位、9 位、12 位、18 位、24 位、36 位、39 位、40 位、48 位、60 位。

任务 2　理解进位计数制及其转换

为了更好地理解计算机的基本原理，本任务目介绍与计算机相关的一些定位基数值按定位的原则进行计数的方法称为进位计数制进程，简称进位制，我们常用的有十进制，还有 60 进制等。在计算机内部使用二进制，但我们编写的时候用八进制、十六进制来代替。

进位制涉及两个基本概念：基数和各数位的权，它们是构成某种进位制的两个基本元素。基数是指进位之中，会产生进位的数值，如十进制，每个数允许使用 0 到 9，9+1=10 进一位，所以基数为 10。

一个数码处在不同的数位上，它所代表的数值不同，比如，十进制中的个位的 1 表示 10^0，而百位上的 1 表示 10^2，因此，进位制中，每个数码表示的数值等于该数本身的值乘以一个与它所在数位相关的常数，这个常数称为该位的位权，简称位权。

根据基数和位置编号可以总结出位权公式：

$$位权 = 基数^{位置编号}$$

（1）二进制

在二进制中，每个数位仅能选择 0 和 1 中的一个，逢二进一，基数为 2，如 $(101.01)_2$，在括号的下标处予以注明。

（2）八进制

每位为 0~7，逢 8 进 1，基数为 8，如 $(703.64)_8$。

（3）十六进制

在十六进制中，每位可选 0~9、A~F。逢 16 进 1，基数为 16，如 $(BC3.89)_{16}$。也可以用 H 来后缀，如 BC3.89H。

表 1–1　各进制数的表示方法

数制	基数	数码	位权公式	尾标
二进制	2	0，1	2^i	B
八进制	8	0~7	8^i	Q（或者 O）
十进制	10	0~9	10^i	D
十六进制	16	0~9、A~F	16^i	H

（4）非十进制转换为十进制

按权相加法，就是将其他进制的数据每一位数码乘以该数码的位权再相加。

如：1101.01B=1 × 23+1 × 22+0 × 21+1 × 20+0 × 2−1+1 × 2−2=13.25D

（5）十进制转换为二进制

对于十进制转为二进制的问题，我们可以将整数部分和小数部分分开来解决，整数部分不断除 2，小数部分不断乘 2，然后整数从下至上，小数从上至下拼接起来即可。

如：

将 78.6875 转化为二进制

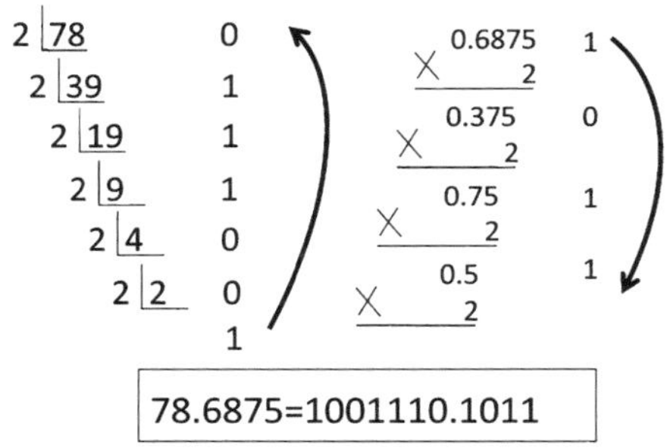

2|78　0
2|39　1
2|19　1
2|9　1
2|4　0
2|2　0
1

0.6875 × 2　1
0.375 × 2　0
0.75 × 2　1
0.5 × 2　1

78.6875=1001110.1011

结果：$(78.6875)_{10}=(1001110.1011)_2$

（6）二进制与十六进制互换

表 1–2　二进制与十六进制之间对应的数码

4 个二进制数码	1 个十六进制数码	4 个二进制数码	1 个十六进制数码
0000	0	1000	8
0001	1	1001	9
0010	2	1010	A
0011	3	1011	B
0100	4	1100	C
0101	5	1101	D
0110	6	1110	E
0111	7	1111	F

在遇到相关问题的时候，我们可以按照表格的对应顺序来转换。

如：

将 $(10111000.1110)_2$ 转化为十六进制。

二进制：1011 1000 . 1110

十六进制：B　8　.　E

转换结果：$(10111000.1110)_2=(\text{B8. E})_{16}$

将 $(\text{FD.A})_{16}$ 转化为二进制。

十六进制：F　D　.　A

二进制：1111　1101 .　1010

转换结果：$(\text{FD.A})_{16}=(11111101\,.\,1010)_2$

项目 1.3　了解各类信息在计算机中的表示方法

1. 项目要求

了解中西文字符在计算机中的表示方法，了解图像在计算机中的表示方法，了解声音在计算机的中表示方法。

2. 项目实现

任务 1　了解字符的表示

字符包括西文字符和中文字符，由于计算机是以二进制形式存储和处理数据。因此字符也必须转化成二进制从而进入计算机，用于表示字符的二进制编码称为字符编码。

（1）ASCII 码

ASCII（American Standard Code for Information Interchange，美国信息交换标准代码）是基于拉丁字母的一套电脑编码系统，主要用于显示现代英语和其他西欧语言。它是最通用的信息交换标准，并等同于国际标准 ISO/IEC 646。ASCII 第一次以规范标准的类型发表是在 1967 年，最后一次更新则是在 1986 年，到目前为止共定义了 128 个字符。其中有数字 0~9，大小写英文字母，一些常用符号，如运算符、括号、标点符号和标识符等这些种类，大概满足各种语言和需要和常见命令控制等需要，每个 ASCII 字符用七位编码，一个字节单元正好可以存放一个字符（如表 1-3 所示）。

（2）汉字的编码

汉字与其他信息一样，在计算机内部使用二进制代码来表示，汉字在计算机上的编码主要有三种：输入码、机内码和输出码。

①用于输入的汉字的编码——输入码（外码）

计算机上输入汉字的方法很多，如键盘编码输入、语音输入、手写输入、扫描输入等，其中键盘编码输入是最容易实现和最常用的一种汉字输入方法。英文等可以用键盘上的每个字母键来输入，而输入汉字则不同，不可能用有限的按键来对应每一个汉字，为了让用户能直接使用英文键盘输入汉字，于是就有了输入汉字时使用的汉字输入码，它一般由键盘上的字母或数字组成，代表某个汉字或某些汉字、词组或句子。当前用于汉字输入的编码方案很多，如区位码、拼音码、王码（五笔字型）、自然码等。

表 1–3　ASCII 码表示方法

高四位 / 低四位		ASCII非打印控制字符										ASCII 打印字符												
		0000					0001					0010		0011		0100		0101		0110		0111		
		0					1					2		3		4		5		6		7		
		十进制	字符	ctrl	代码	字符解释	十进制	字符	ctrl	代码	字符解释	十进制	字符	十进制	字符	十进制	字符	十进制	字符	十进制	字符	十进制	字符	ctrl
0000	0	0	BLANK NULL	^@	NUL	空	16	►	^P	DLE	数据链路转意	32		48	0	64	@	80	P	96	`	112	p	
0001	1	1	☺	^A	SOH	头标开始	17	◄	^Q	DC1	设备控制 1	33	!	49	1	65	A	81	Q	97	a	113	q	
0010	2	2	☻	^B	STX	正文开始	18	↕	^R	DC2	设备控制 2	34	"	50	2	66	B	82	R	98	b	114	r	
0011	3	3	♥	^C	ETX	正文结束	19	‼	^S	DC3	设备控制 3	35	#	51	3	67	C	83	S	99	c	115	s	
0100	4	4	◆	^D	EOT	传输结束	20	¶	^T	DC4	设备控制 4	36	$	52	4	68	D	84	T	100	d	116	t	
0101	5	5	♣	^E	ENQ	查询	21	§	^U	NAK	反确认	37	%	53	5	69	E	85	U	101	e	117	u	
0110	6	6	♠	^F	ACK	确认	22	■	^V	SYN	同步空闲	38	&	54	6	70	F	86	V	102	f	118	v	
0111	7	7	●	^G	BEL	震铃	23	↨	^W	ETB	传输块结束	39	'	55	7	71	G	87	W	103	g	119	w	
1000	8	8	◘	^H	BS	退格	24	↑	^X	CAN	取消	40	(	56	8	72	H	88	X	104	h	120	x	
1001	9	9	○	^I	TAB	水平制表符	25	↓	^Y	EM	媒体结束	41	)	57	9	73	I	89	Y	105	i	121	y	
1010	A	10	◙	^J	LF	换行/新行	26	→	^Z	SUB	替换	42	*	58	:	74	J	90	Z	106	j	122	z	
1011	B	11	♂	^K	VT	竖直制表符	27	←	^[	ESC	转意	43	+	59	;	75	K	91	[	107	k	123	{	
1100	C	12	♀	^L	FF	换页/新页	28	∟	^\	FS	文件分隔符	44	,	60	<	76	L	92	\	108	l	124	|	
1101	D	13	♪	^M	CR	回车	29	↔	^]	GS	组分隔符	45	-	61	=	77	M	93	]	109	m	125	}	
1110	E	14	♫	^N	SO	移出	30	▲	^6	RS	记录分隔符	46	.	62	>	78	N	94	^	110	n	126	~	
1111	F	15	☼	^O	SI	移入	31	▼	^-	US	单元分隔符	47	/	63	?	79	O	95	_	111	o	127	Δ	^Back space

②用于储存汉字的编码——机内码（内码）

由于汉字输入码的编码方案多种多样，同一个汉字如果采用的编码方案不一样，其输入码就有可能不一样。如果计算机内部存放的是汉字输入码本身，就会造成相同汉字在机内可以用不同的编码表示，这样显然不合理，也给计算机内部的汉字处理增加了难度。为了将汉字的各种输入码在计算机内部统一起来，就引进了汉字的机内码。

③用于输出汉字的编码——输出码（字型码）

存储在计算机内的汉字在屏幕上显示或在打印机上打印出来时，必须以汉字字形输出，才能被人们所接受和理解。汉字的输出码实际上是汉字的字型码，它是由汉字的字模信息所组成的。汉字是一种象形文字，每个汉字都可以看成一个特定的图形，这种图形可以用点阵、向量等方式表示，而最基本的是用点阵表示。所谓点阵方式，就是将汉字分解成由若干个“点”组成的点阵字型，将此点阵字型置于网状方格上，每个方格是点阵中的一个“点”。

（3）Unicode 的编码

事实上，使用 ASCII 码来表示世界各国的文字编码远远不够，因此出现了 Unicode 编码。Unicode 编码为世界上每种语言的每个字符设定了统一的二进制编码，以满足跨语言、跨平台进行字符转换与处理的需要。

任务 2　了解图像的表示

图像在计算机中有位图与矢量图两种。位图通过图像获取设备获得现实景物或对象的映像，矢量图是使用矢量绘图设计软件以交互方式制作而成。

（1）位图

位图图像（bitmap），也称为点阵图像或栅格图像，是由称作像素（图片元素）的单个点组成的。在位图中，图像被分为像素矩阵，每一个像素对应图像上的一个点，像素的大小取决于分辨率，分辨率是一个表示平面图像精细程度的概念，通常它是以纵向和横向点的数量来衡量的，表示成水平点数乘垂直点数的形式。在一个固定的平面内，分辨率越高，意味着可使用的点数越多，像素越高，图像越细致，为图是像素的集合，把图像分成像素之后，每一个像素点就用一定的二进位制来描述。

例如，对于仅由黑白点组成的图像，一位二进制就足够描述一个像素。用 0 表示黑像素点，用 1 表示白像素点。图像中的每一个像素点被一个个记录下来，储存在计算机中。

如果一幅图像不但有纯黑纯白像素组成，而包括黑白过渡的灰度，就可以通过增加每个像素点的二进制位来表示灰色度，如可以分别使用二位进制 00 表示黑色像素，01 表示深灰像素，10 表示浅灰度像素，11 表示白色像素来显示四层灰色度级。

如果图像是彩色图像，位图用红、绿、蓝三原色的光学强度来表示像素的颜色，具体处理方法是每一种彩色像素被分解成红、绿、蓝三种主色，通常把这种图片称为 RGB 图像，然后测出每个像素点三种颜色的强度，每种颜色的强度被分配固定的二进制位，通常为八位，也就是说，每一个像素用 24 位进制来描述它的颜色成分的程度，前八位二进制表示红色强度，中间八位二进制表示绿色强度，后八位表示蓝色强度。

（2）矢量图

位图图形表示方法存在的问题之一就是一幅图像采用精确的二进制数表示和存储在计算机中，由于需要存储的每个像素点的值，存储的图像需要较大的储存空间。问题二是想要调整图像的大小，必须改变像素的大小，会产生波纹状或者颗粒状的图像，矢量图则能很好地解决这些问题。矢量图使用直线和曲线来描述图形的元素，是一些点、线、矩形、多边形、圆和弧线等，它们都是通过存储在计算机中的数学公式计算获得的，由于矢量图形是通过公式计算获得，所以矢量图形文件体积一般比较小。同时，由于矢量图形放大缩小和旋转的图形也是通过计算公式重新生成，因此，矢量图放大缩小或旋转后不会失真。但也有缺点，矢量图存在最大的不足是难以表现色彩层次丰富的图像效果。

任务3 了解声音的表示

声波是随时间而连续变化的物理量，通过能量转换装置，可以随声波变化而改变电压或者电流信号来模拟，为使计算机能处理音频，必须对声音信号数字化。音频信号的数字化过程包括采样、量化、编码等过程。具体转化过程如下：

（1）采样

采样也称取样，指把时间域或空间域的连续量转化成离散量的过程。也指把模拟音频转成数字音频的过程。

每秒钟的采样样本数叫作采样频率。采样位数可以理解为采集卡处理声音的解析度。采样是将时间上、幅值上都连续的模拟信号，在采样脉冲的作用下，转换成时间上离散（时间上有固定间隔）但幅值上仍连续的离散模拟信号。所以采样又称为波形的离散化过程。

（2）量化

量化在数字信号处理领域，是指将信号的连续取值（或者大量可能的离散取值）近似为有限多个（或较少的）离散值的过程。量化主要应用于从连续信号到数字信号的转换中。连续信号经过采样成为离散信号，离散信号经过量化即成为数字信号。注意离散信号通常情况下并不需要经过量化的过程，但可能在值域上并不离散，还是需要经过量化的过程。信号的采样和量化通常都是由ADC实现的。

（3）编码

编码是信息从一种形式或格式转换为另一种形式的过程，也称为计算机编程语言的代码简称编码。用预先规定的方法将文字、数字或其他对象编成数码，或将信息、数据转换成规定的电脉冲信号。编码在电子计算机、电视、遥控和通信等方面广泛使用。编码是信息从一种形式或格式转换为另一种形式的过程。

项目1.4 了解多媒体技术

1. 项目要求

了解多媒体的概念、特征以及应用。

2. 项目实现

任务 1　了解多媒体的概念特点

媒体（media）一词来源于拉丁语“Medius”，意为两者之间。媒体是传播信息的媒介。它是指人借助用来传递信息与获取信息的工具、渠道、载体、中介物或技术手段，也指传送文字、声音等信息的工具和手段。也可以把媒体看作为实现信息从信息源传递到受信者的一切技术手段。多媒体（Multimedia）是多种媒体的综合，一般包括文本，声音和图像等多种媒体形式。

在计算机系统中，多媒体指组合两种或两种以上媒体的一种人机交互式信息交流和传播媒体。使用的媒体包括文字、图片、声音、动画和影片，以及程式所提供的互动功能。

多媒体的特征

多媒体可以同时对两种或两种以上的媒体进行综合处理的技术，多媒体系统具有交互性、集成性、多样性、实时性等特征。

- 交互性

在多媒体系统里，用户可以主动地编辑处理各种信息，充分体现了人机交互性。交互过程是一个输入和输出的过程，人们通过人机界面向计算机输入指令，计算机经过处理后把输出结果呈现给用户。交互性是多媒体系统的关键特征，交互可以提高效率，提升使用体验，从而更好地完成相关工作。

- 集成性

多媒体技术将许多单一的技术集成到了一起，这样便于表示和处理多种信息，例如，网页可以集成文字、图像、视频、声音等多种形式。

- 多样性

多媒体信息是多样化的，媒体输入、传播、再现和展示手段也是多样化的，这样扩大了计算机所能处理的信息空间，使人们能更方便地处理各种各样的信息。

- 实时性

实时性是指在多媒体系统中，声音及活动的视频图像是强实时的，多媒体系统具备对这些媒体实时处理和控制的能力。这意味着多媒体系统在处理信息时有严格的时序要求和速度要求。因此，实时性已经形成了多媒体系统的关键技术。

任务2 了解多媒体的实际应用

多媒体应用技术的发展使得多媒体技术日益普及，多媒体技术已经广泛应用于日常文化教育、家庭娱乐、商业应用等领域。

在教育领域，多媒体技术的应用将改变传统的教学模式，使教材和学习方法发生重大变化。多媒体技术可以用声、图、文并茂的电子书代替一些文字教材，以更直观、更活跃的方式向学生展示丰富的知识，改变以往不灵活的学习和阅读方式，更好地教授知识，享受教学。

多媒体技术不仅可以展示图片、文字和丰富多彩的信息，还可以提供人机交互方式。通过这种交互学习方法，学习者可以根据自己的基础和兴趣选择他们想学的东西。

在家庭娱乐领域，使用多媒体技术已成为趋势。如今的多媒体使不少4K电影走进家庭，使用户足不出户就能享受电影院般的视听盛宴。同时，多媒体技术使VR游戏给玩家带来感官上的刺激，游戏者可以通过电脑与游戏互动轻松进入角色，感觉身临其境。

在商业应用领域，许多厂商的广告结合当今多媒体技术，在大型商场、车站、机场、酒店等多媒体广告系统与液晶显示屏、电视墙等显示设备相结合，可以完成广告制作、商品展示等多种功能。这种广告具有丰富多彩、生动的特点，往往给人一种震撼的视觉冲击。

项目1.5 了解IT新技术在旅游行业中的应用

1. 项目要求

随着IT新技术的不断进步，各行各业都紧跟时代潮流，使IT新技术落地应用，下面以旅游行业为例，以便读者更直观地感受IT新技术对行业发展带来的积极影响。

2. 项目实现

任务1　了解各类 IT 新技术及其在旅游业的应用

（1）虚拟现实

虚拟现实技术（Virtual Reality，VR），是 20 世纪发展起来的一项全新的实用技术。VR 技术囊括计算机、电子信息、仿真技术，其基本实现方式是计算机模拟虚拟环境从而给人以环境沉浸感。随着社会生产力和科学技术的不断发展，各行各业对 VR 技术的需求日益旺盛。VR 技术也取得了巨大进步，并逐步成为一个新的科学技术领域。

通过 VR 技术，游客可以身临其境地感受到不同时刻的风景，领略四季风光而不受时间的限制。不仅如此，通过 VR 技术，我们也可以打破时间的限制，复原历史场景，在洛阳重现大唐盛世，在故宫再见辉煌时代，让神秘的历史褪下面纱，给游客带来沉浸式体验。

太空的浩瀚，海底的神秘令无数人神往，在如此极限的环境下，普通游客想切身体验显然不太现实，但是通过 VR 技术，这一切都不是问题，旅客可以在零风险的情况下体验到难以亲临的极限美景，让整场旅行没有遗憾。

（2）大数据

相比于传统的数据分析模式，旅游大数据分析具有以下“4V”特点。

一是多样化（Variety）。旅游数据的内容与来源非常丰富，旅游数据涵盖了互联网时代数据形式的各种类型。二是快速性（Velocity）。主要表现在数据处理速度快，这样大大节省了数据分析的周期成本，从而为科学合理的决策提供依据。三是价值高（Value）。数据存储成本低，数据获取方式便捷高效。四是体量大（Volume）。大数据的首要特征是数据的储存量巨大，大数据分析将旅游行业的实时数据存储在固定的大数据库里，有的达到吉字节（GB）、太字节（TB），甚至是帕字节（PB）。

大数据在旅游产业中的应用使得景区管理更加智能化、高效化、便捷化。旅游产业大数据分析是将海量的结构化的数据（数字、符号等数据），与非结构化的数据（文本、图像、声音、视频等数据）进行整合，通过把复杂的数据转化为可以交互的图形，帮助用户更好地理解分析数据对象，发现、洞察其内在规律。

（3）人工智能

以出境游为例，为突破出境旅游过程中的语言障碍，百度、谷歌、有道翻译、科大讯飞等公司研发了“人工智能”“图片翻译”“语音识别”“AR 实时翻译”等产品，翻译软件走向智能化，让出境自由行变得更简单了。此外，游客在游览过程中通过拍照进行图像识别、为游客提供导览信息等智能服务，让自由行变得更加生动。

近年来，旅游的人口红利增速放缓，存量市场的精细化运营成为市场主体努力的方向。许多酒店、景区利用人工智能技术来增强游客体验，以达到吸引游客的目的。“90后”和“00后”群体正在成为旅游市场的消费主体，他们对个性化、品质化和高体验性的服务需求推动酒店、景区等旅游企业更广泛地应用人工智能技术。这些企业纷纷尝试利用人脸识别、智能导游等高科技手段，提升游客入住、入园体验。景区、博物馆、演艺场馆等也纷纷利用VR、AR技术开辟各种个性化品质体验场景，吸引大量游客打卡。有些旅游企业在各个场景中布局机器人，让游客与机器人互动，满足个性化、时尚感的消费需求。

为了让市民和游客享受主客共享的品质生活空间，旅游企业纷纷创新应用人工智能新技术，以提高企业的服务效率和效益。包括人工智能客服开始逐渐取代部分人工客服，为游客提供实时需求服务，大大减少游客的等待时间。人工智能结合平台搜索功能，助力消费者个性化搜索，提升精准消费体验，大大减少平台交易时间。人工智能依托智能助手，结合大数据技术满足游客多样化需求，大大降低企业人工成本。人工智能结合大数据、云计算等技术深挖不同领域的消费群体特点，形成“千人千面”的数字营销手段，大大提升了企业创新回报效益的能力。

互联网和移动互联网的信息大爆炸时代，游客既是信息的生产者，也是信息的消费者。旅游企业运用AI结合大数据等技术对游客的行为特征、性格特点、消费偏好等进行细致分析，形成新的产品和业态、新业态流程及供应链条、新的商业模式。随着国人旅行经验日益丰富，标准化研发、规模化销售的团队旅游产品已经很难满足需要，高品质定制旅游顺应而生，并迅速占领部分市场空间，满足人民美好生活新需求。

（4）云计算

云计算（cloud computing）是分布式计算的一种，指的是通过网络“云”将巨大的数据计算处理程序分解成无数个小程序，然后，通过多部服务器组成的系统进行处理和分析这些小程序得到结果并返回给用户。云计算早期就是简单的分布式计算，解决任务分发，并进行计算结果的合并。因而，云计算又称为网格计算。通过这项技术，可以在很短的时间内（几秒钟）完成对数以万计的数据的处理，从而达到强大的网络服务。

现阶段所说的云服务已经不单单是一种分布式计算，而是分布式计算、效用计算、负载均衡、并行计算、网络存储、热备份冗杂和虚拟化等计算机技术混合演进并跃升的结果。

云计算本身作为一种先进的信息通信处理技术，能够辅助智慧旅游经营管理者对海量数据进行处理分析，挖掘出更具有价值的数据信息，同时还可以对该部分数据信息进行安全储存。

旅客的信息数据如出行、酒店以及游览景点线路规划等需要相关工作人员采取先进的管理技术和方法，全面提高旅游管理的智慧化水平。云计算技术搭建的智慧旅游管理平台不仅具备高超的数据处理分析能力，能保障各项智慧旅游管理业务的顺利进行，还能够帮助企业有效解决大量数据的安全存储保护工作，避免发生用户信息数据泄露被盗问题。

（5）物联网

物联网技术作为智慧旅游的关键技术，根据恺易物联网智慧农旅管理系统就自助导览进行介绍：当游客到达景区时，通过电子终端设备、射频识别技术和后台中央数据库，进行数据匹配，形成统一的网络控制系统，将各景点、设施、文化背景甚至标志植物等信息以文字、图片、语音、视频、VR 等方式储存，游客可通过二维码扫描、微信摇一摇、NFC 靠一靠等方式自行浏览。自助导览为游客提供智能的、全方位的游览支持，在一定程度上是代替了导游的讲解工作。

智慧旅游有助于景区的科学管理，加强了游客、旅游企业、旅游服务区和旅游监管部门之间的联系。智慧旅游的发展不仅提升了景区的经济效益，同时还带来了一定的社会价值，使城市旅游品牌和知名度得到大幅度的提升。智慧旅游体系体现了科学发展、协同发展、创新发展的新思想，辅助和维持智慧旅游城市的可持续发展。

项目 1.6　了解计算科学与计算思维

1. 项目要求

计算思维作为计算时代的新产物，是一种可以灵活运用计算工具与方法求解问题的思维活动，对促进人的整体和终身发展具有不可替代的重要作用。要求了解计算机科学与计算思维相关概念、历史、特点、作用等。

2. 项目实现

任务 1　了解计算思维的发展历史

《九校联盟（C9）计算机基础教学发展战略联合声明》旗帜鲜明地把“计算思维能力的培养”作为计算机基础教学的核心任务。声明的核心要点是：必须正确认识大学计算机基础教学的重要地位，需要把培养学生的“计算思维”能力作为计算机基础教学的核心任务，并由此建设更加完备的计算机基础课程体系和教学内容，进而为全国高校的计算机基础教学改革树立标杆。

计算思维（Computational Thinking）的历史可追溯至 20 世纪 50 年代，1980 年，在麻省理工学院（MIT）的西摩·帕尔特（Seymour Papert）教授的《头脑风暴：儿童、计算机及充满活力的创意》（Mind-storms：Children，Computers，and Powerful Ideas）一书中首次被提及。1996 年，西摩·帕尔特教授在发表的文章中再次提及计算思维，他希望运用计算思维来帮助构建具有“阐述性”的几何理论，但他并未对计算思维进行界定。2006 年，美国卡内基·梅隆大学（CMU）的周以真（Jeannette M. Wing）教授，发表了题为“Computational Thinking”的文章，提出了一种建立在计算机处理能力及其局限性基础之上的思维方式——计算思维。她认为，计算思维就是运用计算机科学的基础概念进行问题求解、系统设计，以及人类行为理解等涵盖计算机科学之广度的一系列思维活动，能为问题的有效解决提供一系列的观点和方法，它可以更好地加深人们对计算本质以及计算机求解问题的理解，而且还能克服“知识鸿沟”，便于计算机科学家与其他领域专家交流。在 2011 年，计算思维就已被纳入美国《CSTA K-12 标准（2011 修订版）》。随后，英国 2013 年“新课程计划”、澳大利亚 2015 年“新课程方案”也都将计算思维作为其新信息技术课程的重要内容。

在国内，教育部高等学校计算机基础课程教学指导委员会、中国计算机学会等组织，较早对计算思维的概念、定位、目标与培养等方面展开了较为深入地探讨，先后举办了一系列与计算思维密切相关的会议。其中，C9 高校联盟在 2010 年发布的《九校联盟（C9）计算机基础教学发展战略联合声明》中强调，要把培养学生计算思维能力作为计算机基础教学的一项重要的、长期的和复杂的核心任务。2012 年，教育部教高司函〔2012〕188 号文件正式公布，批准“以计算思维为导向的大学计算机基础课程研究”等 22 个大学计算机课程改革项目，以培养计算思维为重点，推动大学计算机课程改革。2013 年，教育部高等学校大学计算机课程教学指导委员会发表了《计算机教学改革宣言》，指出以计算思维为切入点的大学计算机课程改革，将是大学计算机课程的第三次重大改革，旨在通过培养学生计算思维的意识和方法，提高计算机应用水平。在 2017 新版《普通高中信息技术课程标准》中，则进一步明确指出：信息技术学科核心素养由信息意识、计算思维、数字化学习与创新、信息社会责任四个核心要素组成。

计算思维已被公认为 21 世纪必备的心智素养，尤其是在 K-12 的 STEM 教育中计算思维将扮演重要角色。计算思维有助于人们理解和适应信息化社会，它和批判性思维、问题解决、合作、交流、创造力等同等重要。

任务 2　了解计算思维的概念与特点

（1）概念与内涵

计算思维（Computational Thinking）这一概念最初是由周以真教授给出并定义的。周教授认为：计算思维是运用计算机科学的基础概念进行问题求解、系统设计以及人类行为理解等涵盖计算机科学之广度的一系列思维活动。

（2）特征和价值

计算思维具有概念化、抽象化、有限性、自动化、可解释性、关联性等特征，是融合了数学、工程与科学思维的一种跨学科思维，可被迁移到新的情境，为理解和认识自然、社会及其他现象提供了一个新的视角，为求解问题提供一个新的途径。故此，计算思维实质上是一种可以灵活运用计算工具和方法求解问题的思想方法或思维活动，它的价值不仅体现在能有效地克服知识鸿沟，搭建跨学科的对话桥梁；更为重要的是它对促进人的整体发展和终身发展，具有不可替代的重要作用。

计算思维的价值在于具备计算思维能力的人应具备计算机科学家一样的思考方式，遇到问题时考虑是否把问题公式化；能通过收集、分析数据理解问题，并分解问题；能去除细节、概括抽象、寻找模式，从而解决同类问题；能制定解决问题的步骤、建立仿真模型，对解法进行测验和调试。

（3）培养策略

要想有效地培养学习者的计算思维，首先，要对计算思维教育有足够重视，明确计算思维教育的目的是使学习者能够具有像计算机科学家思考问题那样的思维习惯。其次，应加快计算思维教育理论体系的建设，用于指导计算思维教育的有效开展。再次，还应尽快完善计算思维的课程体系建设，创建计算思维的教育课程，或者将计算思维的培养融入具体的计算机课程中，或者采取跨学科的方式将计算思维的培养内容与专业知识的学习进行整合，尽可能地充实计算思维的教学内容。在具体教学的过程中要充分使用新技术和丰富的网络资源，根据学生的专业和学习基础情况，采用以学生自主学习、自主探究为主的分类分层教学方式，引导学生发现问题、分析问题并解决问题，在教学和实验训练中激发和培养学生的发散性思维和创造性能力，从而促使学习者的计算思维能力得到有效的提升。最后，还应该重视计算思维教师队伍与计算思维教学环境的建设，打造一支高水平的师资队伍与提供必要的计算思维实验室、实训场地，这也是影响计算思维教育能否有效开展的关键。

（4）计算思维的评价

计算思维是人类科学思维中，以抽象化和自动化，或者说以形式化、程序化和机械化为特征的思维形式。尽管与前两个思维一样，计算思维也是与人类思维活动同步发展的思维模式，但是计算思维概念的明确和建立却经历了较长的时期。

计算思维的标志是有限性、确定性和机械性。因此计算思维表达结论的方式必须是一种有限的形式；而且语义必须是确定的，在理解上不会出现因人而异、因环境而异的歧义性；同时又必须是一种机械的方式，可以通过机械的步骤来实现。这三种标志是计算思维区别于其他两种思维的关键。因此计算思维的结论应该是构造性的、可操作的、可行的。

任务3　了解计算思维的应用和作用

（1）计算思维的应用

随着社会进步和发展，人类对于计算思维的运用越来越普及。例如，在建筑领域，施工图纸可以将人脑中的构思反映出来，使思维成为一种有形的东西，大家可以共同参与和丰富思维过程，这就是计算思维给人们带来的益处，也是人们对于计算思维的认识不断深化的结果。

采取计算思维的模式来描述各种工程活动是人类进步的表现，也是人类知识积累和文化传承的重要方式。即使到了今天，当我们处理诸如问题求解、系统设计以及人类行为理解等方面的问题，也是要求采用计算思维的模式进行问题描述和规划。

计算机的出现，给计算思维的研究和发展带来了根本性的变化。由于计算机对于信息和符号的快速处理能力，使得许多原本只是理论可以实现的过程变成了实际可以实现的过程。海量数据的处理、复杂系统的模拟、大型工程的组织，借助计算机实现了从想法到产品整个过程的自动化、精确化和可控化，大大拓展了人类认知世界和解决问题的能力和范围。

（2）计算思维的作用

计算思维为人们提供了理解自然、社会以及其他现象的一个新视角，给出了解决问题的一种新途径，强调了创造知识而非使用信息，提高了人们的创造和创新能力。

● 理解自然、社会等现象的新视角

在许多不同的科学领域，无论是自然科学还是社会科学，底层的基本过程都是可计算的，可以从计算思维的新视角进行分析。

人类基因组计划就是典型的案例，其宗旨在于测定组成人类染色体（指单倍体）中所包含的30亿个碱基对组成的核苷酸序列，从而绘制人类基因组图谱，并且辨识其载有的基因及其序列，达到破译人类遗传信息的最终目的。

● 解决问题的新方法

折纸是传统的手工艺术，现在折纸与艺术审美、数学和计算机科学结合，催生了名为“计算折纸”的新领域。该领域通过与折纸算法有关的理论来解答折纸过程中遇到的问题。一旦将某个物体抽象为图的形式就可以得到描述整个折叠顺序的算法，这就意味着该物品对应的折纸过程完全可以实现自动化，运用计算思维的这种抽象和自动化方法还可以做出更多更为复杂的折纸。

● 创造知识

采用计算思维还可以创造大量的新知识，目前电商平台都推出了智能购物推荐系统，通过对用户浏览痕迹和记录的分析，针对不同用户的特点，向用户推荐所需的商品，极大地提高了用户购买的概率。这种对数据的分析而获取知识的过程就是知识创造的过程。

● 提高创造力和创新力

计算思维可以极大地提高人们的创造力。目前自媒体不断升温，许多人通过抖音、B 站等平台，熟练地运用视频剪辑技术，音频制作软件，创作出令人印象深刻的作品。以独立音乐制作人为例，依靠计算机硬件和软件，基于声音物理特性的理解以及对这种特性在计算机中存储的认识，他们可以采用计算思维了解声音的合成过程与音乐的制作过程。通过音乐合成软件的研制，人们可以很自然地将编程和作曲变成一种平行关系，并采用这些软件产生大量的高质量音乐作品。

课后练习

1. 世界上第一台电子计算机叫（　　）。

A. SUN　　B. APP　　C. ENIAC　　D.IBM

2. 一般认为，世界上第一台电子数字计算机诞生于（　　）。

A. 1946 年　　B. 1952 年　　C. 1959 年　　D. 1962 年

3. 世界上第一台电子数字计算机采用的电子器件是（　　）。

A. 大规模集成电路　　B. 集成电路　　C. 晶体管　　D. 电子管

4. 当前的计算机一般被认为是第四代计算机，它所采用的逻辑元件是（　　）。

A. 晶体管　　B. 集成电路　　C. 电子管　　D. 大规模集成电路

5. 当前计算机的应用领域极为广泛，但其应用最早的领域是（　　）。

A. 数据处理　　B. 科学计算　　C. 人工智能　　D. 过程控制

6. 最早设计计算机的目的是进行科学计算，其主要计算的问题面向于（　　）。

A. 科研　　B. 军事　　C. 商业　　D. 管理

7. 某型计算机峰值性能为数千亿次 / 秒，主要用于大型科学与工程计算和大规模数据处理，它属于（　　）。

A. 巨型计算机　　B. 小型计算机　　C. 微型计算机　　D. 专用计算机

8. 计算机所有的程序和数据都是（　　）以存储。

A. 二进制编码　　B. 区位码　　C. 二维码　　D. 条形码

9. 在计算机领域中，通常用英文单词“byte”来表示（　　）。

A. 字　　B. 字长　　C. 字节　　D. 二进制位

10. 一个 ASCII 码字符用（　　）个 byte 表示。

A. 1　　B. 2　　C. 3　　D. 4

11. 硬盘 1GB 的存储容量等于（　　）。

A. 1024KB　　B. 100KB　　C. 1024MB　　D. 1000MB

12. 个人计算机属于（　　）。

A. 微型计算机　　B. 小型计算机　　C. 中型计算机　　D. 小巨型计算机

13. 用来表示计算机辅助设计的英文缩写是（　　）。

A. CAI　　B. CAM　　C. CAD　　D. CAT

14. 在计算机中，信息的最小单位是（　　）。

A. 字节　　B. 位　　C. 字　　D. KB

15. 8 个字节含二进制位（　　）。

A. 8 个　　B. 16 个　　C. 32 个　　D. 64 个

16. 与二进制数 11111110 等值的十进制数是（　　）。

A. 251　　B. 252　　D. 253　　D. 254

17. 与十六进制数（BC）等值的二进制数是（　　）。

A. 10111100　　B. 11001001　　C. 11100111　　D. 10001011

18. 字符 A 对应的 ASCII 码值是（　　）。

A. 64　　B. 65　　C. 66　　D. 69

19. 对输入计算机中的某种非数值型数据用二进制数来表示的转换规则被称为（　　）。

A. 编码　　B. 数制　　C. 校检　　D. 信息

20. 在下列 4 个数中数值最大的是（　　）。

A. 123D　　B. 111101B　　C. 56O　　D. 80H

单元 2　计算机系统概述

计算机（computer）是一种能够按照事先编制好的程序，接收数据、处理数据、存储数据并产生输出的现代化智能设备。现今的计算机是从古老的计算工具一步步发展到如今用于高速计算的电子设备，是人类伟大的发明之一，也是现代信息技术进步的标志。计算机的诞生，解决了人类用脑力劳动替代体力劳动，是科学技术推动了国民经济的发展，计算机的广泛普及对社会进步起着举足轻重的推动作用，不仅提高了工作效率，也改善人们的生活质量。计算机科学和计算机产业的发达程度已成为衡量一个国家的综合国力强弱的重要指标。

本单元内容主要包含计算机系统的组成、计算机的特点、性能指标及分类、Windows 7 操作系统的简介与基本操作。Windows 7 系统部分我们需要掌握 Windows 7 的基本功能，窗口操作、控制面板的使用及 Windows 7 的基本设置，掌握文件管理的方法。通过学习本单元内容，我们对计算机系统的整体框架有一个大致的认识，掌握相应的计算机应用系统的基本操作。

项目 2.1　计算机系统的组成

一台完整的计算机系统应由硬件系统和软件系统组成，如图 2–1 所示，目前的计算机系统仍然属于冯·诺依曼体系计算机。

图 2–1　计算机系统组成

1. 项目要求

掌握计算机系统软硬件的组成、理解计算机软硬件概念及软硬件之间的关系。

2. 项目实现

任务 1　计算机的硬件系统

计算机硬件主要包括主机和外部设备两大部分。计算机硬件系统由运算器、控制器、存储器、输入设备和输出设备 5 个部分组成，如图 2-2 所示。通常将运算器和控制器称为中央处理器（CPU），是计算机的核心部件；存储器分为内存储器（简称“内存”）和外存储器（简称“外存”）两大类；CPU 和内存储器合称为主机；外存储器、输入设备和输出设备统称为外部设备。

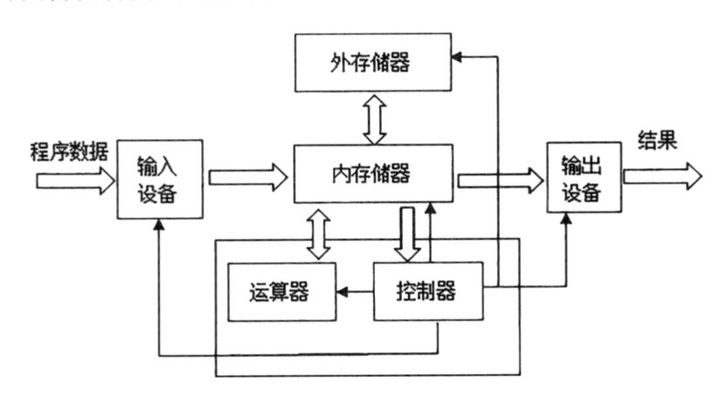

图 2-2　计算机硬件系统框架

（1）运算器

运算器，又称算术逻辑部件（ALU）。主要由通用寄存器、状态寄存器、累加器和算术逻辑单元组成。运算器的主要任务是将来自存储器的数据和信息执行各种算术运算和逻辑运算，数据处理后通常送回存储器或者暂存在运算器中。算术运算主要执行加、减、乘、除四则运算，而逻辑运算主要执行与、或、非、异或等逻辑操作。

（2）控制器

控制器是整个 CPU 的指挥控制中心，由程序计数器、指令寄存器、指令译码器、时序产生器和操作控制器组成。计算机的工作过程就是执行一系列的指令，指令存放在标有地址的存储单元中，当执行一条指令时，控制器中的程序计数器（PC）用来指明指令的地址，指令存储器（IR）从主存储器中读取指令后将指令代码传送给指令译码器进行功能分析，并完成该指令所需的控制信号。

（3）存储器

存储器是用来存放程序和各种数据的部件。通常分为内存储器和外存储器。

①内存储器是用来存放执行中的程序和数据，由于内存的存取速度较快，因此可以直接和 CPU 交换信息。常见的内存储器有随机存储器（RAM）和只读存储器（ROM）。随机存储器（RAM）：既可以读出数据，也可以写入数据，断电后数据将消失。只读存储器（ROM）：ROM 的数据由厂家一次性写入，并永久保存下来，只能读不能写。

②外存储器指的是除内存以外的存储器，例如，磁带、磁盘、光盘、U 盘等。

③高速缓冲存储器（Cache），简称"缓存"，它是存在于主存与 CPU 之间的一级存储器，由静态存储芯片（SRAM）组成，容量比较小但速度比主存高得多，接近于 CPU 的速度。缓存的出现主要是为了解决 CPU 运算速度与内存读写速度不匹配的矛盾，因为 CPU 运算速度要比内存读写速度快很多，这样会使 CPU 花费很长时间等待数据到来或把数据写入内存。在缓存中的数据是内存中的一小部分，但这一小部分是短时间内 CPU 即将访问的数据，当 CPU 调用大量数据时，就可避开内存直接从缓存中调用，从而加快读取速度。而 CPU 的缓存也分为几个层级，L1 Cache（一级缓存）、L2 Cache（二级缓存）、L3 Cache（三级缓存）主要用于优化数据的吞吐和暂存，大大提高执行效率。

一级缓存（L1 Cache）是指 CPU 的第一层级的高速缓存，主要负责缓存指令和缓存数据。一级缓存的容量与结构对 CPU 性能影响十分大，但是由于它的结构比较复杂，又考虑到成本等因素，一般来说，CPU 的一级缓存较小，通常 CPU 的一级缓存也就能做到 256KB 左右的水平。

二级缓存（L2 Cache）是指 CPU 的第二层级的高速缓存，而二级缓存的容量会直接影响到 CPU 的性能，二级缓存的容量越大越好。例如，intel 的第八代 i7-8700 处理器，共有六个核心，而每个核心都拥有 256KB 的二级缓存，属于各核心独享，这样二级缓存总数就达到了 1.5MB。

三级缓存（L3 Cache）是指 CPU 的第三层级的高速缓存，其作用是进一步降低内存的延迟，同时提升海量数据量计算时的性能。和一级缓存、二级缓存不同的是，三级缓存是核心共享的，能够将容量做得很大。

（4）输入设备

输入设备是用来接收用户提供给计算机的原始数据。如文字、图形、图像、声音等。常用的输入设备有键盘、鼠标、扫描仪、光笔等。

（5）输出设备

输出设备用于将存放在内存中由计算机处理的结果以人们能接受的形式输出。常用的输出设备有显示器、打印机等。

①显示器

显示器是将图形或数据通过特定的传输设备显示到屏幕上再反射到人眼的显示工具。它可以分为阴极射线管显示器（CRT）、液晶显示器（LCD）。CRT 纯平显示器具有可视角度大、无坏点、色彩还原度高、色度均匀、可调节的多分辨率模式、响应时间极短等 LCD 显示器难以超越的优点，但目前已经退出市场，如图 2-3 所示。

LED 显示器集微电子技术、计算机技术、信息处理技术于一体，其色彩鲜艳、动态范围广、亮度高、寿命长、工作稳定可靠，成为最具优势的新一代显示设备。目前，LED 显示器已广泛应用于大型广场、体育场馆、证券交易大厅等场所，可以满足不同环境的需要，如图 2-4 所示。

图 2-3　阴极射线管显示器（CRT）

图 2-4　液晶显示器（LCD）

● 显示器的技术参数

分辨率：指构成图像的像素和，即屏幕包含的像素多少。它一般表示为水平分辨率（一个扫描行中像素的数目）和垂直分辨率（扫描行的数目）的乘积。如 1920×1080，表示水平方向包含 1920 像素，垂直方向是 1080 像素，屏幕总像素的个数是它们的乘积。分辨率越高，画面包含的像素数就越多，图像也就越细腻清晰。显示器的分辨率受显示器的尺寸、（显像管点距）、电路特性等方面影响。

像素点距：是显示器的一个非常重要的硬件指标。所谓点距，是指一种给定颜色的一个发光点与离它最近的相邻同色发光点之间的距离，这种距离不能用软件来更改。在任何相同分辨率下，点距越小，图像就越清晰。

刷新速度：指每秒钟出现新图像的数量，单位为 Hz（赫兹）。刷新率越高，图像的质量就越好，闪烁越不明显，人的感觉就越舒适。一般认为，70~72Hz 的刷新率即可保证图像的稳定。

②打印机

• 针式打印机

针式打印机主要由打印头、字车结构、色带、输纸机构和控制电路组成。针式打印机的主要部件是打印头，它包括打印针、电磁铁等。通常所讲的 9 针、16 针和 24 针打印机说的就是打印头上的打印针的数目。这些钢针在电磁铁的带动下，先打击色带，色带后面是同步旋转的打印机，从而打印出字符点阵，而整个字符就是树根钢针打印出来的点拼凑而成的。其打印速度较慢，噪声大，字符的轮廓不光滑，有锯齿形，但其耗材便宜。如图 2–5 所示。

• 喷墨式打印机

喷墨式打印机属于非击打式打印机。它是将油墨经喷嘴变成细小微粒喷到打印纸上。喷墨打印机采用技术主要有两种：连续式喷墨技术与随机式喷墨技术。连续喷墨技术以电荷调制型为代表，这种喷墨打印原理是利用压电驱动装置对喷头中墨水加以固定压力，使其连续喷射。早期的喷墨打印机都是采用连续式喷墨技术，而当前市面流行的喷墨打印机都普遍采用随机喷墨技术。随机式喷墨系统中墨水只在打印需要时才喷射，所以又称为按需式。喷墨打印机打印质量高，无噪声，但打印速度慢，耗材贵。如图 2–6 所示。

图 2–5　针式打印机

图 2–6　喷墨式打印机

图 2–7　激光打印机

• 激光打印机

激光打印机的基本工作原理是由计算机传来的二进制数据信息，通过视频控制器转换成视频信号，再由视频接口 / 控制系统把视频信号转换为激光驱动信号，然后由激光扫描系统产生载有字符信息的激光束，最后是由电子照相系统使激光束成像并转印到纸上。激光打印机打印速度快，打印质量做好，无噪声，但设备价格高，耗材贵，如图 2–7 所示。

任务 2　微型计算机的组成

一台完整的计算机由主机和输入输出设备构成。主机是计算机的核心部件，其内部部件主要包括：主板、CPU、内存条、硬盘、光驱、显卡。随着计算机硬件的发展，现在的显卡已经可以集成在主板上，相对于独立显卡而言，集成显卡只能满足一般需求的用户使用，对于大型游戏或从事设计工作的用户须选择独立显卡才能满足特定需求。输入输出设备主要是连接在主机外部的一些设备，通过基本的输入设备（键盘、鼠标）将数据信息传送到计算机中，计算机处理后将结果转换后传送到输出设备（显示器）并将信息显示提供给用户。

（1）主板

主板，也称主机板（mainboard）、系统板（systemboard）或母板（motherboard），是计算机最基本、最重要的部件之一。主板上安装了组成计算机的主要电路系统，一般有 BIOS 芯片、I/O 控制芯片、键盘和面板控制开关接口、指示灯插接件、扩充插槽、主板及插卡的直流电源供电接插件等元件。主板是所有硬件的载体，它提供硬件数据交互和电力的传输。搭载在主板上的硬件必须具备一定的兼容性，才能最大化发挥主板的稳定性，如图 2–8 所示。

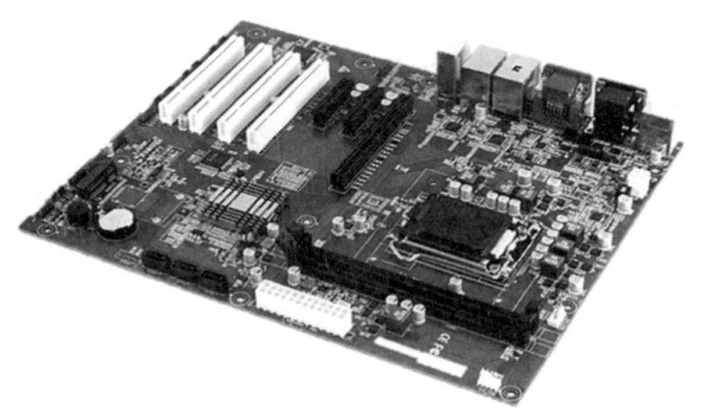

图 2–8　主板

（2）CPU

中央处理器（central processing unit，CPU）作为计算机系统的运算和控制核心，被形象地称为计算机的“大脑”。是信息处理、程序运行的最终执行单元。CPU 的主要工作原理就是按照程序给出的指令进行指令分析、执行指令、处理数据、返回处理结果到内部存储器，如图 2–9 所示。

图 2–9　中央处理器（CPU）

（3）内存条

内存条，也叫主存，是指随机存储器（RAM），它与 CPU 直接交换数据的内部存储器。它可以随时读写数据（刷新时除外），而且速度很快。RAM 主要用来临时存储程序、数据和中间结果，如图 2–10 所示。

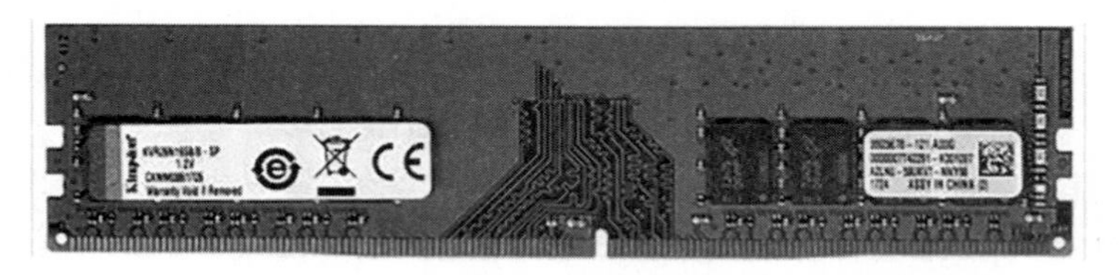

图 2-10 内存条

（4）硬盘

图 2-11 机械硬盘

目前的计算硬盘可分为机械硬盘（Hard Disk Drive，HDD，全名温彻斯特式硬盘）和固态硬盘（Solid State Disk 或 Solid State Drive，SSD）。

①机械硬盘（HHD）即我们常用的普通硬盘。它是由盘片、磁头、盘片转轴及控制电机、磁头控制器、数据转换器、接口、缓存等几个部分组成。机械硬盘中所有的盘片都平行地装在一个旋转轴上，在每个盘片的存储面上有一个磁头，磁头与盘片之间的距离只有 0.1μm~0.5μm，较高的水平已经达到 0.005μm~0.01μm，由磁头控制器负责各个磁头的运动。机械硬盘常用的接口主要分为：IDE 接口、SAS 接口、SATA 接口，如图 2-11 所示。

- 其相关技术指标

容量作为计算机系统的数据存储器，容量是硬盘最主要的参数。容量越大，存储的数据越多。

转速是硬盘内电机主轴的旋转速度，也就是硬盘盘片在一分钟内完成的最大转数。转速的快慢是标示硬盘档次的重要参数之一。硬盘的转速越快，硬盘寻找文件的速度也就越快，相对的硬盘的传输速度也就得到了提高。硬盘转速以每分钟多少转来表示，单位符号为 RPM（Revolutions Per Minute），即转 / 每分钟。RPM 值越大，内部传输率就越快，访问时间就越短，硬盘的整体性能也就越好。

平均访问时间是指磁头从起始位置到达目标磁道位置，并且从目标磁道上找到要读写的数据扇区所需的时间。

传输速率是指硬盘读写数据的速度，单位为兆字节每秒（MB/s）。传输率分为内部数据传输率和外部数据传输率。内部传输率也称为持续传输率，它反映了硬盘缓冲区未用时的性能。内部传输率主要依赖于硬盘的旋转速度。外部传输率也称为突发数据传输率或接口传输率，主要指系统总线与硬盘缓冲区之间的数据传输率，外部数据传输率与硬盘接口类型和硬盘缓存的大小有关。

缓存是硬盘控制器上的一块内存芯片，具有极快的存取速度，它是硬盘内部存储和外界接口之间的缓冲器。由于硬盘的内部数据传输速度和外界接口传输速度不同，缓存在其中起到一个缓冲的作用。

②固态硬盘（SSD），又称固态驱动器，是用固态电子存储芯片阵列制成的硬盘。与机械硬盘相比，固态硬盘具有体积小、读写快、能耗低、质量轻的优点，但价格方面较贵，一旦发生损坏，数据较难恢复。固态硬盘常用的接口主要分为：SATA3.0 接口、mSATA 接口、M.2 接口、PCI-E 接口。如图 2-12、图 2-13 所示。

图 2-12 M.2 接口固态硬盘

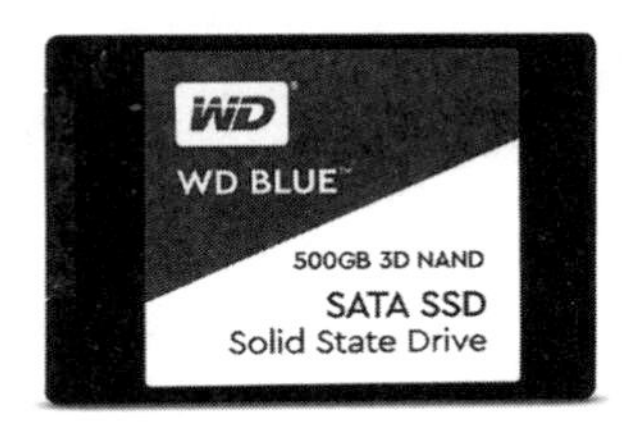

图 2-13 SATA 3.0 接口固态硬盘

● 其相关技术指标

最大持续读写性能：是大量读写数据时硬盘能达到的速度寻道时间。由于固态硬盘（SSD）不存在机械结构，所以寻道时间非常短，一般在 0.1 毫秒左右。

4KB 读写性能：这是最重要的参数，任何固态硬盘（SSD）离开了这个参数哪怕读写性能高达 1G/S 都无意义，4KB 读写性能直接决定其性能。

IOPS 性能：每秒进行读写（I/O）操作的次数，衡量随机访问的性能。

其他参数：比如，固态硬盘（SSD）里闪存块的读写次数 / 寿命，还有是否支持 Trim 指令等。

不管是机械硬盘还是固态硬盘，它们都是计算机中最主要的存储设备。计算机中运行的系统软件、应用软件和用户的文件数据都存储在硬盘上，硬盘只要不发生物理性的损坏是可以长期存储数据的。由于硬盘存储的容量较大，它是区别于内存、光盘的一种存储设备。

（5）光驱

目前光驱分别内置光驱和外置光驱，它是用来读写光碟内容的机器。

内置光驱是台式机和笔记本便携式电脑里比较常见的一个部件。光驱可分为 CD-ROM 驱动器、DVD 光驱（DVD-ROM）、康宝（COMBO）、蓝光光驱（BD-ROM）和刻录机等。由于移动式存储设备不断地更新换代，容量也不断增加，而光盘的容量具有一定的局限性，用户对光盘的使用率逐步减少，取而代之的是 U 盘或移动式硬盘。随着存储介质的不断发展，光驱的使用也大大降低。因此，目前光驱并不是流行的一个部件，也逐渐被用户淡化，如图 2-14 所示。

外置光驱就是在机箱外面放置的光驱，具有便携、移动的特点。具有多种数据接口，主要还是 USB 接口，有的可能还具有 12V 直流电源接口，具有多种类型，如 CD-ROM、DVD-ROM、蓝光光驱等，如图 2-15 所示。

图 2-14　DVD 刻录光驱

图 2-15　外置 DVD 刻录光驱

（6）显卡

目前，显卡的分类为：独立显卡、集成显卡、核心显卡。不同类型的显卡具有不同性能与结构，因此各有优缺点。

独立显卡，也称显示卡（Video card）。独立显卡是指将显示芯片、显存及其相关电路单独做在一块电路板上，自成一体的作为一块独立的板卡存在，它需占用主板的扩展插槽（ISA、PCI、AGP 或 PCI-E）。显卡是计算机中一个重要的组成部件，承担着输出显示图形的任务。对于喜爱 3D 游戏和从事专业图形设计的人士来说，安装独立显卡尤其重要。主流独立显卡的显示芯片主要由 NVIDIA（英伟达）和 AMD（超威半导体）两大厂商制造，通常将采用 NVIDIA 显示芯片的显卡称为 N 卡，而将采用 AMD 显示芯片的显卡称为 A 卡。独立显卡的优点是单独安装有显存，一般不占用系统内存，在技术上也较集成显卡先进得多，比集成显卡能够得到更好的显示效果和性能，容易进行显卡的硬件升级。而缺点则是系统功耗有所加大，发热量也较大，需额外花费购买显卡的资金，如图 2-16 所示。

图 2-16　独立显卡

集成显卡，也称为“板载显卡”，是集成在主板上的一个固定部件，它将显示芯片、显存及其相关电路都做在主板上。集成的显卡一般不带有显存，而是使用系统的一部分主内存作为显存，具体的数量一般是系统根据需要自动动态调整的。因此，集成显卡运行需要大量占用内存的空间，对整个系统会有较明显的影响。集成显卡的优点是功耗低、发热量小；缺点则是如果要升级显卡，只能和主板，CPU 一次性的更换。

核心显卡（Core Graphics card），也称“核心图形卡”，是融合在 CPU 内部的图形处理核心。也就是我们所说的 GPU 图形处理器，主要依托处理器强大的运算能力和智能能效调节设计，在更低功耗下实现同样出色的图形处理性能和流畅的应用体验。核心显卡虽与传统意义上的集成显卡不相同，但其工作方式决定了它的性能比早期的集成显卡有所提升，它仍然是一种集成显卡，集成在 CPU 核心中的显卡。核心显卡的优点是功耗低、体积小，一般用于笔记本电脑；而缺点方面还是略逊色于独立显卡，如果需要升级也只能连同主板、CPU 一起更换。

（7）电源

电源是为计算机提供电力的设备。计算机内部部件是电压较低的直流电，计算机的电源将普通交流电转为直流电，再通过斩波控制电压，将不同的电压分别输出给主板、硬盘、光驱等计算机部件，如图 2–17 所示。

图 2–17 电源

任务 3 计算机的软件系统

软件系统（Software Systems）是指在计算机上运行的程序及其使用和维护的文档。计算机软件系统通常被分为系统软件和应用软件两大类。

（1）系统软件

系统软件是指担负控制和协调计算机及其外部设备、支持应用软件的开发和运行的一类计算机软件。它是无须用户干预的各类程序的集合，主要功能是监控、调度和维护计算机系统。系统软件一般包括操作系统、语言处理程序、数据库系统、分布式软件系统和人机交互是系统。

①操作系统（Operation System，OS）

操作系统（OS）是管理计算机硬件与软件资源的计算机程序。它是运行在计算机硬件上的系统软件，任何的应用软件都必须加载在系统软件上才能运行。操作系统的运行实现了人机交互的操作。常见的操作系统有 Win 10、Unix、Linux 等。

②语言处理程序

语言处理程序是将高级语言编写的源程序由翻译程序转换成机器语言，以便计算机能够识别并运行。包括汇编程序、编译程序和解释程序。汇编程序是将汇编语言源程序翻译成一种面向机器的语言；编译程序是将高级语言程序翻译成机器语言目标程序的翻译程序；而解释程序则是由一个总控程序和若干个执行子程序组成。首先总控程序完成初始化工作，依次从源程序中逐条取出语句进行语法检查，通过语法检查，完成相应的指令并执行，解释程序并不产生一定的目标程序，这是它和编译程序的主要区别。

由于计算机只能识别和执行机器语言，汇编语言或高级语言编写的程序 CPU 不能直接执行指令，必须将每条指令翻译成 CPU 能识别的指令（也成机器语言）使源程序转换后运行，翻译的过程即是语言处理程序来完成的一系列的操作。常用的高级语言有 C、Java、VB 等。

③数据库管理系统（Database Management System，DBMS）

数据库管理系统（DBMS）是指用于建立、使用和维护数据库的一种操纵和管理数据的大型软件。数据库管理系统可提供多用户进行数据的录入、修改、查询，并可对数据进行定义、存储、管理、保护及维护等。数据库管理系统的应用方便了用户使用和存储数据，具有控制数据冗余、提高数据共享、保证数据一致性的特点，大大提高了数据的安全性和完整性。常用的数据库管理系统有 Oracle、DB2、Sybase 等。

④分布式软件系统（Distributed Software Systems，DSS）

分布式软件系统（DSS）是通信网络互连的多处理机体系结构上执行的系统。主要包括分布式操作系统、分布式程序设计语言及其编译（解释）系统、分布式文件系统和分布式数据库系统等。

⑤人机交互系统（Human-computer interaction，HCI）

人机交互系统是研究人与计算机之间的交流与通信的系统。通过控制有关设备的运行和理解并执行通过人机交互设备传来的有关的各类命令和需求，为用户完成信息管理、服务与处理等操作。人机交互中常用的技术有语音交互技术、图像识别技术、AR 技术、VR 技术及体感交互技术。人机交互系统在汽车领域中应用的有奥迪 MIMI 系统、宝马 iDriver 系统、奔驰 Comand 系统。

人机交互技术领域热点技术的应用潜力开始展现，比如智能手机配备的地理空间跟踪技术，应用于可穿戴式计算机、隐身技术、浸入式游戏等的动作识别技术，应用于虚拟现实、遥控机器人及远程医疗等的触觉交互技术，应用于呼叫路由、家庭自动化及语音拨号等场合的语音识别技术，对于有语言障碍人士的无声语音识别，应用于广告、网站、产品目录、杂志效用测试的眼动跟踪技术，针对有语言和行动障碍人开发的“意念轮椅”采用的基于脑电波的人机界面技术等。

（2）应用软件

应用软件（application software）是指为特定领域开发、并为特定目的服务的一类软件，它们是为解决各种实际问题而专门设计的程序。

应用软件一般分为两类：一类是为特定需要开发的实用型软件，如会计核算软件、餐饮系统、工程预算软件和教育辅助软件等；另一类是为了方便用户使用计算机而提供的一种工具软件，如用于文字处理的 Word、用于辅助设计的 AutoCAD 及用于系统安全维护的杀毒软件等。

项目 2.2　计算机的特点及性能指标

1. 项目要求

了解计算机的特点、掌握计算机的主要性能指标。

2. 项目实现

任务1　计算机的工作特点

（1）运算速度快

当今计算机系统的运算速度已达到每秒上百万亿次，使大量复杂的科学计算问题得以解决。例如，卫星轨道的计算、大型水坝的计算，用计算机只需几分钟就可完成。目前世界上最快的计算机是美国 IBM 公司和美国能源部历时 6 年共同研制出的超级计算机“走鹃”，运算速度可达每秒 1015 万亿次。

（2）计算精确度高

随着科学技术的发展，尖端科学技术离不开高度精确的计算。字长决定了计算机的精确度，字长越长，精确度越高。计算机控制的导弹之所以能准确地击中预定的目标，是与计算机的精确计算分不开的。一般计算机可以有十几位甚至几十位（二进制）有效数字，计算精度可由千分之几到百万分之几，是任何计算工具所望尘莫及的。

（3）逻辑运算能力强

计算机除了能够执行算术运算外，还具有逻辑运算功能，能对信息进行比较和判断。计算机能把参加运算的数据、程序以及中间结果和最后结果保存起来，并能根据判断的结果自动执行下一条指令以供用户随时调用。

（4）存储容量大

计算机内部的存储器具有记忆特性，可以存储大量的信息，包括各类数据、程序指令、运算的结果，可供用户或计算机本身使用。

（5）自动化程度高

由于计算机具有存储记忆能力和逻辑判断能力，所以人们可以将预先编好的程序组纳入计算机内存，在程序控制下，计算机可以连续、自动地工作，不需要用户的干预。

任务 2　计算机的性能指标

（1）运算速度（Computing speed）

运算速度是衡量计算机性能的一项重要指标。它是指每秒钟所能执行的指令条数，同一台计算机执行不同的运算所需时间可能不同，因而对运算速度的描述常采用不同的方法。单位为每秒百万条指令（简称 MIPS）或者每秒百万条浮点指令（简称 MFPOPS）。

（2）字长

字长是指计算机每个工作周期内可一次性处理的数据长度，字长越大计算机运算速度越快。计算机处理二进制数据通常以字长为单位，字长总是 8 的整数倍，一般计算的字长为 16 位、32 位、64 位。

（3）内存储器容量

内存储器也称为“主存”，通常指随机存储器（RAM）。RAM 是直接与 CPU 交换数据。内存储器容量的大小反映了计算机即时存储信息的能力，内存容量越大，系统功能就越强大，能处理的数据量就越庞大。内存的最小容量是位 / 比特（bit，b），通常计算机中的数据是以 8 位二进制数据为一个字节（Byte，B），随着内存容量的不断增大，目前内存容量又以 KB、MB、GB、TB 为单位，其一般是 2 的整次方倍数。

KB：千字节，$1KB=2^{10}B=1024B$。

MB：兆字节，$1MB=2^{20}B=1024KB$。

GB：吉字节，$1GB=2^{30}B=1024MB$。

TB：太字节，$1TB=2^{40}B=1024GB$。

（4）I/O 的速度

I /O 的速度主要取决于数据总线的宽度，总线的带宽是一个单位时间内传送的数据量，总线的位宽和工作频率会影响总线的带宽。

（5）显存

显存也称为“帧缓存”。计算机中的显卡在图形渲染建模前，通常将像素点构成的数据传送至显存保存，显示芯片通过 AGP 总线提取存储在显存里的数据，通过显示芯片和 CPU 调配，最后把运算结果转化为图形输出到显示器上。显存里显示芯片数据处理能力越强，显存数据传输量和传输率也越高。大型 3D 游戏和专业图形设计工作需要大容量的显卡，显存的核心性能会影响到显卡的性能，显卡的性能越高，处理图形数据时就会越快。

（6）硬盘转速

硬盘是计算机最主要的存储设备。硬盘的转速是硬盘盘片在一分钟内完成的最大转数，转速决定硬盘内部传输数据的快慢。转速越快，硬盘读写文件的速度就越快。

（7）主频

CPU 的主频，也称“CPU 的时钟频率”，目前的常用单位为 GHz。是计算机每个时钟信号周期内数字脉冲信号震荡的速度。主频仅代表 CPU 性能的一个方面，并不能完全体现 CPU 的整体性能。只有在高主频的条件下，同时提高各个分系统运行速度和数据传输速度，计算机的整体运行速度才能真正提高。

项目 2.3　Windows 7 操作系统的使用

Windows 7 操作系统是由微软公司开发的，具有革命性变化的操作系统。该系统旨在让人们的日常电脑操作更加简单和快捷，为人们提供高效易行的工作环境。

1. 项目要求

了解 Windows 7 的基本功能，任务栏、窗口操作。

2. 项目实现

任务 1　Windows 7 的启动和关闭

计算机的启动和关闭是最基本的操作。正确操作 Windows 系统是保护系统正常运行的一种方式。

（1）启动 Windows

计算机的启动分为冷启动和热启动，根据不同的情况选择相应的操作方式。

①冷启动：是计算机的一种启动方式。在切断计算机电源的情况下启动，一旦冷启动，内存的东西全部丢失，重新检测硬件，进入 CMOS，进入操作系统的启动。一般按机箱上 POWER 按钮启动。

②热启动：是指计算机在使用过程中出现某些软件类的故障，迫使操作者无法使用操作系统的情况下，我们可以选择重新启动计算机。重新启动也分两种操作形式：一是在出现故障的情况我们还可以单击【开始】按钮的情况，可以选择【重新启动（R）】的菜单；二是在计算机出现故障的状况下，鼠标无法操作选择任何菜单，我们只能通过按下 Ctrl+Alt+Del 键调出【任务管理器】，结束任何正在运行的进程，再次单击【重新启动（R）】的菜单选择重启系统。

（2）关闭 Windows

我们在使用完计算机后，需要正确关闭计算机。关闭计算机的正确步骤为：首先，关闭所有正在运行的应用程序，然后单击【开始】按钮，最后单击【关机】按钮 关机 。如图 2-18 所示。

图 2-18　关闭计算机

如果采取了非正常关机的操作，会对计算机产生两种伤害：一种是软件方面的，会对操作系统造成损害，可能会导致一些关键的系统文件丢失，从而造成操作系统不稳定，系统再次运行的时候就会检测到上一次非正常关机，并会对其进行自动检测。如果长期强制关机，则会导致系统不能正常运行，也有概率导致计算机出现开机蓝屏、黑屏等情况。另一种是对硬件损伤，会对硬盘造成影响，使其出现坏道。因此，正常关闭计算机尤其重要。

任务 2　Windows 7 桌面

当开机正常启动完毕后，显示器中出现的画面我们称之为 Windows 7 操作系统桌面。Windows 7 桌面主要由桌面图标和任务栏组成，如图 2-19 所示。用户通过桌面可以打开任何的应用程序，也可以访问计算机硬盘中的文件。因此，操作系统提供了人机交互的接口。

Windows 7 桌面的组成元素主要包括桌面背景、图标、“开始”按钮，快速启动工具栏、任务栏和状态栏。

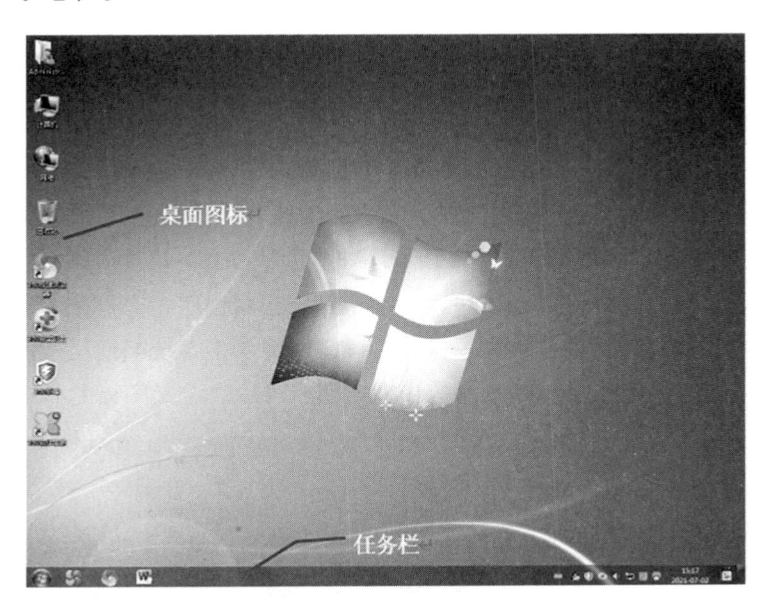

图 2–19　Windows 7 桌面

（1）桌面图标

Windows 7 桌面上出现的应用程序、文件、文件夹或安装系统时出现的“回收站”，我们统称之为“桌面图标”。桌面图标一般是由文字和图片组成，文字说明图标的名称或功能、图片是它的标识符。用户双击桌面图标会启动或打开相应的应用程序或项目窗口。

“回收站”是操作系统里的其中一个系统文件，主要用于保存被用户临时删除的文档资料。当用户将文件删除至回收站后，实质上仍然占用磁盘的空间。只有在回收站里删除它或清空回收站才能使文件真正地被删除，为硬盘释放更多的磁盘空间。存放在回收站里的文件，后期如需要还可以恢复到当时被删除的位置。

用户还可以在桌面上创新文件和文件夹，提供用户便捷的访问方式，如图 2–20 所示。对于常用的应用程序或项目文件，用户可以通过创建“快捷方式”进行访问。快捷方式是 Windows 提供的一种快速启动程序、打开文件或文件夹的方法。它是应用程序的快速链接，快捷方式的一般扩展名为 *.lnk。

快捷方式的创建步骤为：首先找到需要创建快捷方式的图标，右键单击该图标，然后在下拉菜单中找到【发送到】，最后单击【桌面快捷方式】即可。

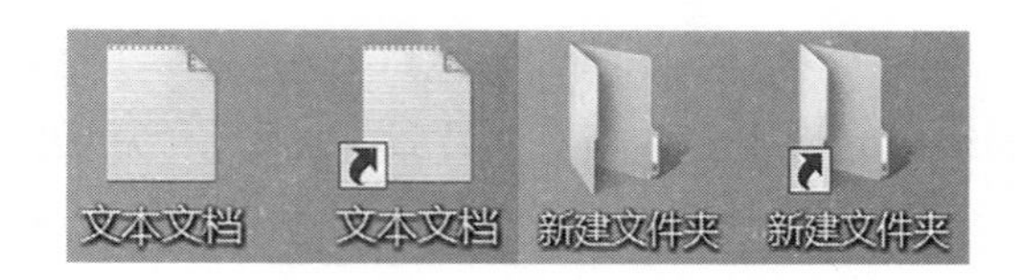

图 2–20　文件图标和文件快捷方式图标

（2）任务栏

任务栏是指位于桌面最下方的小长条，不管用户是否打开窗口或应用程序，任务栏始终显示。任务栏主要由“开始”菜单、快速启动栏、应用程序区和托盘区组成，如图 2–21 所示。开始菜单是视窗操作系统中图形用户界面（GUI）的基本部分，可以称为操作系统的中央控制区域。用户可以通过快速启动栏打开应用程序，被打开的所有应用程序都显示在任务栏中，而托盘区域也称通知区域，该区域显示了系统当前运行的应用程序，网络连接情况，音量控制图标及时间日期等信息，用户可以自定义图标的显示或隐藏。

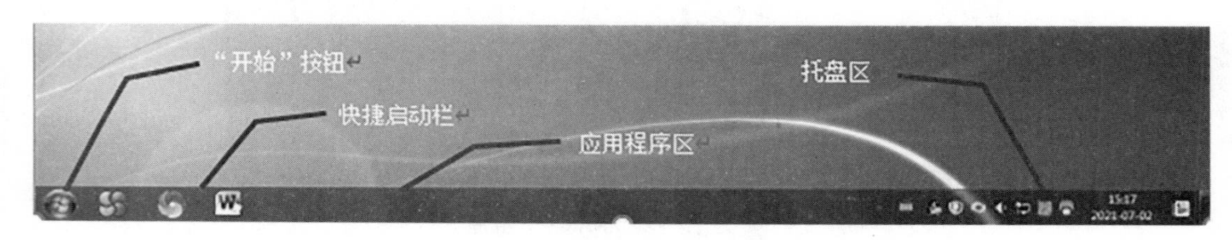

图 2–21　任务栏

1）“开始”菜单

用户可通过“开始”菜单启动应用程序、访问文件夹、搜索文件和程序及调整计算机的设置。正常的关闭计算机、重启、切换用户、注销等操作必须点击“开始”菜单。

● 打开“开始”菜单

单击屏幕左下角【开始】按钮或按键盘上的【Windows】键打开【开始】菜单，如图 2–22 所示。

“开始”菜单分为以下几个部分。

①菜单栏：包含了系统启动某些常用程序的快捷菜单选项;【所有程序】项目中有计算机安装的应用程序；控制和管理系统的菜单选项；使用库按类型组织和访问文件。

②搜索栏：可以使用该搜索框来查找存储在计算机上的文件、文件夹、程序。当用户在搜索框中键入单词或短语之后，便自动开始搜索，并且搜索结果会临时填充搜索框上面的【开始】菜单空间。

③“电源”按钮选项：单击【关机】后，计算机将关闭所有打开的程序并关闭计算机。还可以选择让该按钮执行其他操作，如【注销】或【切换用户】等。

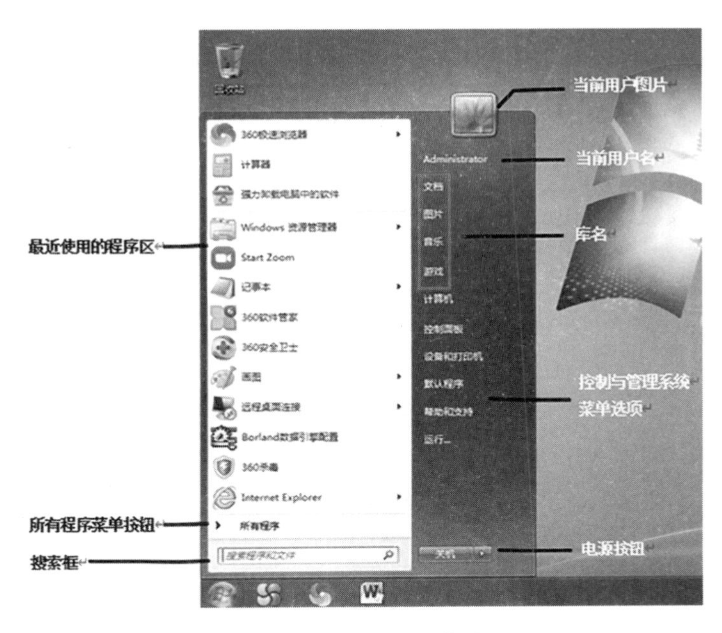

图 2-22　“开始”菜单

2）托盘区（通知区域）

通知区域中显示了系统后台运行程序的图标、网络状态、音量图标和时间日期。通知区域的图标可根据用户的需求显示或隐藏。用户在任务栏空白处单击鼠标右键后，选择【属性】选项后弹出的【属性】对话框，在【任务栏】选项卡中单击通知区域【自定义】按钮（如图 2-23 所示），根据需求选择相应程序图标的显示或隐藏行为，如图 2-24 所示。

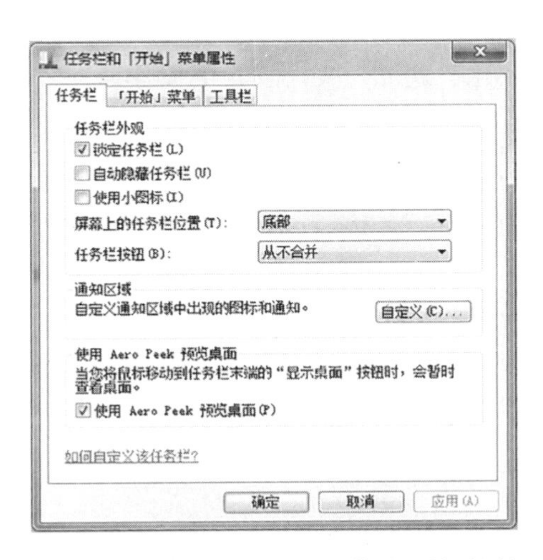

图 2-23　任务栏和“开始”菜单属性对话框

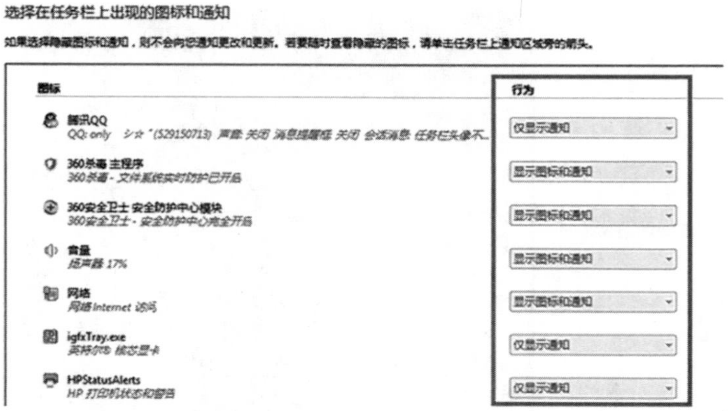

图 2-24　通知区域的显示或隐藏

显示图标和通知：如果选择该选项，则无论是否有需要用户注意的通知，对应的图标将总是显示。

隐藏图标和通知：如果选择该选项，则无论是否有需要用户注意的通知，对应的图标将总是被隐藏。

任务 3　窗口的组成与操作

（1）窗口的组成

Windows 7 系统的窗口由标题栏、地址栏、搜索栏、菜单栏、工具栏、工作区域、导航窗口、滚动条、状态栏组成。如图 2-25 所示。

①标题栏

可以进行最大化、最小化、还原、关闭窗口的操作。

②地址栏

地址栏在标题栏的下方，显示当前文件在系统中的位置。每当打开一个窗口都会跟随更换项目名称，显示当前的窗口名称。

③搜索栏

通过搜索栏可以快速查找文件。

④菜单栏

这个部分都在窗口地址栏的下方，以菜单条的形式出现。在菜单条中列出了可选的各菜单项，用于提供各类不同的操作功能。例如，“文件、编辑、查看、工具、帮助”。

⑤工具栏

这个部分在菜单栏的下方，工具栏以点击按钮形式显示，可以作为常用的快捷命令，让使用者更便捷的使用计算机。例如，可以卸载程序；可利用属性命令按钮来查看文件（夹）的属性，包括文件（夹）的类型、大小，在文件夹中包含多少文件和文件的大小等。

图 2–25　窗口的组成

⑥工作区域

这个部分在窗口的中间，也是主要的部分，这里显示当前的工作状态，所有需要操作的步骤都可以在工作区域进行，并且显示计算机储存的文件。

⑦导航窗口

在导航窗口中选择相应的项目可以快速打开或切换。

⑧状态栏

这个部分在窗口的最下面，主要是显示当前运作的信息，通过这个部分，可以清楚地了解当前运作的大小、状态、类型等信息。

（2）窗口的操作

①移动窗口：用户可以用鼠标指针指向标题栏，然后将窗口“拖动”到相应位置。

②最大化 / 还原窗口：鼠标单击【最大化】按钮□或双击窗口标题栏，可将窗口铺满整个屏幕，此时【最大化】按钮变成【还原】按钮□。当鼠标单击【还原】按钮□或双击窗口标题栏，窗口又还原到之前的大小。此时，我们可以自定义更改窗口大小。

③自定义更改窗口大小：若要任意调整窗口的大小，用户将鼠标移至窗口的任意边、角处，当鼠标变成双向箭头时，立即拖动鼠标可以任意调整窗口的大小，如图 2–26 所示。

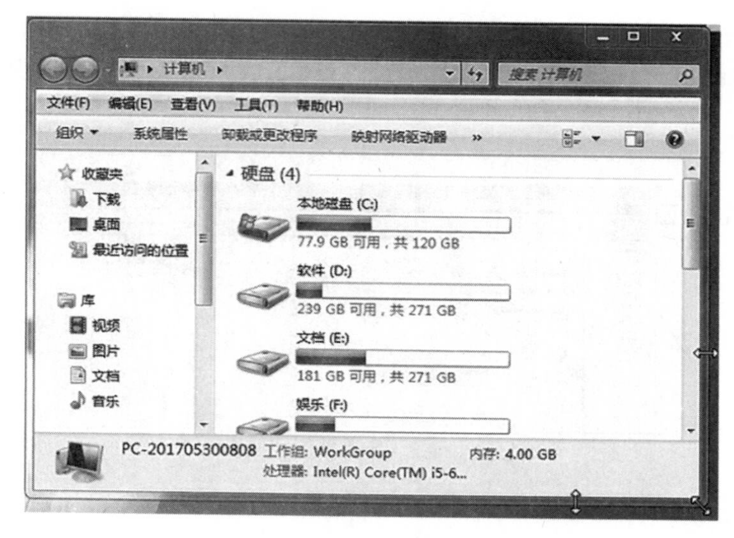

图 2–26　自定义更改窗口大小

④最小化窗口：鼠标单击【最小化】按钮后，项目窗口会从桌面消失，变为项目图标显示在任务栏上。若要使最小化的窗口重新显示在桌面上，再次单击任务栏上项目窗口的图标即可。

⑤关闭窗口：关闭窗口的操作即结束该项目的运行，鼠标单击【关闭】按钮会将窗口从桌面和任务栏中删除。

当用户打开了多个窗口，并且每个窗口同时显示在桌面上时，为了方便操作和管理，Windows 7 系统提供了三种显示窗口的方式，用户将鼠标移至任务栏空白处，单击鼠标右键，在弹出的快捷菜单中选择相应选项，如图 2–27 所示。

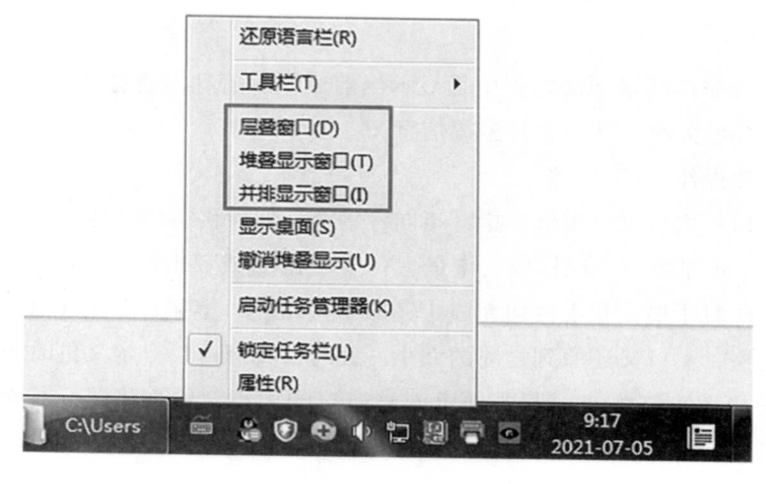

图 2–27　快捷菜单

⑥层叠窗口：在弹出的快捷菜单中选择【层叠窗口】选项，多个窗口会按顺序层叠起来，提供用户选择及操作，如图 2-28 所示。

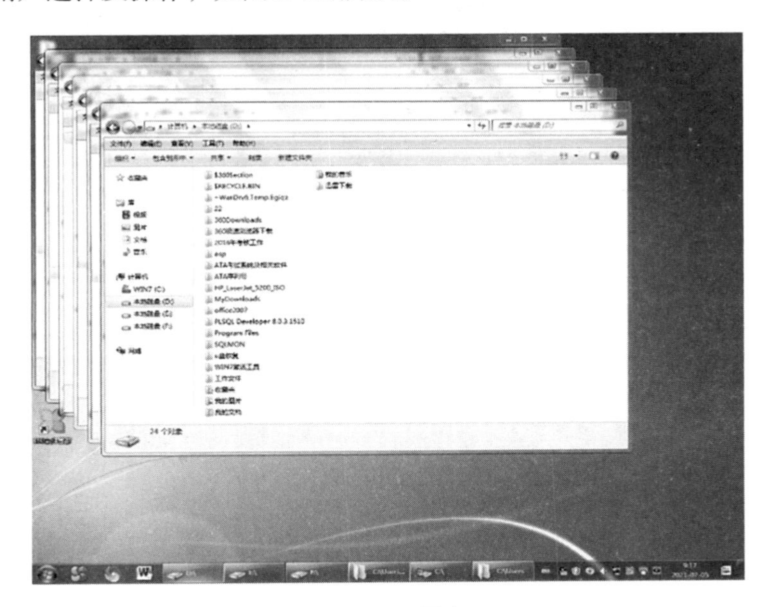

图 2-28 层叠窗口

⑦堆叠显示窗口：当用户在快捷菜单中选择【堆叠显示窗口】的选项时，多个窗口以横向的方式显示在桌面上，方便供用户查看及操作，如图 2-29 所示。

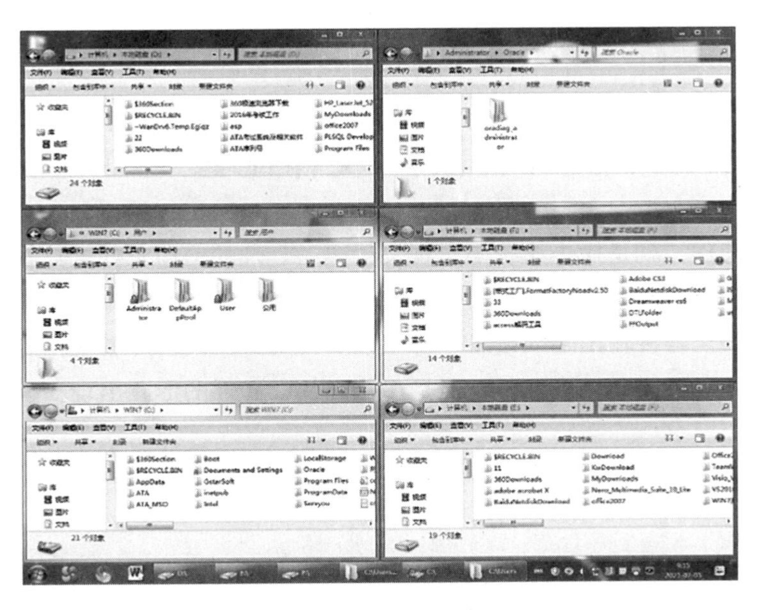

图 2-29 堆叠显示窗口

⑧并排显示窗口：当用户在快捷菜单中选择【并排显示窗口】的选项时，多个窗口以纵向的方式显示在桌面上，方便供用户查看及操作，如图 2-30 所示。

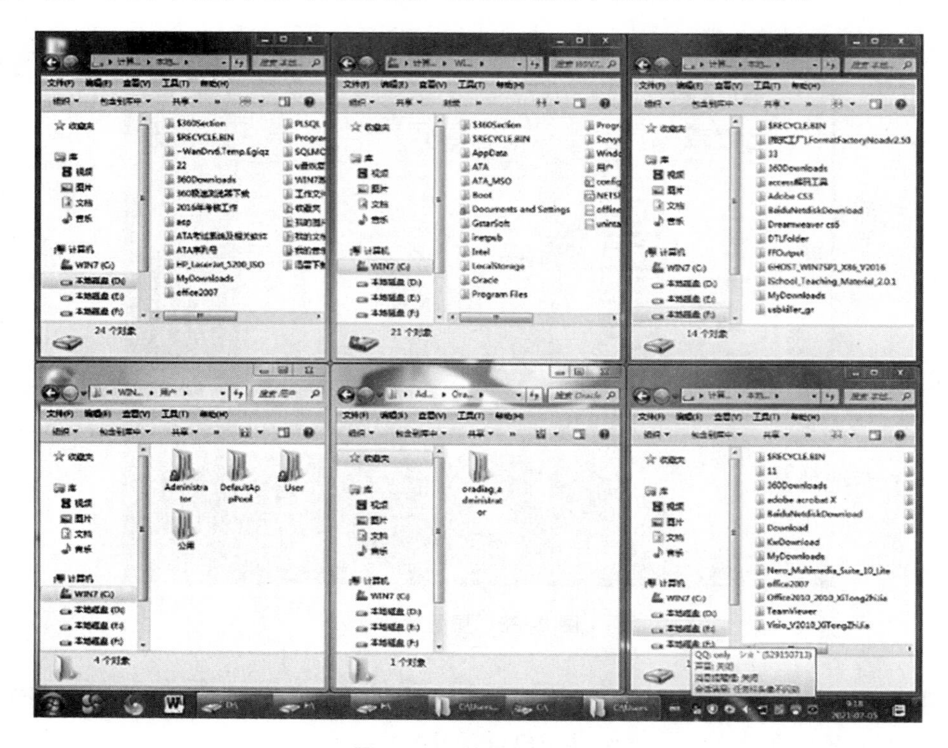

图 2-30　并排显示窗口

项目 2.4　文件管理

所谓文件管理，就是操作系统中实现文件统一管理的一组软件、被管理的文件以及为实施文件管理所需要的一些数据结构的总称。现代计算机系统中，操作系统及用户的程序和数据，甚至各种输出输入设备，都是以文件形式出现。尽管文件有多种存储介质可以使用，如硬盘、U 盘、网盘等，但是，它们都以文件的形式出现在操作系统的管理者和用户面前。

1. 项目要求

掌握 Windows 7 的文件（夹）管理，学会使用文件资源管理器、库来管理文件（夹）。

2. 项目实现

任务 1　文件和文件夹的概念

（1）文件

计算机文件是以计算机硬盘为载体存储在计算机上的信息集合。文件可以是文本文档、图片、程序等。

按性质和用途分为：系统文件、用户文件、库文件。

系统文件是指操作系统的主要文件，一般在安装操作系统过程中自动创建并将相关文件放在对应的文件夹中，其直接影响系统的正常运行，不允许随意改变。它的存在对维护计算机系统的稳定具有重要作用。

用户文件是指用户自己定义的文件，如用户的源程序、可执行程序和文档等。

库文件是指由标准的和非标准的子程序库构成的文件。标准的子程序库通常称为系统库，提供对系统内核的直接访问，而非标准的子程序库则是提供满足特定应用的库。库文件又分为两大类：一类是动态链接库，另一类是静态链接库。

（2）文件名

①为了标识文件，每个文件存储都有自己的名称。文件名由文件主名和扩展名组成。文件名的命名具有一定的规则性，文件名最长可以使用 255 个字符，可以使用英文字母［A—Z（大小写等价）］、数字（0-9）、汉字、特殊字符［$#&@（）-[]^ ~ 等］，文件名中允许使用空格，但不允许使用下列字符（英文输入法状态下）：< > / \ | ：“ * ? 来命名。

②扩展名也称为文件的“后缀名”，是操作系统用来标记文件类型的一种机制。扩展名是文件必不可少的一部分。如果一个文件没有扩展名，那么操作系统就无法处理这个文件，无法判别处理该文件的方法，如表 2-1 所示。

表 2-1　文件常用的扩展名

扩展名	含义	扩展名	含义	扩展名	含义
.exe、.com	可执行文件	.bmp	位图文件	.jpg	图形文件
.sys	系统文件	.wav、.mp3、.mid	声音文件	.txt	文本文件
.bak	备份文件	.htm、.html、.asp	超文本文件	.avi	影像文件
.dll	动态链接库文件	.c、.cpp、.bas、.asm	源程序文件	.doc、.docx	Word 字处理文档
.inf	安装信息文件	.obj	目标文件	.zip、.rar	压缩文件

（3）文件夹

文件夹是用来组织和管理磁盘文件的一种数据结构，一般采用多层次结构（树状结构），每一个磁盘有一个根文件夹，它包含若干文件和文件夹。

文件夹是用来协助用户管理计算机文件，每一个文件夹对应一块磁盘空间，它提供了指向对应空间的地址。文件夹可以包含文件，也能包含文件夹，文件夹中包含的文件夹称为子文件夹。

文件夹没有扩展名，命名规则同文件的命名规则。用户可以将文件按属性整理归类到文件夹中，例如，文档、图片、相册、音乐集等。使用文件夹可为文件的共享和保护提供便捷。

（4）文件属性

文件属性是指将文件分为不同类型的文件，以便存放和传输，它定义了文件的某种独特性质。常见的文件属性有系统属性、隐藏属性、只读属性和归档属性。

①系统属性：文件的系统属性是指系统文件，它将被隐藏起来。在一般情况下，系统文件不能被查看，也不能被删除，是操作系统对重要文件的一种保护属性，防止这些文件被意外损坏。

②隐藏属性：在查看磁盘文件的名称时，系统一般不会显示具有隐藏属性的文件名。一般情况下，具有隐藏属性的文件不能被删除、复制和更名。

③只读属性：对于具有只读属性的文件，用户可以查看它的名字，它能被应用，也能被复制，但不能被修改和删除。如果将可执行文件设置为只读文件，不会影响它的正常执行，但可以避免意外的删除和修改。

④归档属性：一个文件被创建之后，系统会自动将其设置成归档属性，这个属性常用于文件的备份。

任务 2　文件资源管理器的使用

“文件资源管理器”是 Windows 系统提供的资源管理工具，用户可以用它查看本台电脑的所有资源，特别是它提供的树形文件系统结构，使用户能更清楚、更直观地认识电脑的文件和文件夹。在“资源管理器”中还可以对文件进行各种操作，例如，打开、复制、移动等。

（1）“文件资源管理器”的常用启动方法

方法 1：单击【开始】按钮，选择【所有程序】，选择【附件】，单击启动“Windows 资源管理器”，如图 2-31 所示。

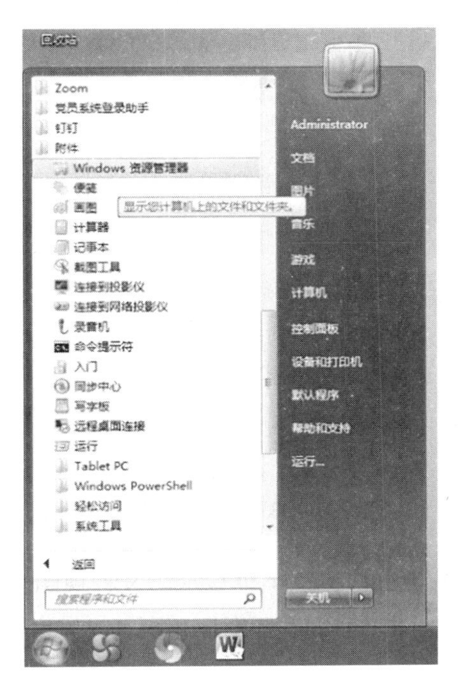

图 2–31　打开资源管理器

方法 2：单击键盘上的【Windows +E】键。

方法 3：鼠标右键单击【开始】按钮，在快捷菜单中单击【打开 Windows 资源管理器】，如图 2–32 所示。

图 2–32　打开资源管理器

（2）更改文件和文件夹的显示方式

用户打开文件夹或库窗口时，使用工具栏中的“更改视图”按钮或菜单栏中的“查看”，可更改文件在窗口中的显示方式。

方法 1：单击【更改视图】按钮左侧图标时，窗口会直接切换 5 种不同的视图：大图标、列表、详细信息、平铺、内容。

方法 2：【更改视图】按钮右侧箭头图标时，快捷菜单提供了 8 种视图显示方式供选择，如图 2–33 所示。

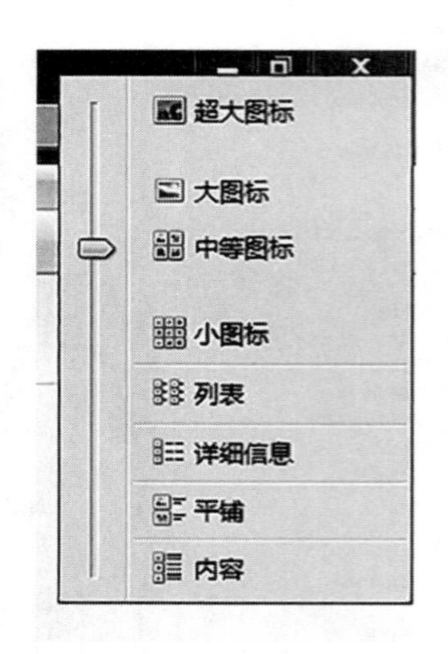

图 2-33　更改视图选项

方法 3：单击【查看】菜单，下拉菜单显示出 8 种视图显示方式供用户选择，此项选择功能和单击【更改视图】按钮左侧图标相同。

任务 3　文件和文件夹的基本操作

（1）新建文件或文件夹

使用“文件资源管理器”新建文件（夹），用户可以通过导航窗口或当前工作窗口新建文件（夹）。

- 在导航窗口：用户只能新建文件夹，先选定目标文件夹，单击鼠标右键，选择【新建】菜单，单击【新建文件夹】选项，默认文件夹名为“新建文件夹”。如果要修改，用户直接输入新的文件夹名称；如果不修改，直接【回车】即可。
- 在当前工作窗口：用户可以新建文档文件（夹）。当前工作窗口空白区域单击鼠标右键，选择【新建】菜单，可选择新建文档文件或文件夹选项，默认名称都是“新建 ××× 文档”或“新建文件夹”，可根据用户需求修改文件（夹）的名称。

（2）选定文件或文件夹

用户若要对文件（夹）进行操作，首先要选定文件（夹），下面我们介绍几种选定文件（夹）的方式。

- 选定单个文件（夹）：单击鼠标左键选定目标文件（夹）的图标即可。
- 选定多个连续的文件（夹）：先选定首个文件（夹）对象，按下【Shift】键不放，然后单击鼠标左键选定最终确定的一个文件或文件夹即可。
- 选定多个不连续的文件（夹）：先选定首个文件（夹）对象，按下【Ctrl】键不放，然后鼠标左键点选需要的文件（夹）。

- 框选文件（夹）：在文件（夹）工作窗口中，按下鼠标左键后出现一个可以拖动的框，这时用户根据需求框选需要的文件（夹），选定后释放鼠标左键即可。
- 选定全部文件（夹）：在文件管理窗口菜单栏点击“编辑”按钮，在下拉菜单中选择【全选】或【反向选择】菜单，也可以用快捷键【Ctrl+A】组合键选择。
- 取消选定文件（夹）：若取消所有选定的文件（夹），在空白区域单击鼠标左键；若在已选定的多个连续或不连续的文件（夹）中，取消某个文件（夹）时，需先按下【Ctrl】键不放，点选不需要的文件（夹），选完后释放【Ctrl】键。

（3）重命名文件或文件夹

方法 1：选定要重命名的文件（夹），在窗口菜单栏点击【文件】菜单，选择【重命名】选项。

方法 2：选定要重命名的文件（夹），单击鼠标右键，选择【重命名】选项。

方法 3：选定要重命名的文件（夹），鼠标对准文件（夹）名称的位置再次单击，出现重命名状态。

方法 4：选定要重命名的文件（夹），按键盘上的【F2】键。

（4）删除文件或文件夹

①临时删除文件或文件夹的方法：

方法 1：选定要删除的文件（夹），单击鼠标右键，选择【删除】选项。

方法 2：选定要删除的文件（夹），在文件管理窗口的菜单栏单击【文件】按钮，在下拉菜单中选择【删除】选项。

方法 3：选定要删除的文件（夹），按键盘上的【Delete】键。

方法 4：选定要删除的文件（夹），用鼠标将文件（夹）拖入【回收站】

使用以上方法删除的文件（夹）都暂时存放于 Windows 系统的“回收站”中。

②永久删除文件（夹）的方法：

- 选定要删除的文件（夹），按键盘上的【Shift+Delete】组合键。

注意：如果是从 U 盘或网络文件夹中删除文件（夹），则是永久删除，而不是将其暂存于“回收站”。

（5）使用回收站

“回收站”是 Windows 操作系统里的其中一个系统文件夹，主要用来存放用户临时删除的文档资料，存放在回收站的文件可以恢复。

①恢复“回收站”中的文件（夹）

- 若还原个别文件（夹），打开【回收站】，选定需要还原的【文件（夹）】图标，单击文件窗口工具栏上的【还原此项目】按钮或单击鼠标右键选择【还原】

按钮。

- 若还原所有文件（夹），打开【回收站】后，不选任何文件（夹），单击文件窗口工具栏上的【还原所有项目】按钮。

②永久删除回收站中的文件（夹）

- 若永久删除个别文件（夹），选中该文件（夹），按键盘上的【Delete】键或单击鼠标右键选择【删除】按钮。
- 若永久删除所有文件（夹）

方法 1：打开【回收站】后选择【清空回收站】选项；

方法 2：首先，单击【回收站】图标，然后单击鼠标右键选择【清空回收站】选项。

（6）复制文件或文件夹

复制文件（夹）是指将文件（夹）从一个目录中复制到另一个目录中，复制操作完成后，原目录中的文件（夹）仍存在。

方法 1：相同路径的情况下，选定要复制的文件（夹），按下键盘上的【Ctrl】键，拖动文件（夹）会显示“复制到 ×××”，此时可将文件（夹）移动到目标路径中。

方法 2：选定要复制的文件（夹），单击鼠标右键选择【复制】或按【Ctrl+C】组合键，然后选择目标路径，最后单击鼠标右键【粘贴】或按【Ctrl+V】组合键，执行复制。

方法 3：选定要复制的文件（夹），在文件管理窗口的菜单栏上单击【编辑】菜单，选择【复制】，然后选择目标路径后，在文件管理菜单栏上单击【编辑】菜单，选择【粘贴】。

方法 4：选定要复制的文件（夹），在文件管理窗口的菜单栏上单击【编辑】菜单，选择【复制到文件夹】选项，在【复制项目】对话框中选择目标文件夹，最后单击【复制】。

（7）移动文件或文件夹

移动文件（夹）是指将文件（夹）从一个目录中移到另一个目录中，移动操作完成后，原目录中的文件（夹）已不存在。

方法 1：相同路径的情况下，选定要移动的文件（夹），按住鼠标左键直接将文件（夹）拖到目标路径中。

方法 2：选定要移动的文件（夹），单击鼠标右键选择【剪切】选项或按【Ctrl+X】组合键，然后选择目标路径后，单击鼠标右键选择【粘贴】或按【Ctrl+V】组合键，执行移动。

方法 3：选定要移动的文件（夹），在文件管理窗口的菜单栏上单击【编辑】菜单，选择【剪切】选项，然后选择目标路径，在文件管理菜单栏上单击【编辑】菜单，最后选择【粘贴】。

方法 4：选定要复制的文件（夹），在文件管理窗口的菜单栏上单击【编辑】菜单，然后选择【移动到文件夹】选项，在【移动项目】对话框中选择目标文件夹，最后单击【移动】。

（8）查找文件或文件夹

Windows 系统提供了查找文件（夹）的功能，当用户忘记文件（夹）的存储位置时，方便用户进行模糊查找文件（夹）。

方法 1：打开文件资源管理器，在【搜索栏】输入关键词，并可以添加搜索条件，如“修改日期”或“大小”进行缩小范围后的搜索。

方法 2：鼠标左键单击【开始】菜单，在【搜索栏】输入关键词，系统会自动查找，单击【查看更多结果】，用户可查看需求的文件。

（9）隐藏文件或文件夹

文件（夹）具备隐藏的属性，用户可以设置文件的隐藏属性。鼠标右键单击某个需要隐藏的文件（夹），然后选择【属性】，在【文档属性】对话框中勾选【隐藏】选项，最后单击【确定】，如图 2-34 所示。

（10）显示隐藏的文件或文件夹

Windows 系统默认情况下不显示隐藏属性的文件，用户查看不到隐藏文件。用户若要特意查看相关的隐藏文件，在【文件资源管理器】的菜单栏选择【工具】菜单，然后选择【文件夹选择】菜单，在【文件夹选择】对话框点选【查看】选项卡后，在【高级设置】中选择【显示隐藏的文件、文件夹和驱动器】选项，如图 2-35 所示。

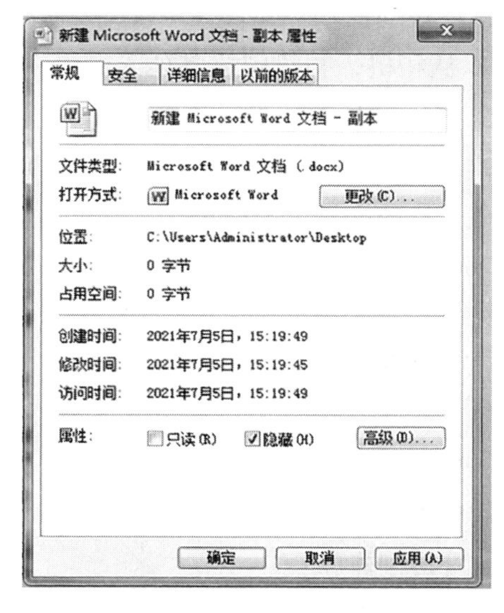

图 2-34　隐藏文件属性

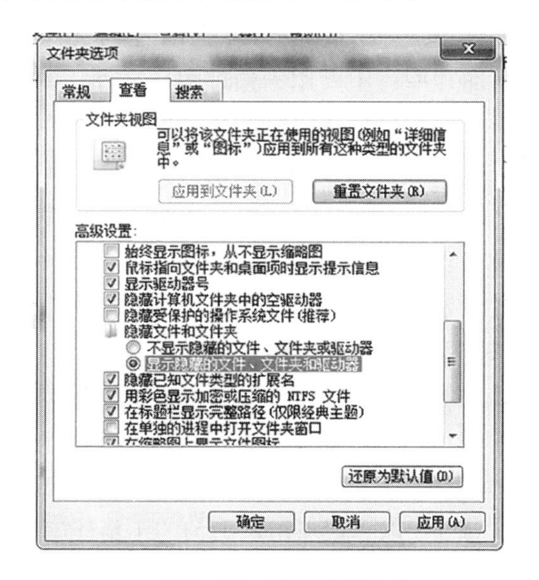

图 2-35　显示隐藏文件

任务 4　使用库访问文件和文件夹

（1）认识库

Windows 7 中新增了很多新的特性和功能，其中一个重要的特性就是“库”（Library）的概念，它具有相当强大的功能，运用它可以大大提高你使用电脑的方便程度！它被称为“Windows 资源管理器的革命”！

在 Windows XP 时代，文件管理的主要形式是以用户的个人意愿，用文件夹的形式作为基础分类进行存放，然后再按照文件类型进行细化。但随着文件数量和种类的增多，加上用户行为的不确定性，原有的文件管理方式往往会造成文件存储混乱、重复文件多等情况，已经无法满足用户的实际需求。而在 Windows 7 中，由于引进了“库”，文件管理更方便，可以把本地或局域网中的文件添加到“库”，把文件收藏起来。

简单地讲，Windows 7 文件库可以将我们需要的文件和文件夹统统集中到一起，就如同网页收藏夹一样，只要单击库中的链接，就能快速打开添加到库中的文件夹——而不管它们原来深藏在本地电脑或局域网当中的任何位置。另外，它们都会随着原始文件夹的变化而自动更新，并且可以以同名的形式存在于文件库中。

（2）默认的库

Windows 7 系统中默认的 4 个库为视频库、图片库、文档库及音乐库。

- 视频库：主要用于归纳视频文件。例如，制作的视频文件或从网上下载的视频文件等。默认情况下，视频库中的文件存储在“我的视频”文件夹中。
- 图片库：主要用于整理图片文件。图片可以从相机，扫描仪或其他人的电子邮件中获取。默认情况下，图片库的文件存储在“我的图片”文件夹中。
- 文档库：主要用于归纳文档文件。例如，电子表格、演示文稿和其他与文本相关的文件。默认情况下，文档库的文件存储在“我的文档”文件夹中。
- 音乐库：主要用于归纳音乐文件。例如，从网上下载的音乐文件。默认情况下，音乐库中的文件存储在“我的音乐”文件夹中。

（3）新建库

当用户需要整理归类一些文件方便日后管理与操作，用户可以根据需求新建一个库。新建库后可将需要的文件整理到此库中。

库的创建：打开【Windows 资源管理器】，在导航栏里用户可以看到【库】图标。

方法 1：以直接点击左上角的【新建库】栏目直接创建库；

方法 2：可以将鼠标移动到【库】图标，单击鼠标右键后选择【新建】选项，最后单击【库】选项。默认的名称为【新建库】，用户根据自己需要可重命名，如图 2-36、

图 2–37 所示。

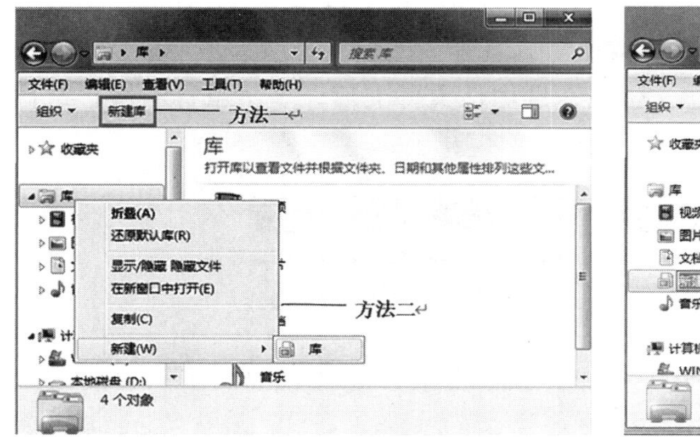

图 2–36 创建库的两种方式

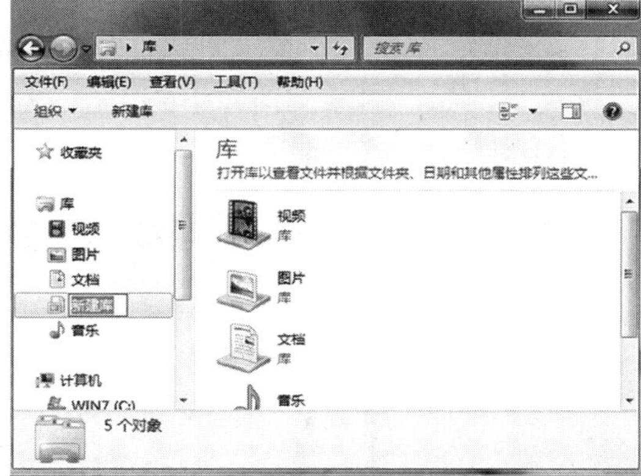

图 2–37 键入库的名称

（4）将文件夹包含到库

库的作用就是整理归纳包含不同类型文件的文件夹。用户可以根据需求对库文件进行添加。例如，将工作文件加入文档库，首先选定要整理的文件夹，然后单击鼠标右键，选择【包含到库中】菜单，最后选择【新建库】项目，如图 2–38 所示。

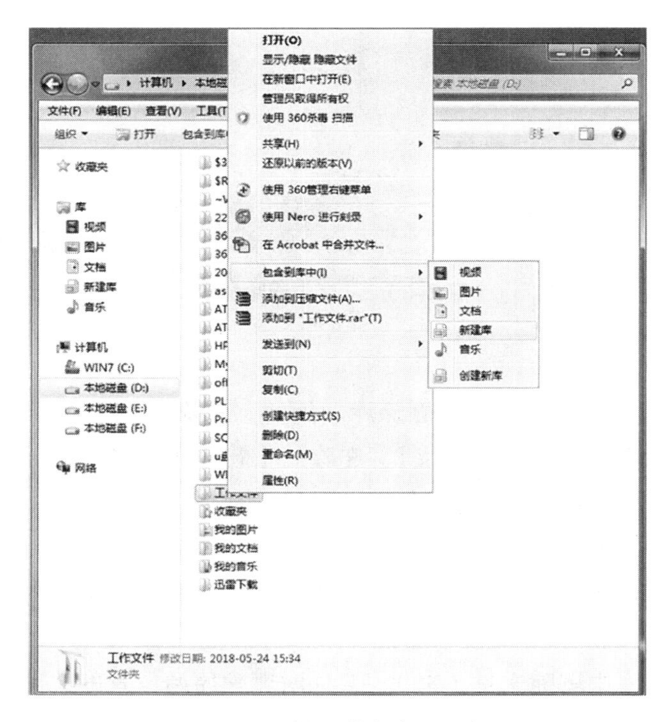

图 2–38 将文件包含到库中

（5）从库中删除文件夹

如果用户在使用库整理不同类型的库时，发现有些文件不再需要放在库中，这时可以将其删除。从库中删除文件夹，只是删除文件夹在库中的位置链接，并不会删除原始文件夹。例如，删除文档库中的工作文件夹，选中该文件夹后，单击鼠标右键，选择【从库中删除位置】，如图 2–39 所示。

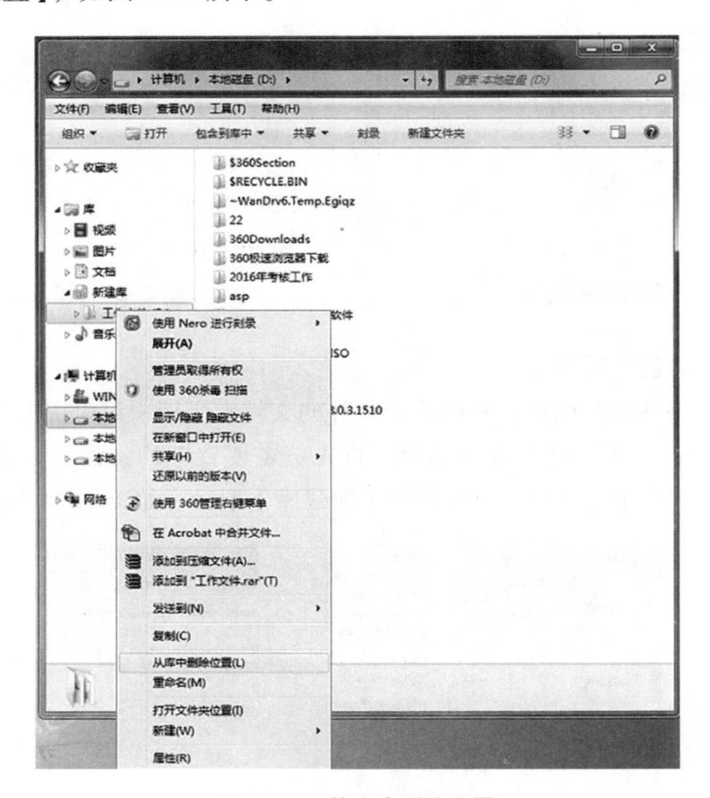

图 2–39　从库中删除位置

（6）删除库

用户可以新建库，同时也可以删除库。例如，删除新建的库，选定【新建库】图标，然后单击鼠标右键，选择【删除】。删除的【新建库】将暂存于【回收站】中，而在原来在【新建库】中的原始文件夹保留在存储空间的原来位置，如图 2–40 所示。

如果意外删除了四个默认库其中任意一个库（视频库、图片库、文档库及音乐库），可以在 Windows 资源管理器导航窗口，用鼠标选定【库】图标后，单击鼠标右键选择【还原默认库】。

注意：如果从库中删除文件（夹），会同时删除原始位置的文件（夹）。如果是要取消该库对文件夹的管理链接，则执行“从库中删除位置”。

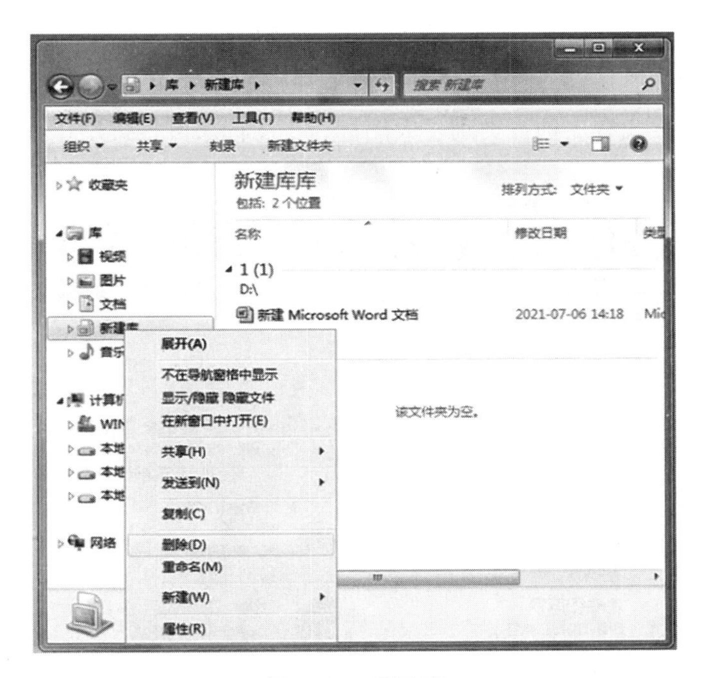

图 2–40　删除库

项目 2.5　Windows 7 的设置

用户可通过控制面板对 Windows 7 进行个性化的设置，如更改主题、桌面背景、屏幕保护程序、添加输入法等。

1. 项目要求

了解控制面板的使用，掌握 Windows 7 的基本设置方法。

2. 项目实现

任务 1　控制面板的使用

控制面板是 Windows 图形用户界面的一部分，可通过开始菜单访问。它允许用户查看并更改基本的系统设置，如添加 / 删除软件，控制用户账户，更改辅助功能选项。

启动“控制面板”的最常用方法：单击【开始】按钮，选择【控制面板】菜单。“控制面板”显示方式有三种：类别、大图标、小图标。可根据用户喜好选择相应查看方式，如图 2-41 所示。

图 2-41　控制面板的类别视图

任务 2　显示属性的设置

（1）更改字体大小

Windows 7 系统屏幕显示文字、图标大小可以通过更改显示方式进行调整。打开【控制面板】后单击【个性化】选项，单击【显示】选项，根据需求选择【较小 100%、中等 125%、较大 150%】其中一个选项，再单击【应用】按钮，单击【应用】按钮后跳出警告对话框【您必须注销计算机才能应用这些更改】，如果选择【立即注销】按钮，系统会进入注销状态生效该应用，如果选择【稍后注销】按钮，系统会跳出对话框【此更改将在您下次登录时生效】提示用户。如图 2-42、图 2-43 所示。

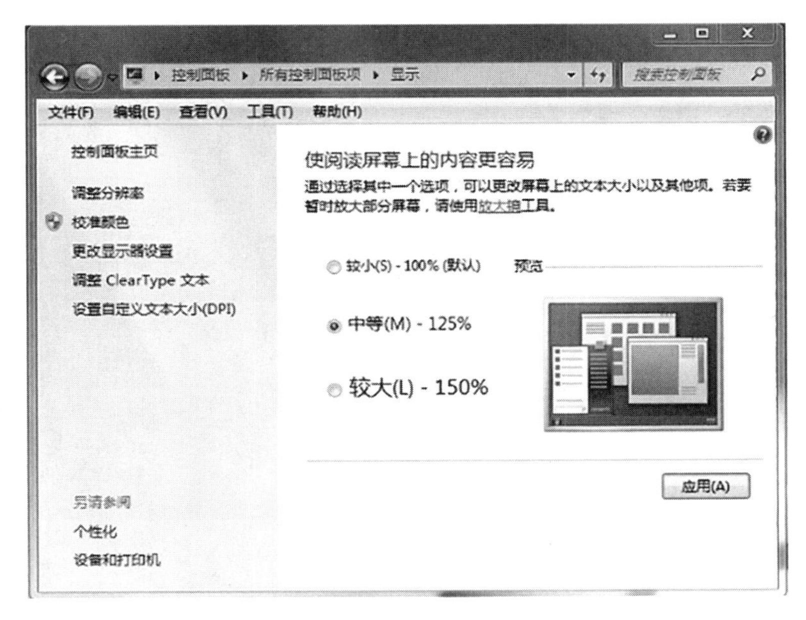

图 2–42　更改“显示”窗口

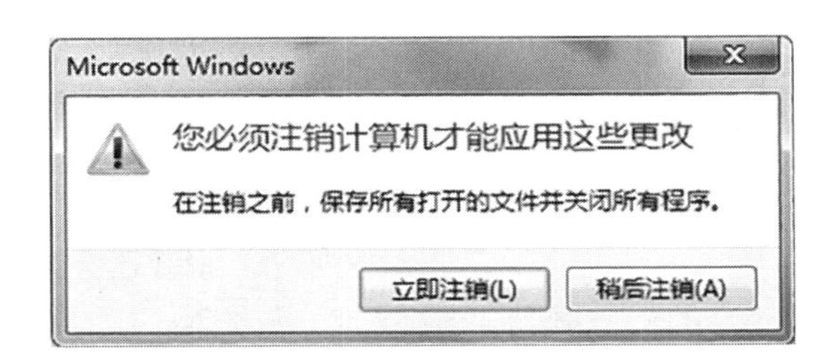

图 2–43　警告对话框

（2）更改屏幕分辨率

屏幕分辨率是指纵横向上的像素点数，通俗地说就是屏幕上显示的像素个数，单位是 px。就相同大小的屏幕而言，当屏幕分辨率低时（如 640 × 480），在屏幕上显示的像素少，单个像素尺寸比较大。屏幕分辨率高时（如 1600 × 1200），在屏幕上显示的像素多，单个像素尺寸比较小。用户可根据自己的屏幕大小调整合适的分辨率，打开【控制面板】后单击【个性化】选项，单击【显示】选项，单击【调整分辨率】选项，选择所需的分辨率。用户选择完毕后，跳出【显示设置】对话框询问用户【是否要保留这些显示设置？】，当用户选择【保留更改】按钮后，新的分辨率生效，如果不想保留可选择【还原】按钮。如图 2–44、图 2–45 所示。

图 2–44　更改“屏蔽分辨率”窗口

图 2–45　更改“显示设置”对话框

任务 3　主题的设置

主题是 Windows 7 系统中的桌面背景、窗口颜色、声音及屏幕保护程序的套用格式。不同版本的 Windows 7 操作系统自带的系统主题数量不同。

（1）系统主题

用户通过“控制面板”打开个性化设置后，可以看到系统自带的 Aero 主题、基本和高对比主题。用户可按自身喜好在系统自带的主题中进行选择。Aero 主题是 Windows 7 版本的高级视觉图像效果，采用透明玻璃窗口皮肤，Windows Default 声音主题，但没有屏保，如图 2–46 所示。

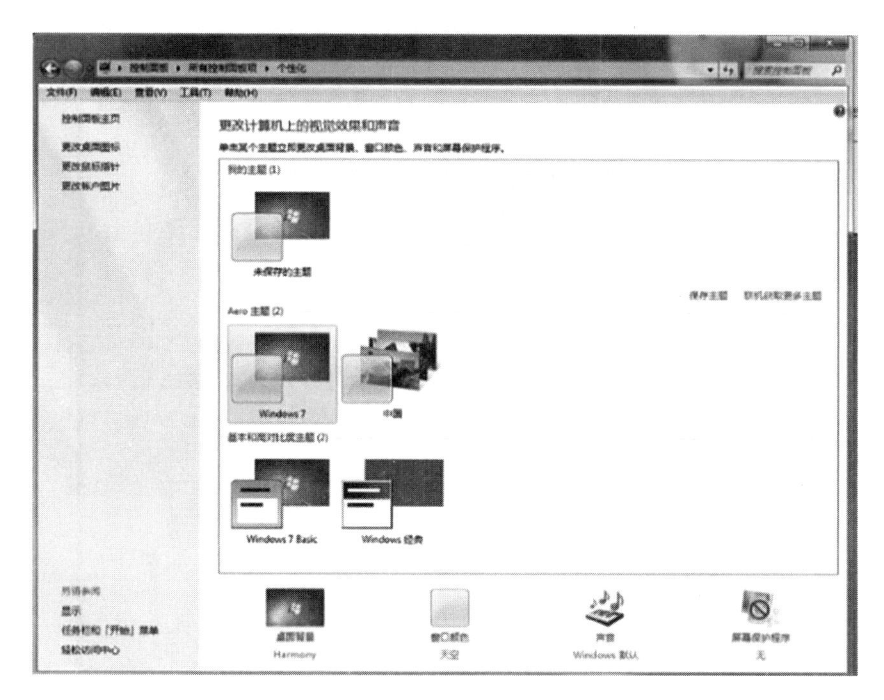

图 2–46 “个性化”设置

（2）自定义主题

用户除了可以选用系统主题，还可以自行选择自己喜欢的主题。可以通过更改“桌面背景”“窗口颜色”“声音”“屏幕保护程序”达到预期效果。

①更改桌面背景

桌面是计算机用语，桌面是打开计算机并登录到 Windows 之后看到的主屏幕区域。就像实际的桌面一样，它是用户工作的界面。这个工作界面的背景用户可以更改。打开【控制面板】后单击【个性化】选项，单击【桌面背景】选项，在【选择桌面背景】栏目下面的【图片位置】项目中，用户可以选择下拉菜单中默认路径中的图片（如图 2–47 所示）或单击【浏览】选项，选择相应包含图片的文件夹（如图 2–48 所示），在选择完需要的图片后，单击【保存修改】按钮。

快捷设置桌面背景的方式：首先选中图片，然后单击鼠标右键，选择【设置为桌面背景】选项。

图 2-47　更改桌面背景方式一

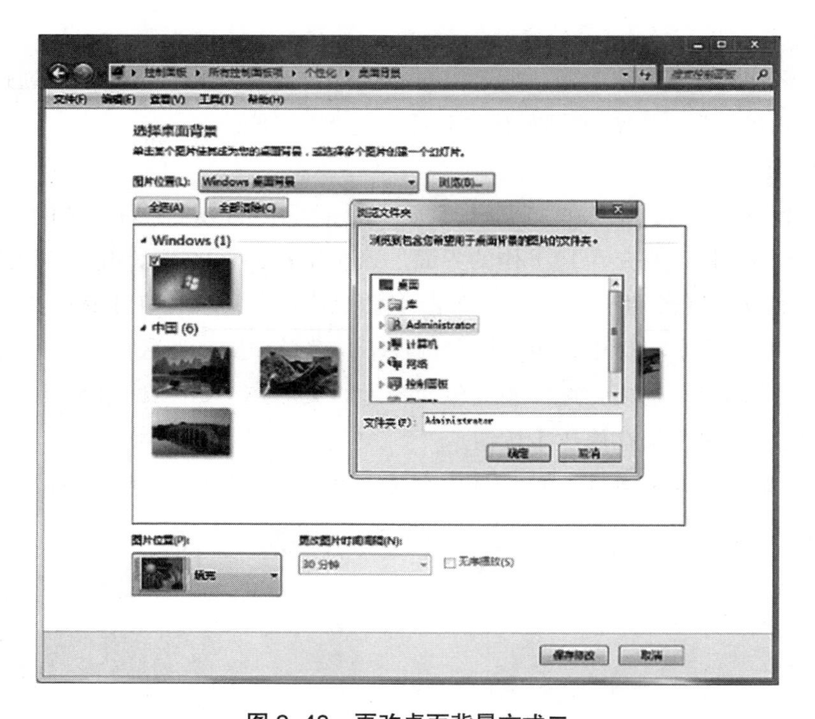

图 2-48　更改桌面背景方式二

②更改窗口颜色

默认的窗口颜色为“天空”色，用户根据需求可更改颜色选项。打开【控制面板】后单击【个性化】选项，单击【窗口颜色】选项，最后单击【保存修改】按钮，如图 2-49 所示。

图 2-49　更改“窗口颜色”

③更改声音

Windows 7 中声音方案默认为【Windows 默认】，用户单击【声音方案】栏目的下拉菜单，从中可以更改【声音方案】的选项，如图 2-50 所示。

④更改屏幕保护程序

使用屏幕保护程序可以保护个人隐私。当用户暂时离开电脑时，为了防范其他用户进入电脑查看文件，可以使用屏幕保护程序。

步骤 1　打开【控制面板】后单击【个性化】选项，单击【屏幕保护程序】选项，在【屏幕保护程序】下拉列表中选择相应的屏保程序名称，默认进入屏保的等待时间是 1 分钟，用户可根据需求调整时间，还可勾选【在恢复时显示登录屏幕】复选框。

步骤 2　单击【更改电源】选项，单击【用户账户】选项，之后单击【为您的账户创建密码】选项，在【密码框】输入并确认密码，最后单击【创建密码】选项，这时用户需要重启或注销电脑，才能使密码生效。这样，当其他用户想使用电脑时，会弹出密码输入框，密码不对的话，无法进入桌面，从而保护了个人隐私，如图 2-51 所示。

图 2-50　更改“声音方案”

图 2-51　更改“屏幕保护程序”

注意：如果电脑本身设置过登录密码，在使用【屏幕保护程序】时，不用再次设置密码，直接勾选【在恢复时显示登录屏幕】选项即可。

任务 4　桌面图标的设置

桌面上的图标通常是安装程序后自动添加到桌面上的快捷方式，用户通过访问快捷方式能够更加便捷地打开应用程序。桌面上的快捷方式分为系统快捷方式和用户快捷方式，系统快捷方式图标上没有箭头，而用户快捷方式图标左下角有一个箭头。

（1）在桌面上显示或隐藏系统图标

系统图标包括计算机、用户文件、网络、回收站、控制面板。用户可以通过更改“桌面图标设置”显示或隐藏桌面系统的图标。打开【控制面板】后单击【个性化】选项，单击【更改桌面图标】选项，用户可以在【桌面图标】对话框中勾选或清除相应图标名称，最后单击【确定】按钮，如图 2-52 所示。

（2）在桌面上添加或删除用户快捷方式图标

- 添加快捷方式：用户可以为应用程序、文件（夹）添加快捷方式至桌面，以方便用户快速访问。选中需要创建快捷方式的项目图标，单击鼠标右键选择【发送到】选项，单击【桌面快捷方式】选项。该项目的快捷方式便出现在系统桌面上。

图 2-52　显示或隐藏桌面系统图标

- 删除快捷方式：通常情况下当用户安装程序完毕后会在桌面形成相应的应用程序快捷方式图标，如果用户不需要快捷方式，选中该快捷方式后，单击鼠标右键在快捷菜单中选择【删除】选项，系统会跳出提示对话框【您确定要将此快捷方式移动到回收站吗？】，然后单击【是】按钮。

任务 5　添加 / 取消、更改和安装输入语言

Windows 系统包含了多种输入语言，在使用前，用户需要将他们添加到语言列表后才能使用。

（1）添加 / 取消输入语言

Windows 系统已经内置了许多输入语言，用户可添加或取消。添加输入法：

步骤 1　打开【控制面板】后单击【区域和语言】选项，选择【键盘和语言】选项卡，单击【更改键盘】选项，如图 2-53 所示。

步骤 2　在【文本服务和输入语言】对话框的【常规】选项卡中单击【添加】按钮（如图 2-54 所示），在【添加输入语言】对话框中，通过窗口滚动条查找到需要添加的语言项目（例如，添加中文（简体）- 微软拼音 ABC 输入风格），然后单击【确定】按钮，再次在【文本服务和输入语言】对话框中单击【确定】按钮（如图 2-55 所示）。

取消输入语言的步骤同前面的添加步骤，最后一步需在【添加输入语言】对话框中去掉输入语言复选框中的【√】即可。

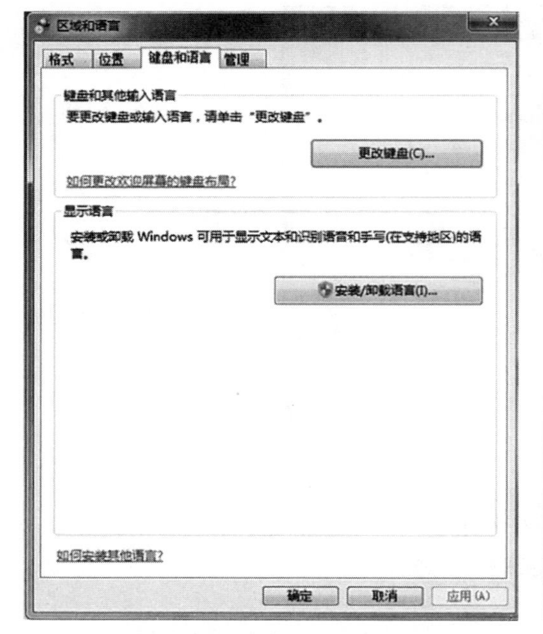

图 2–53 “区域和语言”对话框

图 2–54 “文本服务和输入语言”对话框

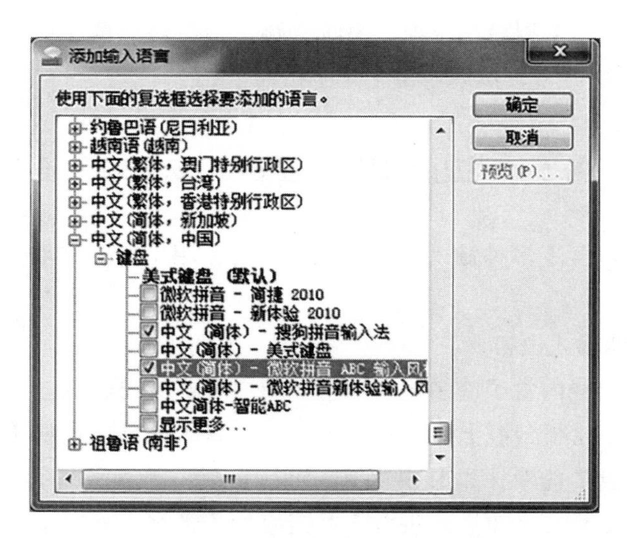

图 2–55 “添加输入语言”对话框

（2）更改输入语言

用户可以在语言栏中按自己的使用习惯更改使用的输入语言，只能在已有的输入语言中进行更改。第一种更改方式是使用【Ctrl+Shift】快捷键进行切换；第二种更改方式是在桌面上的【任务栏】中单击【语言栏】中【键盘布局】按钮进行更改选择。如图

2–56 所示。

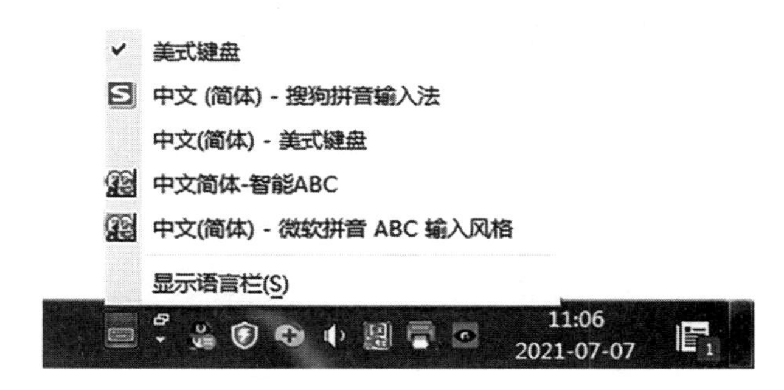

图 2–56　更改“输入语言”

（3）安装输入法

中文输入法的软件有很多，例如，搜狗、百度、谷歌等，这些输入具有联想输入功能，能提高用户输入的速度。

方法 1：首先下载搜狗输入法的安装程序，双击【搜狗输入法】安装程序图标，然后单击【立即安装】按钮，安装程序执行安装步骤，直到显示【安装完成】即可。此时，语言栏中会显示已安装的搜狗输入，如图 2–57 所示。

图 2–57　“搜狗输入法”安装

方法 2：通过第三方软件。例如，360 软件管家、腾讯电脑管家等软件下载。这里介绍用“360 软件管家”安装输入法：双击桌面图标【360 软件管家】，在应用程序窗口中单击【输入法】栏目后，选择要安装的输入法，最后单击【安装】或【一键安装】按钮，安装程序自动执行，如图 2–58 所示。

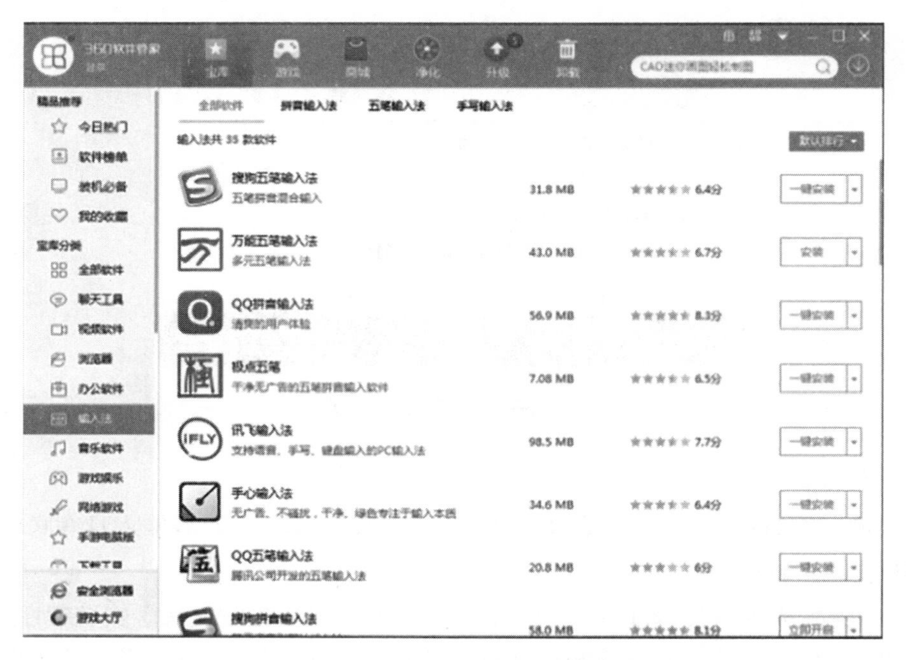

图 2–58 “360”软件管家安装输入法

任务 6　用户账号的使用

计算机中的用户账户是由将用户定义到某一系统的所有信息组成的记录，账户为用户或计算机提供安全凭证，包括用户名和用户登录所需要的密码，以及用户使用以便用户和计算机能够登录到网络并访问域资源的权利和权限。

一般来说，Windows 7 的用户账户有以下 3 种类型。

- 管理员账户具有最高的管理和使用权限，能改变系统所有设置，可以安装和删除程序，能访问计算机上所有的文件。除此之外，它还拥有控制其他用户的权限。
- 标准用户账户是受到一定限制的账户，在系统中可以创建多个此类账户，也可以改变其账户类型。当用户使用标准账户登录系统时，可以执行管理员账户下的几乎所有的操作，但是如果要执行影响该计算机其他用户的操作（如安装软件或更改安全设置），则需要提供管理员账户的密码。标准账户可防止用户做出对该计算机的所有用户造成影响的更改，例如删除计算机工作所需要的文件，从而帮助保护您的计算机。
- 来宾账户是仅有最低的权限，无法对系统做任何修改！它是给那些在计算机上没有用户账户的人的一个临时账户，主要用于远程登录的网上用户访问计算机系统。

（1）创建用户账户

建立用户账户，可以让多个用户同时使用一台计算机。用户账户是对用户设置访问文件（夹）的权限，也可以对用户账户设置进行更改，如桌面背景或屏幕保护程序等。通过用户账户，用户可以在拥有自己的文件和设置的情况下与多个人共享计算机。每个用户都可以使用用户名和密码访问其用户账户。注意：账户名不能超过 20 个字符，不能包含 \ / [ ] | “ ： ； < > + =，* ? 这些字符。

（2）创建用户账户的密码

建立用户账号密码有助于保护未经授权的用户访问计算机。在 Windows 系统中，密码可以包含数字、字母（区分大小写）、符号和空格。为了确保计算机的安全，应创建登录密码。

（3）启用和关闭来宾账户

来宾账户是一种受限账户，是为了用于那些在计算机上没有用户账户的人而启用的。来宾账户不可以创建密码，因此可以快速登录，登录到来宾账户的用户无法安装软件或硬件，但可以访问已经安装在计算机上的程序；无法更改来宾账户类型，但可以更改来宾账户图片。

启用来宾账户的步骤为：打开【控制面板】，单击【用户账户】选项，再单击【管理其他账户】选项，单击【Guest 账户】选项，打开【来宾账户】选项后，如出现提示对话框【您想启用来宾账户吗？】，则单击【启用】按钮，如图 2-59 所示。

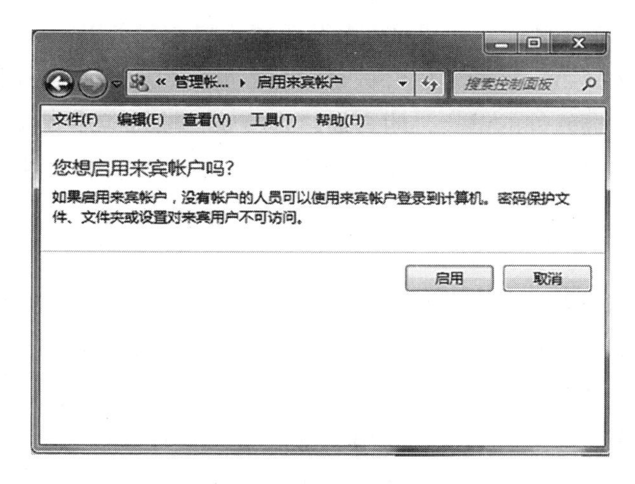

图 2-59　启用“来宾账户”

关闭来宾账户的步骤为：打开【控制面板】，单击【用户账户】选项，单击【管理其他账户】选项，单击【Guest 账户】选项，打开【来宾账户】后，则单击【关闭来宾账户】。如图 2-60 所示。

图 2-60　关闭“来宾账户”

任务 7　安装和卸载应用程序

（1）安装应用程序

- 使用应用程序文件进行安装，通常应用程序的扩展名为 .exe，鼠标双击该应用程序文件，会出现安装向导，根据安装步骤提示操作就可以完成软件的安装。
- 用户还可以选择第三方管理软件进行安装程序。目前 360 软件管家、腾讯电脑管家等会自带各类软件的链接，用户通过在搜索栏输入应用程序名称，找到所需的应用程序后，单击【安装】或【一键安装】，管理软件自动执行安装，执行完毕后即可使用该应用程序。

（2）卸载应用程序

卸载程序是电脑软件的一种，用以协助用户将软件自电脑系统中删除。卸载程序的文件名称通常为“uninstall.exe”。下面介绍几种卸载程序的方法。

- 通过【开始】菜单来卸载程序。单击【开始】菜单，单击【所有程序】选项，单击【应用程序文件夹】(例如，护眼卫视的应用程序文件夹)，单击【卸载护眼卫视】后，按照向导的提示操作即可。如图 2-61 所示。
- 通过“添加或删除程序”卸载程序。如图 2-62 所示。

路径一：按【Win+E】快捷键打开【Windows 资源管理器】选项，在【窗口工具栏】中单击【卸载或更改程序】选项，选择要卸载的程序，单击鼠标右键【卸载】，按照向导的提示操作即可。

路径二：打开【控制面板】，单击【程序或功能】选项，选择要卸载的程序，单击【卸载】，按照向导的提示操作即可。如图 2-62 所示。

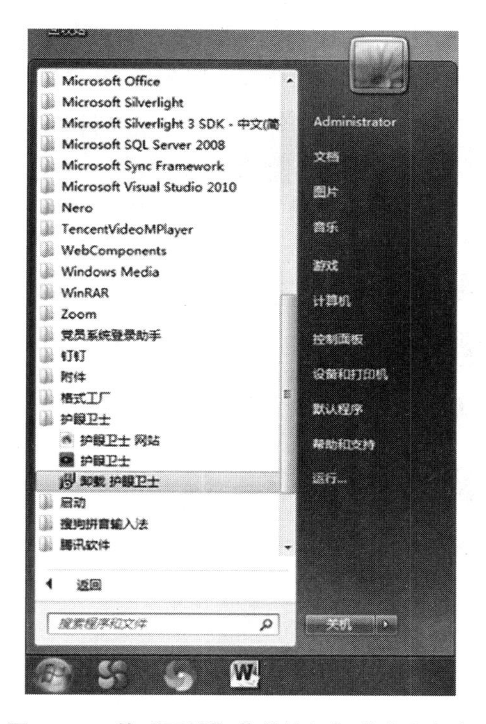

图 2-61　从“开始”菜单执行卸载应用程序

图 2-62　卸载或更改程序窗口

- 通过第三方软件。例如，360 软件管家、腾讯电脑管家等软件卸载。这里介绍用“360 软件管家”卸载软件的方法：双击桌面图标【360 软件管家】，在应用程序窗口中单击【卸载】选项，单击【一键卸载】，软件程序会自动执行卸载操作，完毕后会显示【卸载完成】。如图 2-63 所示。

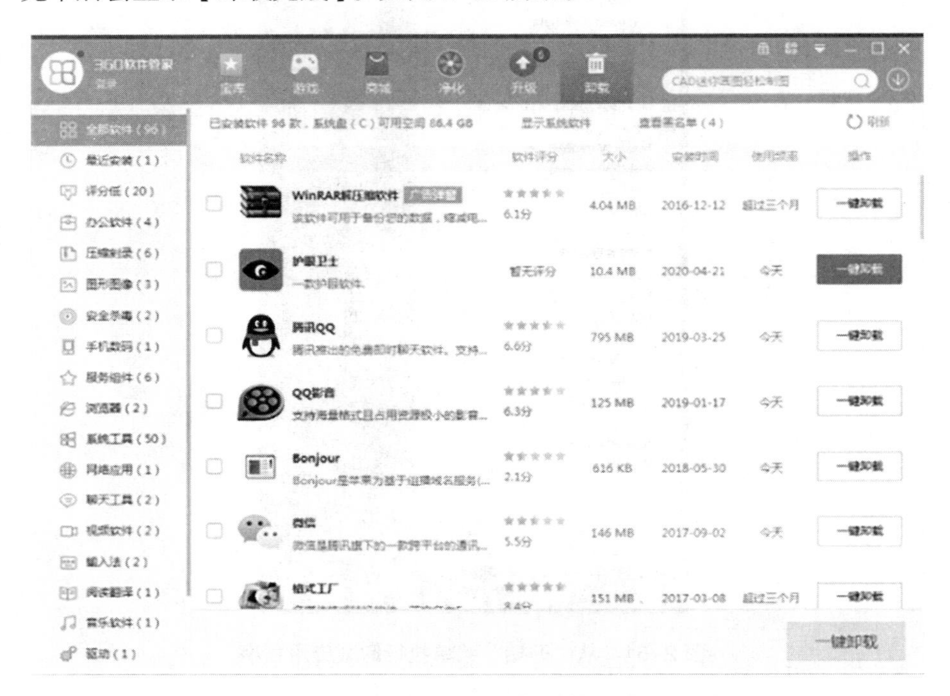

图 2-63 “360 软件管家”卸载应用程序

课后练习

一、单选题

1. 一台完整的计算机系统由（　　）组成。

A. 运算器、控制器、存储器、输入设备和输出设备

B. 主机和外部设备

C. 硬件系统和软件系统

D. 主机箱、显示器、键盘、鼠标、打印机

2. CPU 的中文名称是（　　）。

A. 控制器　　B. 不间断电源　　C. 算术逻辑部件　　D. 中央处理器

3. 下列设备中，属于输出设备的是（　　）。

A. 显示器　　B. 键盘　　C. 鼠标　　D. 手字板

4. RAM代表的是（　　）。

A. 只读存储器　　B. 高速缓存器　　C. 随机存储器　　D. 软盘存储器

5. 办公自动化（OA）是计算机的一大应用领域，按计算机应用的分类，它属于（　　）。

A. 科学计算　　B. 辅助设计　　C. 实时控制　　D. 数据处理

6. 下列叙述中，正确的是（　　）。

A. 内存中存放的只有程序代码

B. 内存中存放的只有数据

C. 内存中存放的既有程序代码又有数据

D. 外存中存放的是当前正在执行的程序代码和所需的数据

7. 计算机内存中用于存储信息的部件是（　　）。

A. U盘　　B. 只读存储器　　C. 硬盘　　D. RAM

8. 1KB的准确数值是（　　）。

A. 1024Byte　　B. 1000Byte　　C. 1024bit　　D. 1000bit

9. 在微机中，I/O设备是指（　　）。

A. 控制设备　　B. 输入输出设备　　C. 输入设备　　D. 输出设备

10. 计算机的主频指的是（　　）。

A. 软盘读写速度，用Hz表示

B. 显示器输出速度，用MHz表示

C. 时钟频率，用MHz表示

D. 硬盘读写速度

11. 对于Windows系统，下面以（　　）为扩展名的文件是不能运行的。

A. .BAT　　B. .COM　　C. .TXT　　D. .EXE

12. “回收站”中的文件或文件夹被还原后，将恢复到（　　）。

A. 一个专门存放还原文件的文件夹中

B. 任何一个文件夹下

C. C盘根目录下

D. 原来的位置

13. Windows 7中所有对文件和文件夹的管理工作都可以在（　　）中完成。

A. 附件　　B. 控制面板　　C. 资源管理器　　D. 回收站

14. 在Windows中，为保护文件不被修改，可将它的属性设置为（　　）。

A. 存档　　B. 系统　　C. 隐藏　　D. 只读

二、操作题

1. 在练习文件夹中，分别建立 Lx1、Lx2 和 Temp 文件夹。

2. 在 Lx1 文件夹中新建一个名为 Book1.txt 的文本文档。

3. 在练习文件夹中，再新建一个 Good 文件夹，把 Lx1 文件夹及其文件一同复制到 Good 文件夹中，并把 Book1.txt 文本文档改名为 Book2.txt。把 Lx2 文件夹移动到 Good 文件夹中。

4. 把 Lx2 文件夹设置为隐藏属性。

5. 删除 Temp 文件夹。

单元 3　Word 2016 电子文档

在全媒体时代语境下，办公环境和方法发生了翻天覆地的变化，智能化、现代化水平不断提升，并在信息技术的支撑下形成了全新的虚拟办公场所。2015 年 9 月 22 日，微软正式开始推送 Office 2016 的最新版本。Word 相关系列软件已经成为人们工作生活中的必备文字处理工具，成为办公软件的核心构成。熟练掌握 Word 的操作是办公应用中非常重要的一个环节。

项目 3.1　排版短篇文档

Word 编排是当前 Word 软件的基本功能，其主要作用就是通过文字、图片等元素的科学设置与合理布局，提高整个版面的统一性。

1. 项目要求

短篇文档《南京旅游职业学院简介》，为南京旅游职业学院的学校简介，排序需要整齐划一、简洁大方。对文档整体页面的设置，标题的设置，正文字体、段落的设置等。完成后的效果如图 3-1、图 3-2 所示。

2. 相关知识

本项目为 Word 2016 的首个项目，因此涉及主要的相关知识包括有 Word 2016 简介、Word 2016 的启动和退出、Word 2016 的基本操作、Word 2016 的页面设置、字体设置、段落设置等。

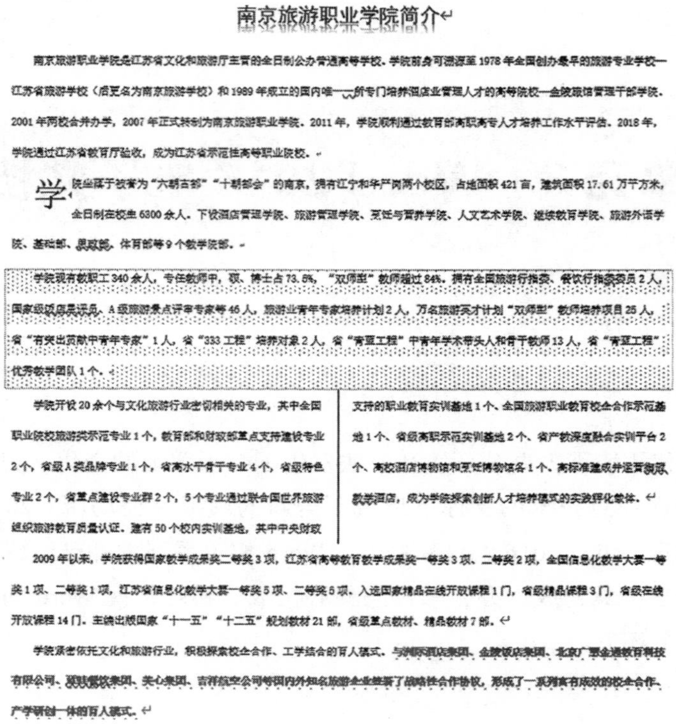

南京旅游职业学院简介

南京旅游职业学院是江苏省文化和旅游厅主管的全日制公办普通高等学校。学院前身可溯源至 1978 年全国创办最早的旅游专业学校—江苏省旅游学校（后更名为南京旅游学校）和 1989 年成立的国内唯一一所专门培养酒店业管理人才的高等院校—金陵旅馆管理干部学院。2001 年两校合并办学，2007 年正式转制为南京旅游职业学院。2011 年，学院顺利通过教育部高职高专人才培养工作水平评估。2018 年，学院通过江苏省教育厅验收，成为江苏省示范性高等职业院校。

学院坐落于被誉为“六朝古都”“十朝都会”的南京，拥有江宁和华严岗两个校区，占地面积 421 亩，建筑面积 17.61 万平方米，全日制在校生 6300 余人。下设酒店管理学院、旅游管理学院、烹饪与营养学院、人文艺术学院、继续教育学院、旅游外语学院、基础部、思政部、体育部等 9 个教学院部。

学院现有教职工 340 余人，专任教师中，硕、博士占 73.6%，“双师型”教师超过 84%。拥有全国旅游行指委、餐饮行指委委员 2 人，国家级饭店星评员、A 级旅游景点评审专家等 46 人，旅游业青年专家培养计划 2 人，万名旅游英才计划“双师型”教师培养项目 25 人，省“有突出贡献中青年专家”1 人，省“333 工程”培养对象 2 人，省“青蓝工程”中青年学术带头人和骨干教师 13 人，省“青蓝工程”优秀教学团队 1 个。

学院开设 20 余个与文化旅游行业密切相关的专业，其中全国职业院校旅游类示范专业 1 个，教育部和财政部重点支持建设专业 2 个，省级 A 类品牌专业 1 个，省高水平骨干专业 4 个，省级特色专业 2 个，省重点建设专业群 2 个，5 个专业通过联合国世界旅游组织旅游教育质量认证。建有 50 个校内实训基地，其中中央财政支持的职业教育实训基地 1 个、全国旅游职业教育校企合作示范基地 1 个、省级高职示范实训基地 2 个、省产教深度融合实训平台 2 个、高校酒店博物馆和烹饪博物馆各 1 个。高标准建成并运营教学型酒店，成为学院探索创新人才培养模式的实践孵化载体。

2009 年以来，学院获得国家教学成果奖二等奖 3 项，江苏省高等教育教学成果奖一等奖 3 项、二等奖 2 项，全国信息化教学大赛一等奖 1 项、二等奖 1 项，江苏省信息化教学大赛一等奖 5 项、二等奖 5 项。入选国家精品在线开放课程 1 门，省级精品课程 3 门，省级在线开放课程 14 门。主编出版国家“十一五”“十二五”规划教材 21 部，省级重点教材、精品教材 7 部。

学院紧密依托文化和旅游行业，积极探索校企合作、工学结合的育人模式。与洲际酒店集团、金陵饭店集团、北京广慧金通教育科技有限公司、硕扬餐饮集团、美心集团、吉祥航空公司等国内外知名旅游企业签署了战略性合作协议，形成了一系列富有成效的校企合作、产学研创一体的育人模式。

图 3-1　短篇文档《南京旅游职业学院简介》样文 1

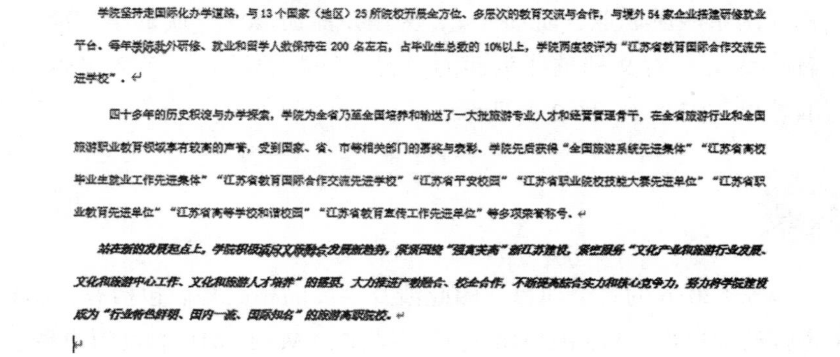

学院坚持以赛促教，以赛促学，在全国和全省各类职业技能大赛中多次摘金夺冠，屡获嘉奖。2012 年以来代表江苏连续八年参加全国职业院校技能大赛，共获得 34 个一等奖，居全国同类旅游院校第一。学院多次被省教育厅表彰为“江苏省职业院校技能大赛先进单位”。

学院充分发挥江苏中心旅馆管理咨询公司、江苏紫金旅游规划设计研究院等校办企业的服务优势和酒店、烹饪、非物质文化遗产等研究所的智力优势，积极服务行业、服务社会。先后为全国 23 个省（自治区、直辖市）近 400 家高星级饭店提供咨询、管理服务，培训中高级酒店管理人员 10 万多人次，为全省旅游企业 2 万余名职工提供 9 个工种的技能培训与鉴定服务，连续多年被评为省先进技能鉴定所。面向政府和企业提供旅游发展总体规划以及景区、乡村旅游区等专项规划和设计服务 60 余项，曾获“2016 年中国建筑景观规划设计原创作品展”公共艺术类一等奖和规划设计类一等奖。

学院坚持走国际化办学道路，与 13 个国家（地区）25 所院校开展全方位、多层次的教育交流与合作，与境外 54 家企业搭建研修就业平台，每年学院赴外研修、就业和留学人数保持在 200 名左右，占毕业生总数的 10%以上，学院两度被评为“江苏省教育国际合作交流先进学校”。

四十多年的历史积淀与办学探索，学院为全省乃至全国培养和输送了一大批旅游专业人才和经营管理骨干，在全省旅游行业和全国旅游职业教育领域享有较高的声誉，受到国家、省、市等相关部门的嘉奖与表彰。学院先后获得“全国旅游系统先进集体”“江苏省高校毕业生就业工作先进集体”“江苏省教育国际合作交流先进学校”“江苏省平安校园”“江苏省职业院校技能大赛先进单位”“江苏省职业教育先进单位”“江苏省高等学校和谐校园”“江苏省教育宣传工作先进单位”等多项荣誉称号。

站在新的发展起点上，学院积极适应文旅融合发展新趋势，紧紧围绕“强富美高”新江苏建设，紧密服务“文化产业和旅游行业发展、文化和旅游中心工作、文化和旅游人才培养”的需求，大力推进产教融合、校企合作，不断提高综合实力和核心竞争力，努力将学院建设成为“行业特色鲜明、国内一流、国际知名”的旅游高职院校。

图 3-2　短篇文档《南京旅游职业学院简介》样文 2

（1）Word 2016 窗口界面

Word 2016 窗口界面主要由标题栏、功能区、快速访问工具栏、用户编辑区等部分构成，布局如图 3-3 所示。

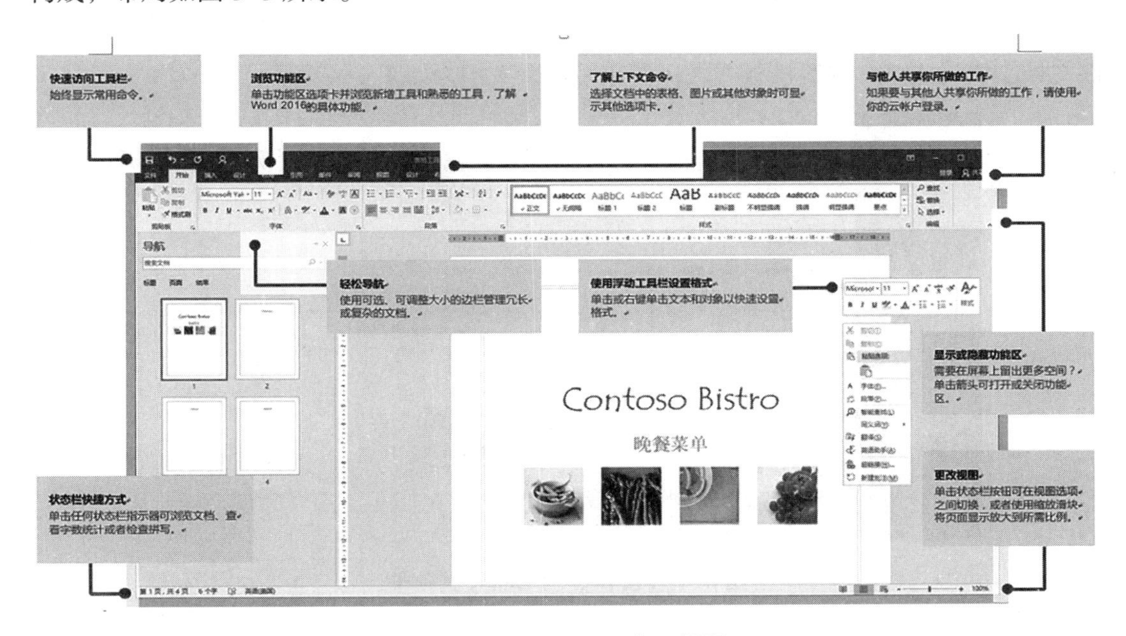

图 3-3 Word 2016 窗口界面

（2）Word 2016 的视图方式

Word 2016 提供了多种的视图模式供选择，其中包括“页面视图”“阅读视图”“Web 版式视图”“大纲视图”“草稿视图”这五种视图模式。

【页面视图】可以用来显示 Word 2016 文档的打印结果外观，它页眉、页脚、图形对象、分栏设置、页面边距等元素，是最接近打印结果的页面视图。

【阅读视图】用以图书的分栏样式显示 Word 2016 文档，“文件”按钮、功能组等窗口元素被隐藏起来。在阅读视图中，用户还可以单击“工具”按钮选择各种阅读工具。

【Web 版式视图】是以网页的形式显示 Word 2016 文档，Web 版式视图适用于发送电子邮件和创建网页。

【大纲视图】用于设置 Word 2016 文档的设置和显示标题的层级结构，并可以方便地折叠和展开各种层级的文档。大纲视图广泛用于 Word 2016 长文档的快速浏览和设置中。

【草稿视图】取消了页面边距、分栏、页眉页脚和图片等元素，仅显示标题和正文，是最节省计算机系统硬件资源的视图方式。当然现在计算机系统的硬件配置都比较高，基本上不存在由于硬件配置偏低而使 Word 2016 运行遇到障碍的问题。

（3）Word 2016 的基本操作

①创建新文档

方法 1：在 Word 2016 窗口中选择【文件】-【新建】命令，在打开的窗口中双击【空白文档】模板或某一内置模板样式，新建另一个文档，如图 3-4 所示。

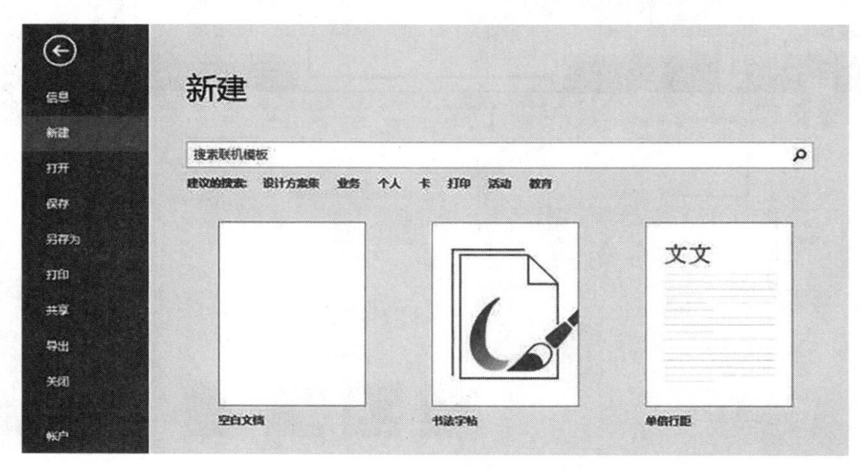

图 3-4 【文件】-【新建】选项卡

②打开文档

无论是只处理存储在电脑的本地硬盘上的文件还是在各种云服务之间漫游，单击【文件】-【打开】都会将定向到最近使用过的文档以及可能已固定到列表的任何文件，如图 3-5 所示。

图 3-5 【文件】-【打卡】选项卡

③保存文档

方法 1：打击【快速访问工具栏】按钮，在弹出的下拉菜单中选择【保存】按钮。

方法 2：组合键 Ctrl+S，快速保存文档。

方法 3：选择【文件】-【保存】按钮。

方法 4：选择【文件】-【另存为】按钮，打开【另存为】对话框，在【文件名】对话框输入文档的名字，在【保存类型】下拉列表中选择合适类型。

无论选择哪种方式，首次保存都会弹出方法 4 中的【另存为】对话框，如图 3-6 所示。

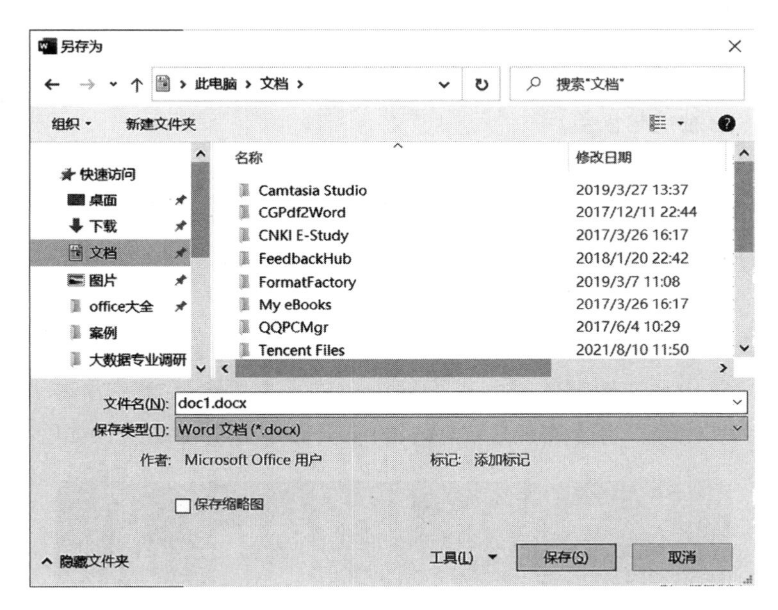

图 3-6 【另存为】设置对话框

④切换多文档窗口

当打开了多个文档时，只有当前窗口的文档才能进行编辑，在需要时进行窗口切换。

方法 1：鼠标指针指向任务栏窗口图标，单击要切换文档的缩小窗口。

方法 2：选择【视图】选项卡，单击【窗口】功能组中的【切换窗口】按钮，在弹出的文件列表中选择要切换为当前敞口的文件。

⑤选择文本

使用鼠标快速选择文本：

在 Word 文档中，对于简单的文本选取一般用户是使用鼠标来完成，如连续单行 / 多行选取、全部文本选取等。

方法 1：连续单行 / 多行选取。在打开的 Word 文档中，先将光标定位到想要选取文本内容的起始位置，按住鼠标左键拖曳至该行（或多行）的结束位置，松开鼠标左键即可。

方法 2：全部文本选取。打开 Word 文档，将光标定位到文档的任意位置，选择【开始】-【编辑】-【全选】。

使用键盘快速选择文本：

除了使用鼠标对文本进行选择外，使用键盘来进行选择也是一种有效的方法。

方法 1：在使用键盘选择文本时，首先应该将插入点光标放置到文档中需要的位置。在文档中单击，放置插入点光标。按“Shift+ ↓”键将选择光标所在处至下一行对应位置处的文本，按“Shift+ ↑”键则将选择光标所在处至上一行对应位置的文本。

⑥操作步骤的撤销与恢复

在文档编辑中不可避免地会出现错误，可以单击【快速访问工具栏】的【撤销】按钮或者组合键“Ctrl+Z”，从后往前撤销清除已做的操作步骤，可以连续撤销。单击【快速访问工具栏】的【恢复】按钮或者组合键“Ctrl+Y”，从撤销停止处往后恢复原来操作。

（4）Word 2016 的页面设置

页面设置主要是对文档整体纸张进行编排布局，主要包括文字方向、页边距、纸张方向、纸张大小、栏等。在【布局】选项卡的【页面设置】功能组，如图 3-7 所示。

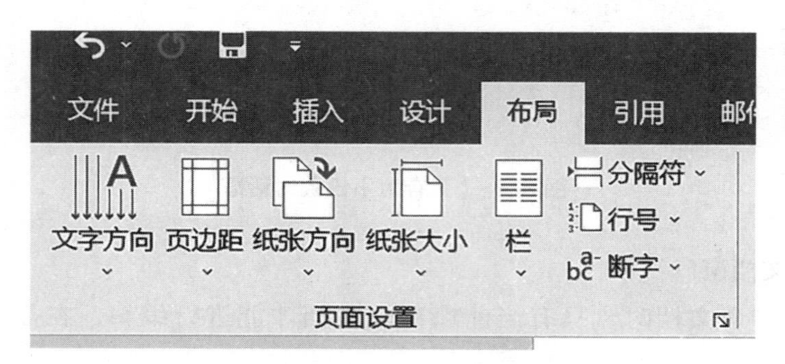

图 3-7 【布局】选项卡中的【页眉设置】功能组

（5）字体设置

放置光标并键入某些文本。若要设置格式，先选择文本，然后选择选项“加粗”“倾斜”“字体”“字号”等，如图 3-8 所示。

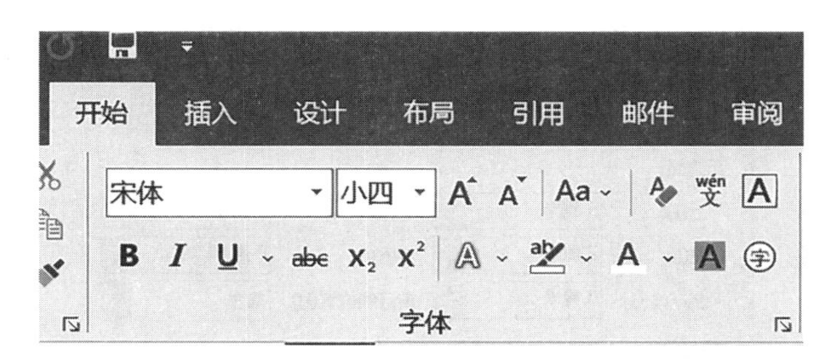

图 3-8 【开始】选项卡中的【字体】功能组

（6）段落设置

在文本编辑中，使用 Word 的段落编辑几乎是必需的。通过段落设置可以使文档层次分明、整齐划一。主要包括段落文本的对齐方式、缩进、段落间距、项目符号编号、边框和底纹等，如图 3-9 所示。

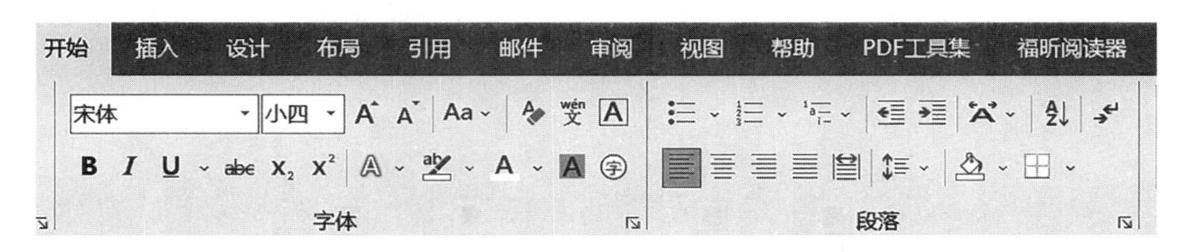

图 3-9 【开始】选项卡中的【段落】功能组

3. 项目实现

任务 1　短篇文档《南京旅游职业学院简介》页面设置

要求：将文档的纸张大小设置为 A4，上下边距为 3 厘米，左右边距设为 2 厘米。将第四段分成两栏，加分隔线。

步骤 1：打开【布局】选项卡，单击【页面设置】功能组中【纸张大小】对话框，在其中选择【A4】。

步骤 2：在【页面设置】功能中，选择【页边距】选项卡，在其中设置上下边距为 3 厘米，左右边距设为 2 厘米。如图 3-10 所示。

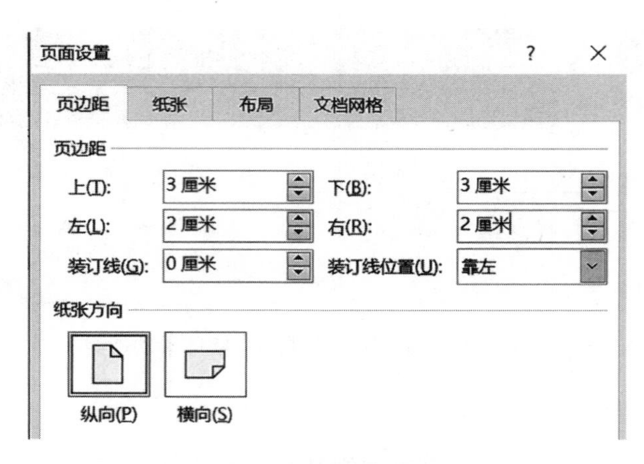

图 3–10 【页面设置】对话框

步骤 3　选中第四段文本。

步骤 4　选择【布局】选项卡，单击【页面设置】功能组中的【栏】选项卡，选择【更多栏】，打开【栏】对话框，选择【两栏】，勾选【分隔线】。如图 3–11 所示。

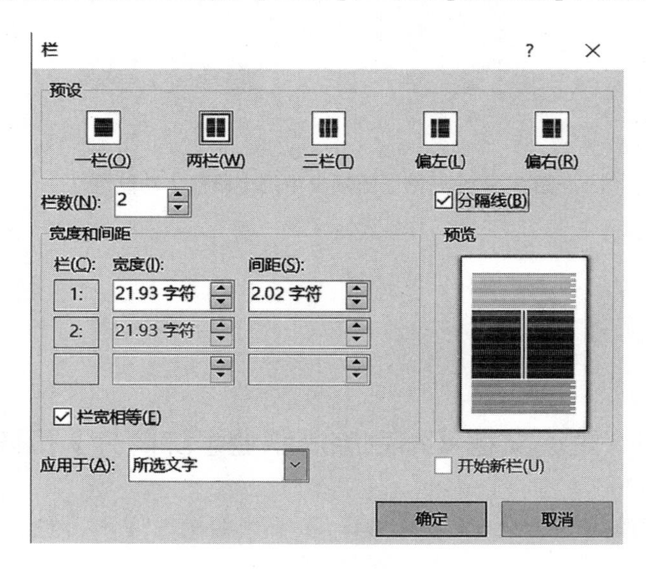

图 3–11 【栏】设置对话框

任务 2　短篇文档《南京旅游职业学院简介》标题设置

要求：标题“南京旅游职业学院简介”文本效果和版式：字体、字号、字体颜色，字形为黑体、小三、蓝色、紧密映像 4 磅偏移量，对齐方式为居中，段后间距为 5 磅。

步骤 1　选中标题文本。

步骤 2　选择【开始】选项卡，单击【字体】功能组的【字体】下拉按钮，弹出的下拉列表中选择【黑体】选项；单击【字号】下拉按钮，选择【小三】选项；单击【字体颜色】按钮，选择标准色中的【蓝色】按钮；单击【文本效果和版式】，鼠标滑动至【映像】按钮，选择【紧密映像 4 磅偏移量】。如图 3-12 所示。

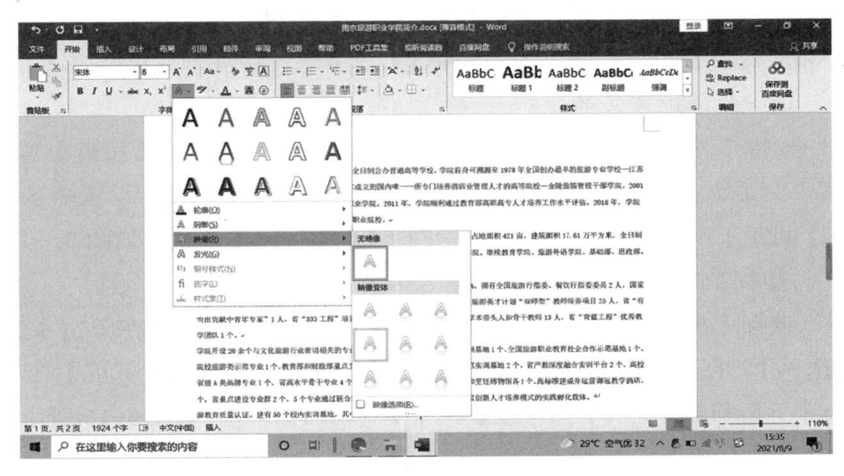

图 3-12 【字体】-【文本效果和版式】-【映像】设置选项

步骤 3　选择【开始】选项卡，单击【段落】功能组的【居中】对齐方式。

步骤 4　选择【开始】选项卡，单击【段落】功能组右下角的【段落设置】按钮，打开【段落】对话框，在【间距】下的【段后】对话框中输入【5 磅】。如图 3-13 所示。

段落
缩进和间距(I)　换行和分页(P)　中文版式(H)
常规
对齐方式(G):　居中
大纲级别(O):　正文文本　默认情况下折叠(E)
缩进
左侧(L):　0 字符　特殊(S):　缩进值(Y):
右侧(R):　0 字符　(无)
对称缩进(M)
如果定义了文档网格，则自动调整右缩进(D)
间距
段前(B):　0 行　行距(N):　设置值(A):
段后(F):　5磅　最小值　18.4 磅
不要在相同样式的段落间增加间距(C)
如果定义了文档网格，则对齐到网格(W)

图 3-13 【段落】设置对话框

任务 3　短篇文档《南京旅游职业学院简介》正文排版

要求：

（1）设置正文段落的首行缩进为 2 字符，行间距为 1.5 倍。

（2）将第二段首字下沉 2 行，文本效果和版式：下沉 2 行，距离正文 0.1 厘米。

（3）将第三段设置边框和底纹为 1.5 磅的蓝色虚线，10% 的蓝色底纹。

步骤 1　选中全部正文文本。

步骤 2　选择【开始】选项卡，单击【段落】功能组右下角的【段落设置】按钮，打开【段落】对话框，在【缩进】中选择【特殊】中的【首行】，设置缩进值为【2 字符】；选择【间距】中【行距】下拉列表中的【1.5 倍行距】选项。如图 3-14 所示。

步骤 3　选中第二段文本。

步骤 4　选择【插入】选项卡，单击【文本】功能组中的【首字下沉】选项，选择【首字下沉选项】，打开【首字下沉】对话框，选择【位置】中的【下沉】选项，在【选项】中选择【下沉行数】为【2】，【距正文】为【0.1 厘米】。如图 3-15 所示。

图 3-14 【段落】设置对话框

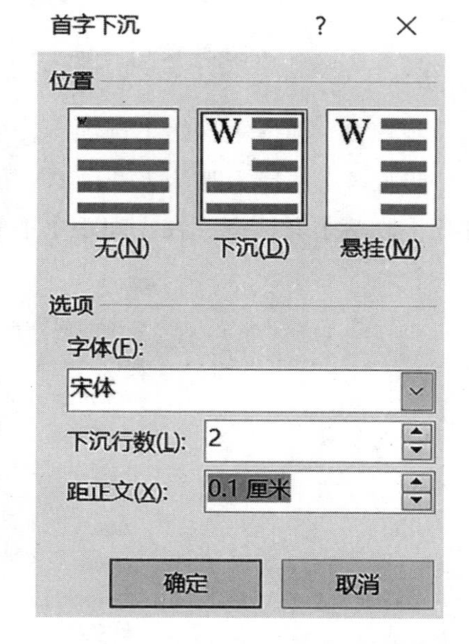

图 3-15 【首字下沉】设置对话框

步骤 5　选中第三段文本。

步骤 6　选择【开始】选项卡，单击【段落】功能组的【边框】选项卡中的【边框和底纹】打开【边框和底纹】对话框，在设置中选择【自定义】，样式中选择虚线，颜色中选择标准色蓝色，宽度选择 1.5 磅，如图 3-16 所示。

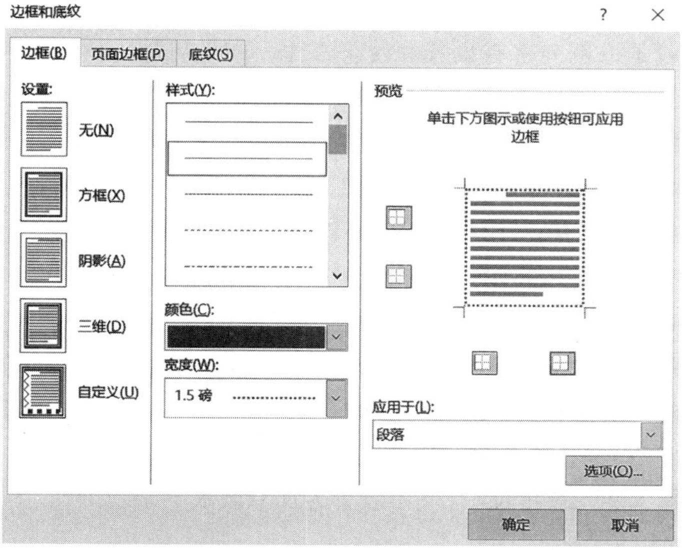

图 3-16 【段落】-【边框和底纹】-【边框】设置对话框

步骤 7　在【边框和底纹】对话框中选择【底纹】功能，在图案中选择样式为 10% 底纹，颜色中选择标准色中的蓝色，如图 3-17 所示。

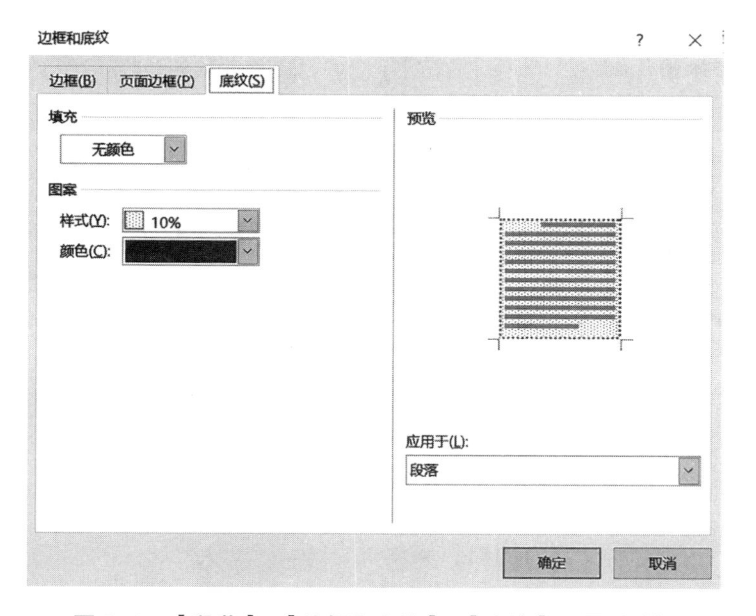

图 3-17 【段落】-【边框和底纹】-【底纹】设置对话框

（4）将第六段中的文本“与洲际酒店集团、金陵饭店集团、北京广慧金通教育科技有限公司、蓝蛙餐饮集团、美心集团、吉祥航空公司等国内外知名旅游企业签署了战略性合作协议，形成了一系列富有成效的校企合作、产学研创一体的育人模式。”的字符颜色设置为红色、加粗且加上着重号。

步骤 1　选中相关文本。

步骤 2　选择【开始】选项卡，单击【字体】功能组中【字体颜色】按钮，选择标准色中的【红色】按钮；单击【加粗】按钮。

步骤 3　选择【开始】选项卡，单击【字体】功能组右下角的 【字体】按钮，打开【字体】设置对话框，单击【着重号】下拉菜单中的【.】。

（5）将第七段中的“学院坚持以赛促教，以赛促学，在全国和全省各类职业技能大赛中多次摘夺桂冠，屡获嘉奖。2012 年以来代表江苏连续八年参加全国职业院校技能大赛，共获得 34 个一等奖，居全国同类旅游院校第一，学院多次被省教育厅表彰为‘江苏省职业院校技能大赛先进单位’”文本设置为加双波浪下画线。

步骤 1　选择相关文本。

步骤 2　选择【开始】选项卡，单击【字体】功能组中【下画线】按钮，选择【其他下画线】，打开【字体】设置对话框，在【下画线线型】的下拉菜单中选择双波浪下画线，如图 3-18 所示。

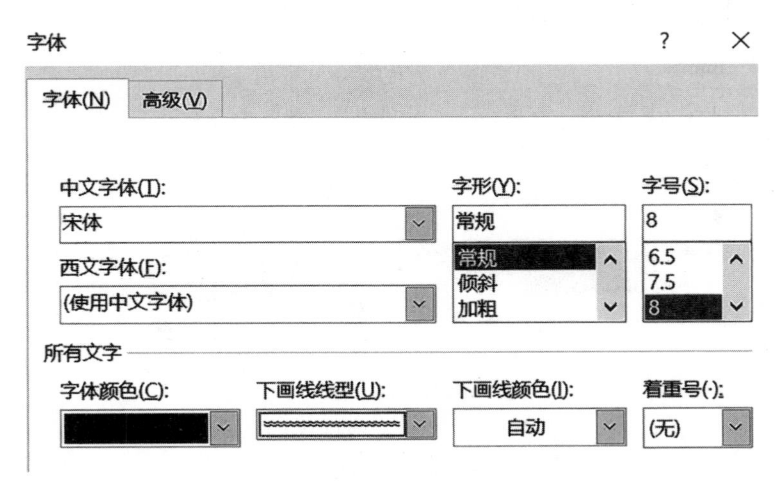

图 3-18 【字体】-【下画线线型】设置

（6）将最后一段文本设置为加粗、倾斜。

步骤 1　选择最后一段文本。

步骤 2　选择【开始】选项卡，单击【字体】功能组中【加粗】、【倾斜】按钮。

4. 拓展学习

（1）文本的选定

选择任意数量的内容，按住鼠标不放往下拉可以选择任意数量内容。

选择某一行内容的时候在文本行的左侧空白区域，当鼠标变成空心的向右上的箭头时，单击那一行内容即可。

选择某一段内容时在段落文本左侧空白区域，当鼠标变成空心的向右上的箭头时，双击就可以选择该段落内容，或者在段落中三击鼠标即可。

选择全文内容，可以在文档左侧空白区域单击三次选择全文或者快捷键是 Ctrl + A。如表 3-1 所示。

表 3-1　常用选定文本的组合键

组合键	选定功能
Shift + →	选定当前光标右边的一个字符或汉字
Shift + ←	选定当前光标左边的一个字符或汉字
Shift + ↑	选定到上一行同一位置之间的所有文本
Shift + ↓	选定到下一行同一位置之间的所有文本
Shift + Home	从插入点选定到它所在行的开头
Shift + End	从插入点选定到它所在行的行尾
Shift + Page Up	选定上一屏
Shift + Page Down	选定下一屏
Ctrl + Shift + Home	选定从当前光标到文档首的所有文本
Ctrl + Shift + End	选定从当前光标到文档尾的所有文本
Ctrl + A	选定整个文档

（2）项目符号和段落编号

在 Word 排版中，有时候为了让文档层次条理清晰，需要用到项目符号或编号来组织内容，如制作规章制度。

- 添加项目符号

项目符号是指添加在段落前的符号，一般用于并列关系的段落。方法是选中或将光标定位在某段落，选择【开始】选项卡下的【段落】组，单击【项目符号】，或点击【项目符号】右侧的下拉按钮选择项目符号样式。

要同时给多个段落添加项目符号，则拖选多个段落。在含有项目符号的段落中，按下回车键 Enter 换到下一段时，会在下一段自动添加相同样式的项目符号，如果直接按下“Backspace”键或者再次按“回车 Enter”键，可以取消自动添加项目符号。

● 添加项目编号

添加项目编号的操作与项目符号是一样的，只是把符号变为序列编号。通过项目编号可以让制度看起来更加有条理性。而在带有项目编号的段落按下“回车键 Enter”，会在下一段中添加的项目编号数值上自动加 1。

有时候我们需要制作相应的项目编号，如步骤时，并不是需要单纯的数字编号，而是需要“步骤一、步骤二、步骤三……”这样的形式，我们可以通过自定义项目编号来实现。

点击【段落】功能组下的【编号】-【定义新编号格式】如图 3-19 所示，在弹出的【定义新编号格式】中选择编号样式，在编号格式中输入自定义的文本，如图 3-20 所示即可。

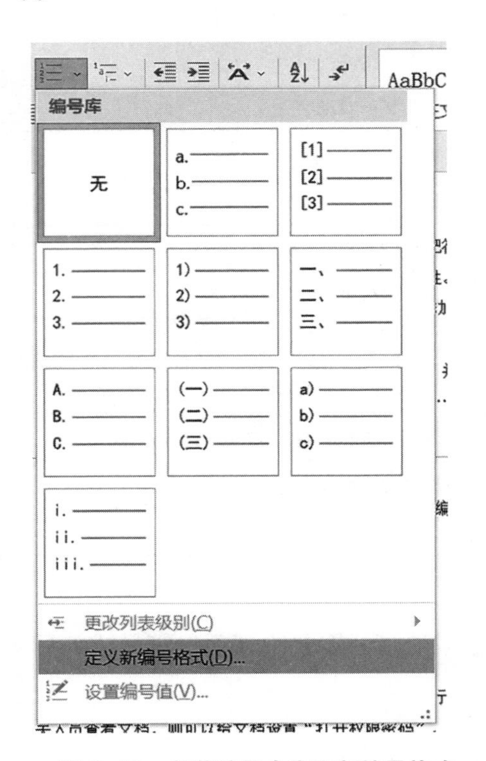

图 3-19　段落编号中定义新编号格式

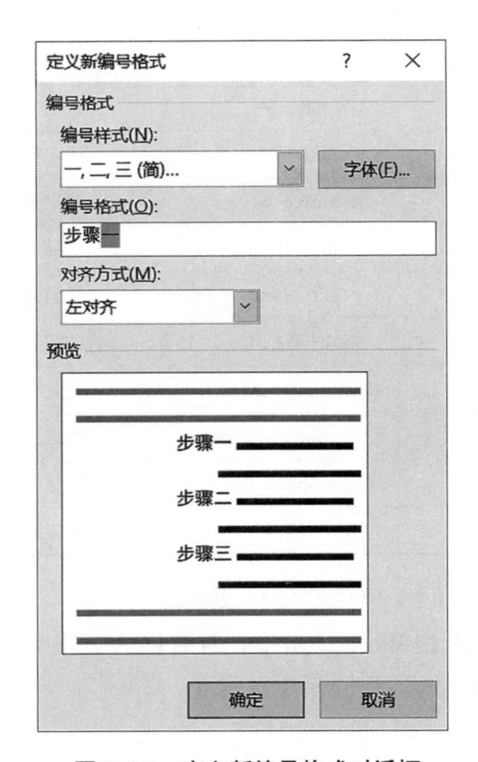

图 3-20　定义新编号格式对话框

（3）文档的保护

当所编辑的文档是需要保密的文件时，可以对文档进行保护，一是不希望无关人员查看文档，则可以给文档设置“打开权限密码”，无密码不能打开文档。二是文档允许查看，但禁止修改，可以给文档设置“修改权限密码”，这样不知道密码的人只能查看文档而不能修改。

- 设置“打开权限密码”

步骤 1　选择【文件】-【另存为】，打开【另存为】对话框。

步骤 2　在【另存为】对话框中，单击【工具】-【常规命令】，打卡【常规选项】对话框，输入设定的密码。

步骤 3　单击【确定】，会弹出【确认密码】对话框，要求再次输入设置的密码，单击【确定】按钮，则放回【另存为】对话框，单击【保存】即可。

如果要取消已经设置好的密码，则需要首先用正确的密码打开文档，在【文件】-【另存为】-【工具】-【常规选项】，在【常规选项】对话框中，在【打开文件时的密码】中有一排“*”表示的密码，利用“Delete”键删除密码，确定即可。

- 设置“修改权限密码”

设置“修改权限密码”和设置“打开权限密码”类似，只是将密码填入【常规选项】对话框中的【修改文件时的密码】栏即可。

项目 3.2　设计制作电子海报

图文混排是对多个对象在 Word 文档中进行排版，编辑。对象包括文字、图片、艺术字、形状、文本框等，可以设置大小、位置及环绕方式、效果等。还可以设置边框和底纹、背景颜色等，这样就可以实现图文混排的效果。

1. 项目要求

徐世文说过：“书就是知识的海洋，让我们在知识的海洋乘风破浪。”本项目要求以读书日为主题，以书为设计元素设计一幅精美的宣传海报，呼吁大家漫步书林，遨游学海。要求既整洁又新颖，利用图片、文字、色彩、空间等要素进行完整的结合。

完成效果可参考如图 3-21 所示。

图 3-21 “读书日”宣传海报效果图

2. 相关知识

（1）【插入】选项卡

在 Word 文档中不仅可以包含文字，图也是非常重要的一大元素，图文并茂更利于说明情况问题。在 Word 文档中，添加对象的功能都在【插入】选项卡里，可以插入表格、图片、形状、Smartart 图形、图表、艺术字、文本框、符号等。在 Word 中插入图片可以是本地图片也可以是联机图片。单击【图片】-【联机图片】，如图 3-22 所示。

图 3-22 【图片】-【联机图片】设置对话框

（2）【格式】选项卡

不论插入何种对象，在菜单栏都会出现【格式】选项卡，不同对象的【格式】选项卡略微不同，主要包含样式、文本、排列、大小等功能组。通过功能组，可对插入的对象进行样式设置、图文混排、编辑和美化等。

3. 项目实现

任务 1　绘制形状

步骤 1　新建空白 Word 文档。

步骤 2　选择【插入】选项卡，单击【插图】功能组的【形状】按钮，选择【矩形】绘制如图 3-23 所示矩形。

步骤 3　单击绘图工具中的【形状格式】选项卡，在【形状样式】功能组，选择【形状填充】中【蓝色　个性色 5　淡色 60%】。再单击【排列】功能组中的【位置】按钮，选择【其他布局选项】，在打开【布局】对话框中，选择水平、垂直对齐方式均为【居中】，相对于均为【页面】即可。

步骤 4　选择【插入】选项卡，单击【插图】功能组的【形状】按钮，选择【矩形】，同时选中“Shift”绘制如图 3-24 所示正方形。

图 3-23　绘制的矩形图效果一

图 3-24　绘制的矩形图效果二

任务 2　图片设置

步骤 1　选择【插入】选项卡，单击【插图】功能组的【图片】按钮，选择插入图片来自本设备，打开插入图片路径，选择“文字书 .PNG”图片。

步骤 2　选择【图片工具】的【图片格式】选项卡，单击【排列】功能组的【环绕文字】，如图 3-25 所示，选择【浮于文字上方】。

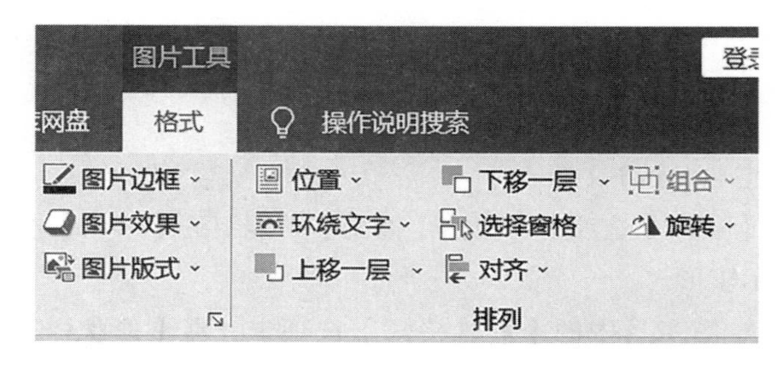

图 3-25 【格式】-【排列】功能组

步骤 3　选择【图片工具】的【图片格式】选项卡，单击【调整】功能组【颜色】中的重新着色为【蓝色　个性色 1　浅色】，如图 3-26 所示。

图 3-26 【调整】-【颜色】设置列表

步骤 4　选择【图片样式】中预设样式【柔化边缘椭圆】，调整至合适位置，如图 3-27 所示。

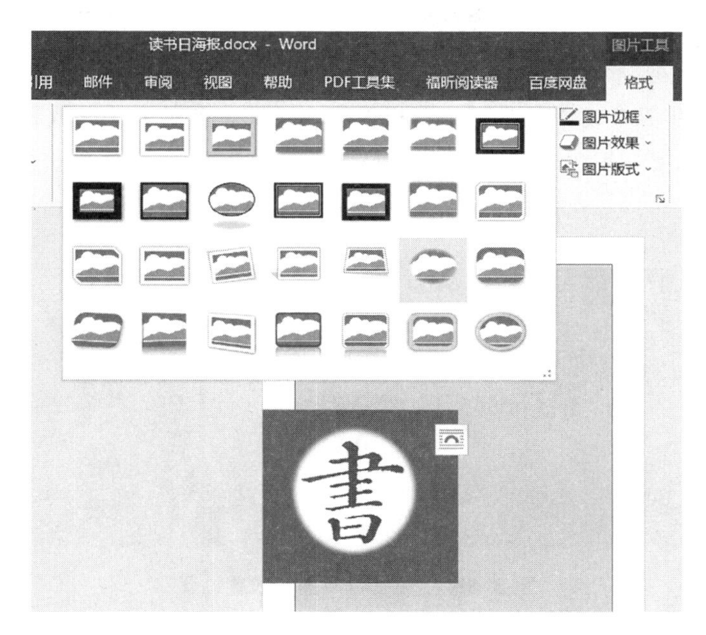

图 3-27 【格式】-【图片样式】设置列表

步骤 5　同步骤 1，插入图片“卡通书 .JPG”。

步骤 6　同步骤 2，将图片浮于文字上方。

步骤 7　选择【图片工具】的【图片格式】选项卡，单击【调整】功能组【颜色】中的设置透明色，再单击一下图片将“卡通书”图片背景设置为透明色，如图 3-28 所示。

图 3-28 “卡通书”背景由有色变透明

步骤 8　单击【排列】功能组【旋转】按钮，选择【水平翻转】，调整图片至合适位置。

步骤 9　同步骤 1，插入图片“曲别针 .JPG”。

步骤 10　同步骤 2，将图片浮于文字上方。

步骤 11　选择【图片格式】选项卡，单击【大小】功能组的【裁剪】按钮，对曲别针图片进行适当裁剪。

步骤 12　同步骤 7 将曲别针图片背景设置为透明，调整大小并放置于合适位置，如图 3-29 所示。

图 3-29　“曲别针”图片放置位置

任务 3　艺术字设置

步骤 1　选择【插入】选项卡【文本】功能组的【艺术字】，单击第 3 行第 1 列的艺术字样式，如图 3-30 所示，输入文字“知人知礼知事读人读理读书”。

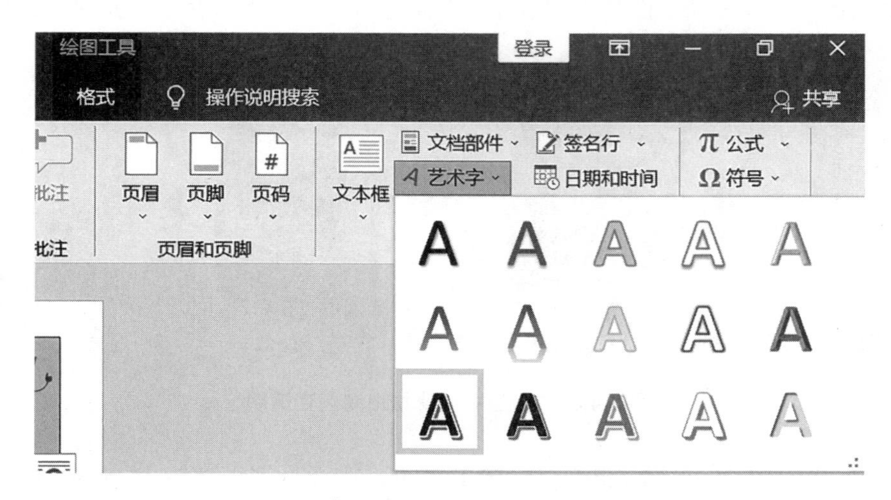

图 3-30 【格式】-【艺术字】的快速样式

步骤 2　选择艺术字文本，选择【绘图工具】的【形状格式】选项卡，单击【文本】功能组的【文字方向】选择【垂直】，如图 3-31 所示。

图 3-31　艺术字的【文字方向】设置

步骤 3　选择艺术字文本，选择【绘图工具】的【排列】选项卡，单击【环绕文字】，选择【浮于文字上方】，并放置在合适位置。

步骤 4　选择艺术字文本，回到【开始】选项卡的【字体】功能组，设置字体为"方正舒体，48 磅，加粗"。

步骤 5　同步骤 1，插入预设艺术字样式的最后一个，输入文本"世界读书日 4 月 23 日"。

步骤 6　同步骤 3 设置【浮于文字上方】，并放置在合适位置。

步骤 7　选中艺术字文本，回到【开始】选项卡的【字体】功能组，设置字体为"宋体，28 磅，加粗"。

4. 拓展学习

页面水印

"水印"是页面背景的形式之一，有时会根据需要来给文档添加诸如"绝密""保密""×× 制作"等字样的页面水印。设置"水印"的具体步骤如下：

步骤 1　单击【设计】选项卡下【页面背景】组的【水印】按钮，在【水印】下拉列表框中，可以选择系统提供好的水印样式，也可以单击【自定义水印】命令，打开【水印】对话框。

步骤 2　在【水印】对话框中，有"图片水印"和"文字水印"两种水印形式，可按需选择。

步骤 3　如果使用"图片水印"，则需要选择相应的水印图片即可。

步骤 4　如果使用“文字水印”，则在【语言】框中选择水印文本的语种，在【文字】框中输入或选定水印文本，可以设置相应的字体、字号、颜色和版式。

步骤 5　单击【确定】即可。

项目 3.3　设计制作电子课程表

Word 中非常重要的一项功能，制作表格，用表格的形式呈现内容更加直观、条理清楚、一目了然。但并不是所有的数据都适用于 Word 表格，Word 更适合数据不多但表头比较复杂的表格，可以绘制各类斜线表头，可以拆分表格、单元格等。

1. 项目要求

利用 Word 2016 表格的功能制作一份自己的专属课表。要求包含表格标题和课表表格。表格中表头包含时间、课程、星期，表格第一列为上课时间，课表中每门课包含有课程名称、代码、上课起始周、上课地点、授课教师的信息。完成后效果如图 3-32 所示。

×××专业 2021—2022 学年第 1 学期课程表

课程　星期 时间			星期一	星期二	星期三	星期四	星期五	星期六	星期日
上午	第 1 节	8:30—9:10	大学英语，1230，1 周–18 周，J1201，张三						
上午	第 2 节	9:10—9:50							
大课间休息									
上午	第 3 节	10:10—10:50		数据库基础，1876，1 周–18 周，J2103，李四			计算机基础，1870，1 周–18 周，J2305，汪一		
上午	第 4 节	10:50—11:30							
		午饭和午休							
下午	第 5 节	13:50—14:30			程序设计，7836，1 周–18 周，J1283，欧俄				
下午	第 6 节	14:30—15:10							
大课间休息									
下午	第 7 节	15:25—16:05						大学语文，7856，1 周–18 周，J2131，真燕	
下午	第 8 节	16:05—16:45							
		晚饭和休息							
晚上	第 9 节	18:00—18:40							
晚上	第 10 节	18:40—19:20							
备注									

图 3-32　课程表效果图

2. 相关知识

（1）表格的绘制方式

方法1：选择【插入】-【表格】并将光标移动到网格上方，直到突出显示所需的列数和行数。

方法2：若插入的表格较大或要自定义表格，选择【插入】-【表格】-【插入表格】。

方法3：如果文本已用制表符分隔，可快速将其转换为表格。选中文本后选择【插入】-【表格】-【文本转换成表格】。

方法4：若要绘制自己的表格，选择【插入】-【表格】-【绘制表格】。

（2）表格的选择方法

方法1：选择整体表格，鼠标点击表格中任意单元格，在左上角找到的⊞形状，单击可以选择整体表格。

方法2：选择行，鼠标放在行的左侧，呈朝右侧的空箭头时，单击可以选中一行。

方法3：选择列，鼠标放在列的上方，呈朝下的实心黑色箭头时，单击可以选中一列。

（3）表格的计算

Word表格可以用【fx公式】进行数据的简单计算。

方法1：单击准备存放计算结果的表格单元格，此时会出现浮动选项卡【表格工具】-【布局】、【表设计】，依次单击【布局】-【数据】-【公式】。在弹出窗口编辑公式，默认公式=SUM（ABOVE）或=SUM（LEFT），修改后点击【确定】后即可在表格中得到结果。注意：表中的公式是一种域代码。

方法2：单击表格中临近数据的左右或上下单元格，依次单击【布局】-【数据】-【公式】。在弹出的列表选择需要的函数，单击“确定”即可得到计算结果。

3. 项目实现

任务1　课程表的标题设计

步骤1　新建Word空白文档。

步骤2　选择【布局】选项卡，单击【页面设置】功能组的【纸张方向】按钮，选择【横向】。

步骤 3　单击【页面设置】功能组的【页边距】按钮，选择【窄】。

步骤 4　光标定位在第一行，输入“××× 专业 2021—2022 学年第 1 学期课程表”，选中文本，选择【开始】选项卡，单击【字体】功能组的【字体】按钮，选择【方正粗黑宋简体】,【字号】选择【四号】,【字体颜色】为标准色中的【深红色】，单击【下画线】按钮添加下画线，如图 3-33 所示。

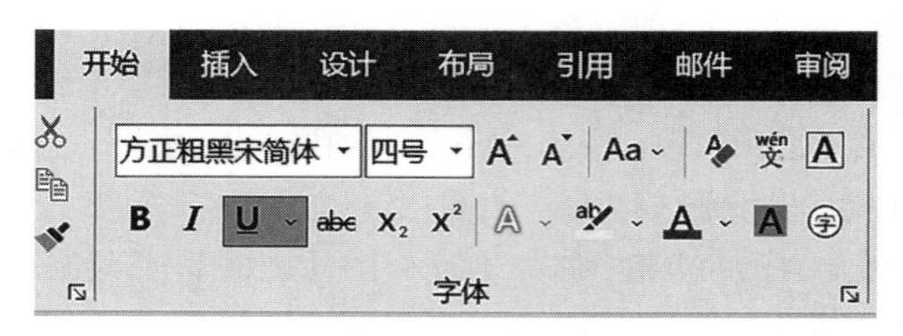

图 3-33　标题的字体设置

步骤 5　选择标题文本，单击【段落】功能组的【居中】对齐按钮。

任务 2　课程表的整体结构设计

步骤 1　光标定位在第 2 行，选择【插入】选项卡，单击【表格】功能组的【插入表格】，打开【插入表格】对话框，设置列数为 10，行数为 16，勾选【根据窗口调整表格】按钮，如图 3-34 所示。

插入表格

表格尺寸

列数(C): 10

行数(R): 16

“自动调整”操作

固定列宽(W): 自动

根据内容调整表格(F)

根据窗口调整表格(D)

为新表格记忆此尺寸(S)

确定　取消

图 3-34　【插入表格】对话框

步骤 2　选中表格第 1 行，选择【表格工具】中的【布局】选项卡，在【单元格大小】功能组中的【高度】框中输入行高为 2.14 厘米；依次选中第 4、7、10、13 行，单击【表】功能组的【属性】按钮，选择设置行高为固定值 0.61 厘米；选中表格第一列，在【宽度】框中输入列宽为 1.24 厘米，同理选中第 2 列，设置列宽为 2.25 厘米，第 3 列，设置列宽为 4.7 厘米。

步骤 3　选择第 1 行前三列，选择【表格工具】中的【布局】选项卡，单击【合并】功能组中的【合并单元格】。同理合并第 1 列的第 2、3、4、5、6 行；合并第 1 列的第 8、9、10、11、12 行；合并第 1 列的第 14、15 行；合并第 4 行的第 2~10 列；合并第 10 行的第 2~10 列；分别合并最后一行的前 3 列和后 7 列；由于一次课为两小节合并，因此还需合并第 4 列的 2、3 行，后续以此类推，如图 3-35 所示（本步骤行数和列数均以最初建立的表格行列数为准）。

×××专业 2021—2022 学年第 1 学期课程表

图 3-35　课程表框架图

任务 3　课程表表头和第一列设计

步骤 1　光标定位于第一个单元格内，选择【插入】选项卡，单击【形状】按钮，选择【线条】中的直线，如图 3-36 所示，绘制如图 3-37 所示线条。选择【格式】选项

卡，单击【形状样式】的第一个样式，如图 3–38 所示。

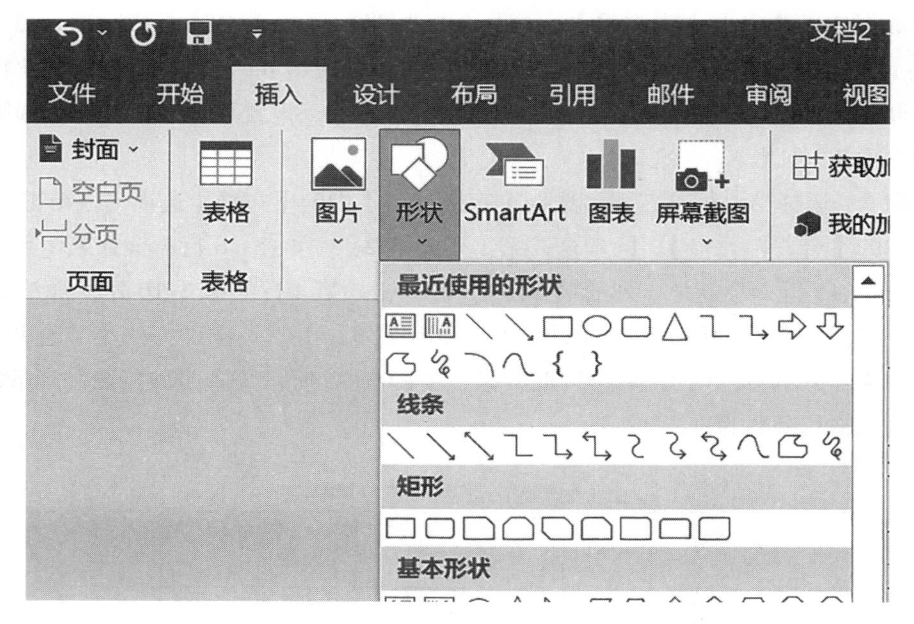

图 3–36 【插入】–【形状】列表

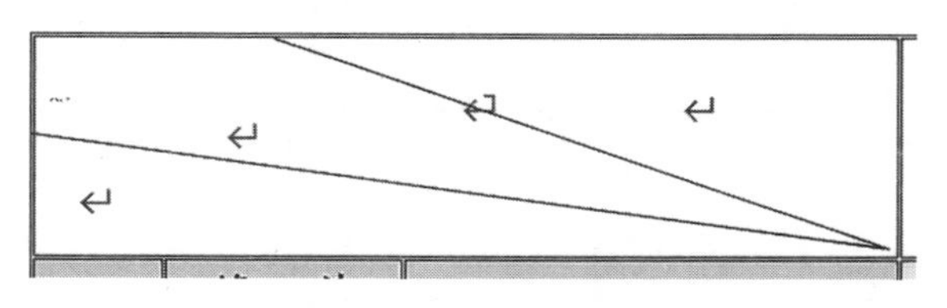

图 3–37　表头线条样式

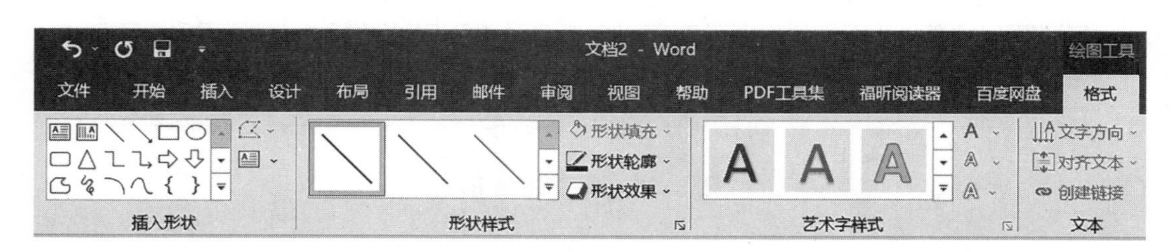

图 3–38 【格式】–【形状样式】设置

步骤 2　选择【插入】选项卡，单击【文本框】按钮下的【绘制横排文本框】，如图 3–39 所示，绘制三个横排文本框，并输入文字“星期”“课程”“时间”，如图 3–40 所示。将三个文本框的边框和填充，均设置为无颜色。

图 3-39 【插入】-【文本框】列表

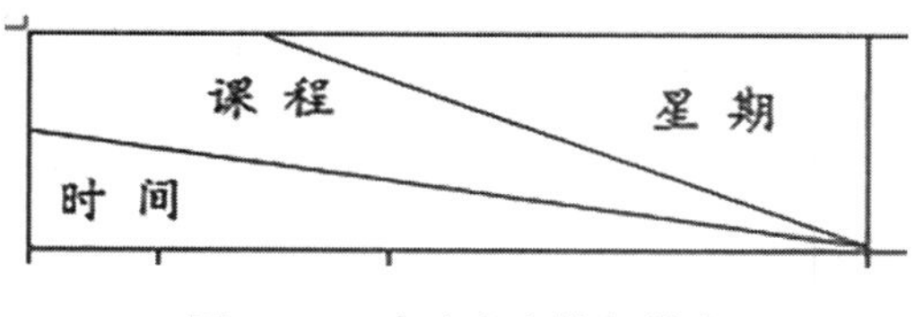

图 3-40　表头文本输入样式

步骤 3　在剩下的第一行单元格中，依次填入星期；在第一列中填入相应内容即可，所有文本字体均为楷体，“星期 ×”，“上午、下午、晚上”的字号为三号，其余为四号。选择【表格工具】中的【布局】选项卡，单击【对齐方式】功能组中的【水平居中】按钮，设置所有文字水平垂直都居中，如图 3-41 所示。

×××专业2021—2022学年第1学期课程表

课程 星期 时间			星期一	星期二	星期三	星期四	星期五	星期六	星期日
上午	第1节	8:30—9:10							
	第2节	9:10—9:50							
	第3节	10:10—10:50							
	第4节	10:50—11:30							
下午	第5节	13:50—14:30							
	第6节	14:30—15:10							
	第7节	15:25—16:05							
	第8节	16:05—16:45							
晚上	第9节	18:00—18:40							
	第10节	18:40—19:20							

图 3-41　表格文本输入样式

任务 4　课程表内容填充与修饰

步骤 1　将上午和下午对应的中间单元格全部按样张图填入其他相应内容，对齐方式也是“水平居中”。

步骤 2　选择整体表格，选择【表格工具】中的【设计】选项卡，单击【边框】功能组中的【边框】按钮，选择【边框和底纹】，打开【边框和底纹】对话框，设置中选择【自定义】，样式中选择【双实线】，颜色选择标准色的深蓝，宽度为 0.75 磅，如图 3-42 所示。

步骤 3　选中第一行和第一列，选择【表格工具】中的【设计】选项卡，单击【底纹】按钮，选择主题色中的“蓝色，个性色 5，淡色 80%”，其余单元格底纹颜色为主题色中的“金色，个性色 4，淡色 80%”。

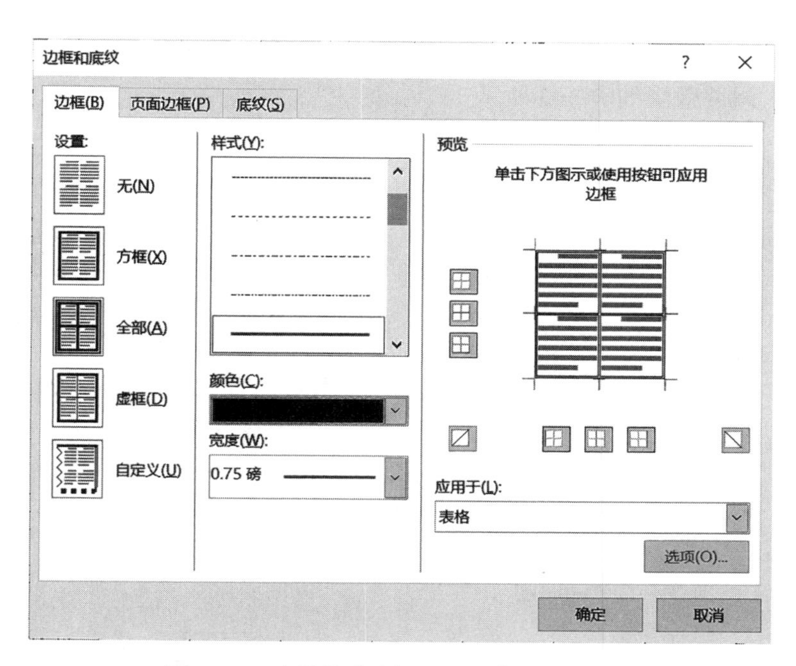

图 3–42　表格的【边框和底纹】设置对话框

4. 拓展学习

（1）表格排序

Word 表格虽然不似 Excel 表格强大，但是也可以进行一些简单的数据操作，下面以表 3–2 为例来介绍表格的排序操作。要求是以语文成绩递减排序，成绩一样时按照数学成绩递减排序，数学成绩一样时按照英语成绩递减排序。

表 3–2　排序前的学生成绩

姓名	语文	数学	英语	总成绩
张为	67	54	90	
肖欧	67	80	39	
孙节	88	97	65	
王沃恩	70	68	98	

步骤 1　将光标放入要排序的学生成绩表中，选择【表格工具】–【布局】选项卡下的【数据】功能组，单击【排序】按钮。

步骤 2　打开【排序】对话框，在【主要关键字】下拉列表中选择“语文”，【类型】

中选择【数字】，单击【降序】选项，另外两个关键字依次类推，如图 3-43 所示，单击【确定】即可。最终效果如表 3-3 所示。

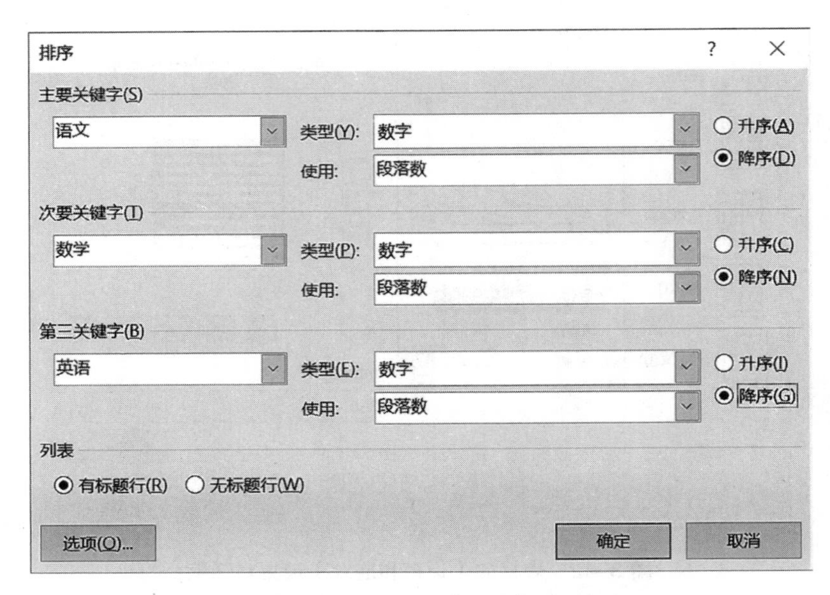

图 3-43　表格中的【排序】对话框

表 3-3　排序后的学生成绩

姓名	语文	数学	英语	总成绩
孙节	88	97	65	
王沃恩	70	68	98	
肖欧	67	80	39	
张为	67	54	90	

（2）表格计算

还是以学生成绩表为例，计算每位同学的各科分数的总成绩，填入相应的单元格内。

表 3-4　Word 表格常用计算方向

LEFT	向左计算
RIGHT	向右计算
BELOW	向下计算
ABOVE	向上计算

步骤 1　将光标插入到“总成绩”的单元格中。

步骤 2　选择【表格工具】-【布局】选项卡下的【数据】功能组，单击【fx 公式】按钮。

步骤 3　在【公式】对话框中，在【公式】列表框中显示“=SUM（LEFT）”，表示要计算左边各列数据的总和，也是例题的要求，如图 3-44 所示。

步骤 4　在【编号格式】中输入“0.0”，表示最后求出的数值精确到小数点后一位，单击【确定】，就可以得出结果。最终效果如表 3-5 所示。

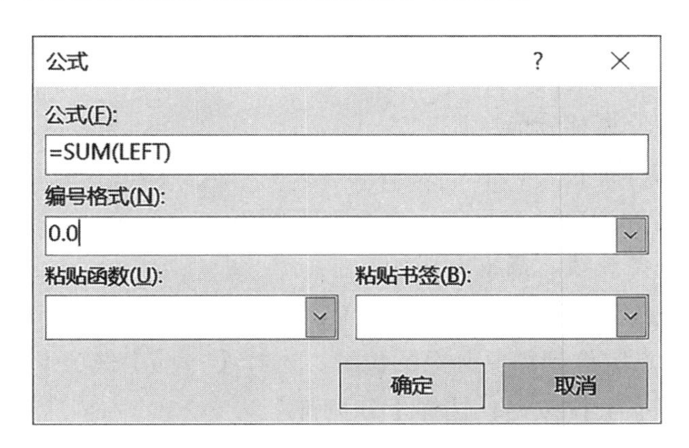

图 3-44　表格中的【公式】对话框

表 3-5　计算后的学生成绩

姓名	语文	数学	英语	总成绩
孙节	88	97	65	250.0
王沃恩	70	68	98	236.0
肖欧	67	80	39	186.0
张为	67	54	90	211.0

项目 3.4　排版长篇文档

日常学习、工作中我们经常会需要制作排版作长篇文档，如论文、书稿等，需要进行一些复杂的编辑，像设置级别标题、分节显示页码、封面、标题、目录、页眉、页脚、参考文献等，很多是在短篇文档中不常用的功能，那么在排版上面怎样才能有效提高效率，节省时间呢，就需要我们学会常用的 Word 长篇文档排版的方式技巧。

1. 项目要求

本项目是一篇《大数据调研报告》，文档篇幅较长，标题层次较多，并且包含有大量的图片等。需要根据长篇文档的排版方法，来设计封面、目录、标题级别、样式、题注等，最终实现统一的规范。

2. 相关知识

（1）长文档内容分页和分节

分页符是分页的一种符号，上一页结束以及下一页开始的位置。在普通视图下，分页符是一条虚线。又称为自动分页符。在页面视图下，分页符是一条黑灰色宽线，鼠标指向单击后，变成一条黑线。插入方法如下：

方法 1：将插入点定位到需要分页的位置，按下 Ctrl+Enter 组合键插入分页。

方法 2：将插入点定位到需要分页的位置，选择【布局】选项卡，单击【页面设置】功能组中的【分隔符】下拉按钮，选择【分页符】。

方法 3：将插入点定位到需要分页的位置，选择【插入】选项卡，单击【页面】功能组中的【分页】按钮。

分节符是指为表示节的结尾插入的标记。分节符包含节的格式设置元素，如页边距、页面的方向、页眉和页脚，以及页码的顺序。分节符用一条横贯屏幕的虚双线表示。插入方法如下：

方法：将插入点定位到需要分节的位置，选择【布局】选项卡，单击【页面设置】功能组中的【分隔符】下拉按钮，选择【下一页】。

分页和分节作用不同，分页可以向数据区域内的矩形、数据区域或组添加分页符，以控制每个页面中的信息量。而分节起着分隔其前面文本格式的作用，如果删除了某个分节符，前面的文字会合并到后面的节中，并且采用后者的格式设置。

（2）页眉和页脚设计

长文档中一般要求不同的页面根据内容显示不一样的页眉和页脚，本项目中要求根据当前页内容，页眉显示相应的一级标题。页脚统一在中间插入页码，格式为“-1-，-2-”。这需要与分节符配合来完成。

（3）文本大纲级别和样式

Word 中的文本大纲级别总共包含正文文本和 9 级的标题级别。根据需求来进行设置。方法主要如下：

方法 1：选中相应文本，在【开始】选项卡中的【段落】功能组，打开【段落】设置对话框，选择【缩进和间距】选项卡，在【常规】中【大纲级别】的下拉列表中按需选择，如图 3-45 所示。

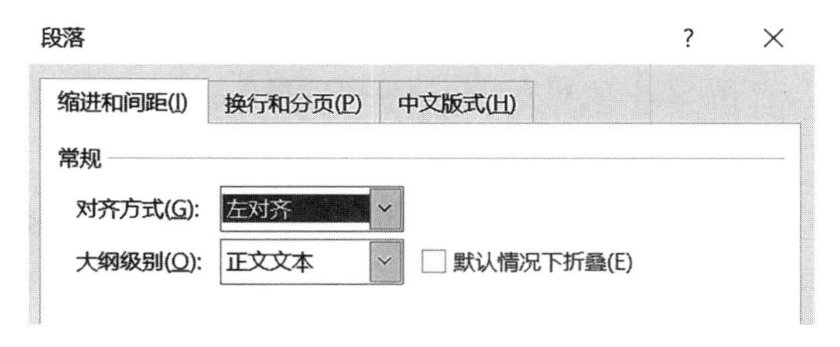

图 3-45　【段落】对话框中的【大纲级别】设置

方法 2：选择【视图】选项卡，单击【视图】功能组中的【大纲】按钮，切换到大纲视图。然后选取相应的文本，选择【大纲显示】选项卡，单击【大纲工具】功能组中的【显示级别】下拉列表，按需选择，如图 3-46 所示，结束后，单击【关闭大纲视图】。

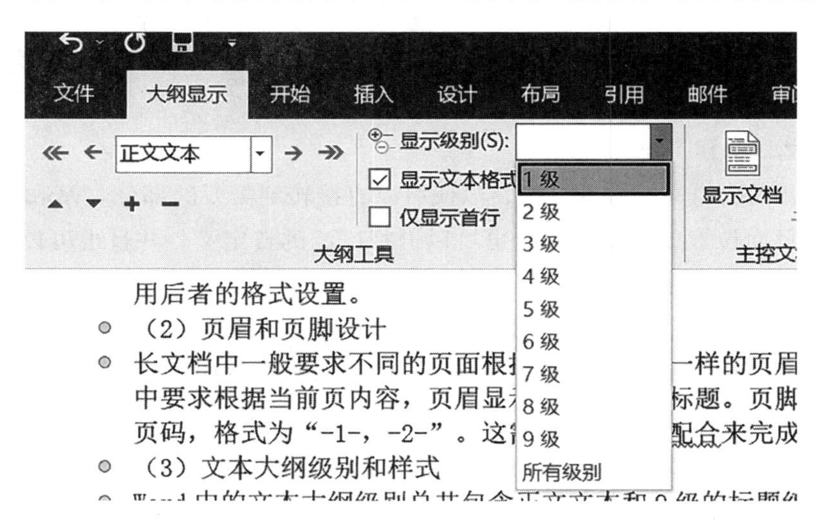

图 3-46　大纲视图下的大纲级别设置

Word 样式是快速更改文本格式的最有效工具。样式是格式指令的集合，我们可以用它来设置字符或段落在文档中的格式，让文档拥有一致、精美的外观。将一种样式应用于文档中不同文本节之后，只需更改该样式，即可更改这些文本的格式。可以对现有的样式进行修改，也可以新建样式。

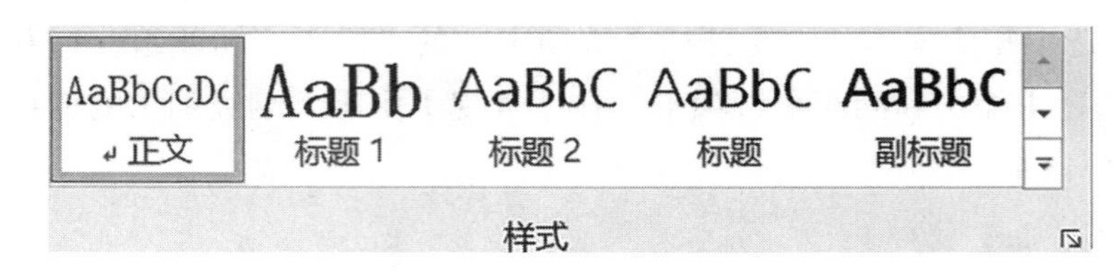

图 3–47 【样式】功能组

（4）题注与交叉引用

Word 中的题注就是我们常说的图表标题或图表名称。并且可以基于这个 Word 题注形成一个针对性的图片目录，或者表格目录。而文档中引用图、表格的编号则是通过交叉引用来实现（图 3–48）。

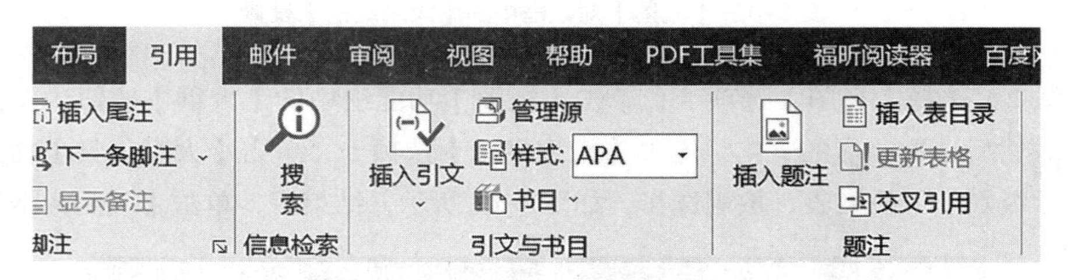

图 3–48 【引用】–【题目】功能组

（5）标题目录和图表目录

目录主要是提供文档中的概述，以便可以直接转到需要的部分。Word 可以创建带标题文本和页面位置的标准目录，也可以进行广泛的自定义。并且也可以手动创建目录，并自己输入标题和页码。

图表目录是添加含题注的对象列表及其页码，也就是说可以通过创建图表目录（与标题目录一样）列出和组织文档中的数字、图片或表格。但首先必须是向图表添加题注，然后使用【引用】选项卡上的【插入图表目录】命令，这样 Word 就可以搜索文档中的题注，并自动添加图表列表（按页码排序）。

3. 项目实现

任务 1　长文档整体页面设置

要求：

（1）设置纸张大小为 A4，页面上、下、左、右边距分别为 3 厘米、2.5 厘米、2.8

厘米、2.6 厘米，其他默认。

（2）文档内容分页。将文档分为 5 部分（5 节），第一部分封面页，第二部分为目录页（预留），第三部分为调研基本信息，第四部分为调研情况分析，第五为调研结论总结，两两之间插入“分页符”中的“下一页”。

操作步骤如下：

步骤 1　选择【布局】选项卡，单击【页面设置】功能组右下角的【页面设置】按钮，在弹出的【页面设置】对话框中选择【页边距】选项卡，设置上下左右页边距，选择【纸张】选项卡，设置纸张大小。

步骤 2　光标定位在标题“大数据技术组专业调研报告”后，选择【布局】选项卡，单击【页面设置】功能组中的【分隔符】下拉按钮，在弹出的下拉列表中选择【分节符】-【下一页】，如图 3-49 所示。为了美观，通过调整标题的段前间距为“15 行”将标题置于封面的中间位置。

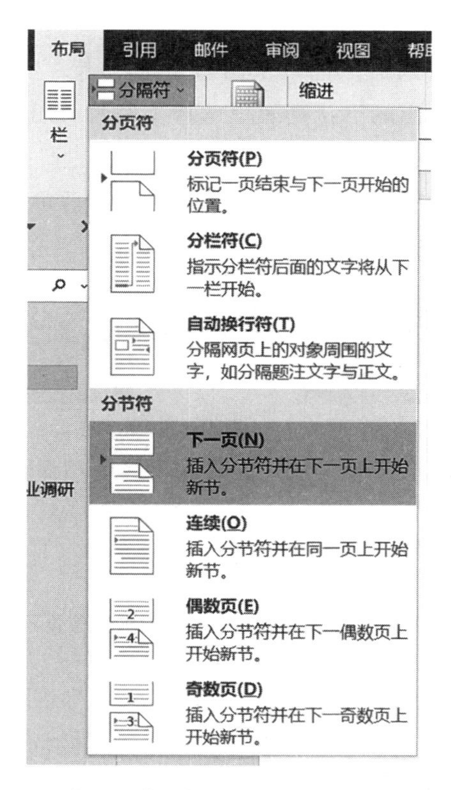

图 3-49 【布局】-【分隔符】的【分节符】设置

步骤 3　光标定位在正文第一个大标题“一、调研基本信息”前，用步骤 2 方法插入“分节符”。为目录页留出空白页。

步骤 4　光标定位在正文第二个大标题“二、调研情况分析”前，同样用步骤 2 方法插入“分节符”。

步骤 5　光标定位在正文第三个大标题“三、调研结论总结”前，同样用步骤 2 方法插入“分节符”。

通过这 5 步将整篇文档分为了五部分。

任务 2　页眉和页脚设计

要求：封面页无页眉，目录页页眉为“目录”，居中显示；正文页页眉根据内容设置为相应的大标题（调研基本信息、调研情况分析、调研结论总结）。封面页无页脚；目录页页脚为大写罗马数字标识，居中显示；正文页页脚为阿拉伯数字，从 1 开始编码，格式为“-1-、-2-”。

操作步骤如下：

步骤 1　光标定位在封面页，选中【插入】选项卡，单击【页眉和页脚】功能组的【页眉】下拉按钮，在弹出的下拉列表里选择【编辑页眉】，即可进入页眉页脚编辑状态。

步骤 2　选择【页眉和页脚工具】-【页眉和页脚】选项卡，单击勾选【选项】功能组的【首页不同】，如图 3-50 所示。

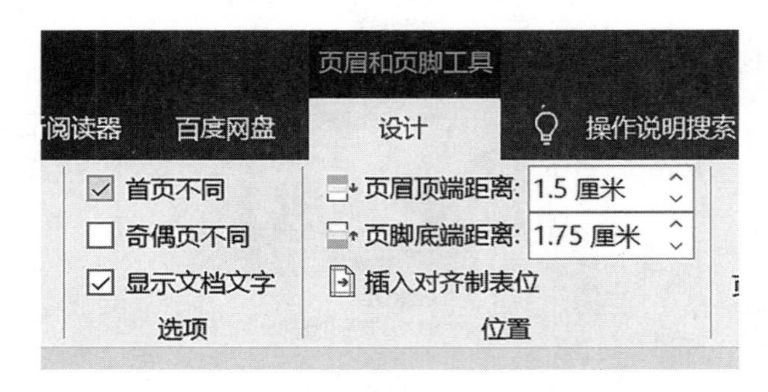

图 3-50 【设计】选项卡中的设置【首页不同】

步骤 3　鼠标光标定位在第 2 节的页眉处，输入“目录”即可；光标定位到第 3 节页眉处，单击【设计】选项卡下【导航】功能的【链接到前一节】，使之脱离选择，如图 3-51 所示，再回到第 3 节页眉处，修改页眉文字为“调研基本信息”。

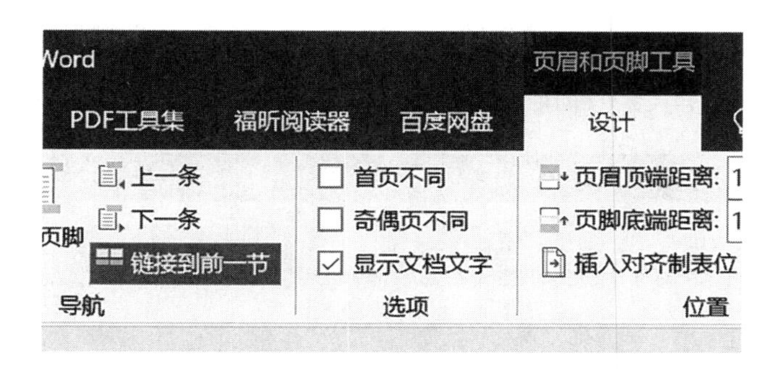

图 3-51 【设计】选项中脱选【链接到前一节】

步骤 4　鼠标光标定位到第 4 节页眉处，同步骤 3 一样，使【链接到前一节】脱离选择，再修改页眉文字为“调研情况分析”。

步骤 5　鼠标光标定位到第 5 节页眉处，同步骤 4 一样，修改页眉文字为“调研结论总结”。页眉完成后单击【关闭页眉和页脚】即可。

步骤 6　鼠标光标定位到第 2 节目录页，选中【插入】选项卡，单击【页眉和页脚】功能组的【页脚】下拉按钮，在弹出的下拉列表里选择【编辑页脚】，即可进入页眉页脚编辑状态。

步骤 7　目录页页脚的页码要求是大写的罗马页码，因此需要先设置页码格式。单击【插入】选项卡下【页眉和页脚】功能组中【页码】的下拉列表，选择【设置页码格式】，如图 3-52 所示，在弹出的【页码格式】对话框中选择【编号格式】为罗马大写，【页码编码】勾选【起始页】，设置为“I”，单击【确定】，如图 3-53 所示。

图 3-52 【页码】下拉列表

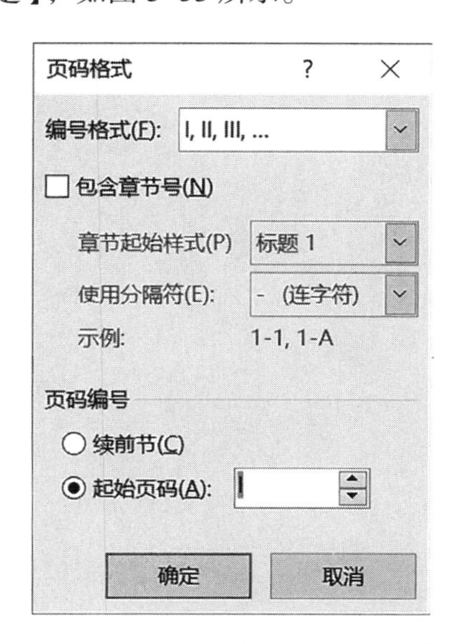

图 3-53 【页码格式】设置对话框

步骤 8　返回【页眉和页脚】功能组的【页码】按钮处，在弹出的下拉列表中选择【页面底端】-【普通数字 2】即可，如图 3-54 所示。

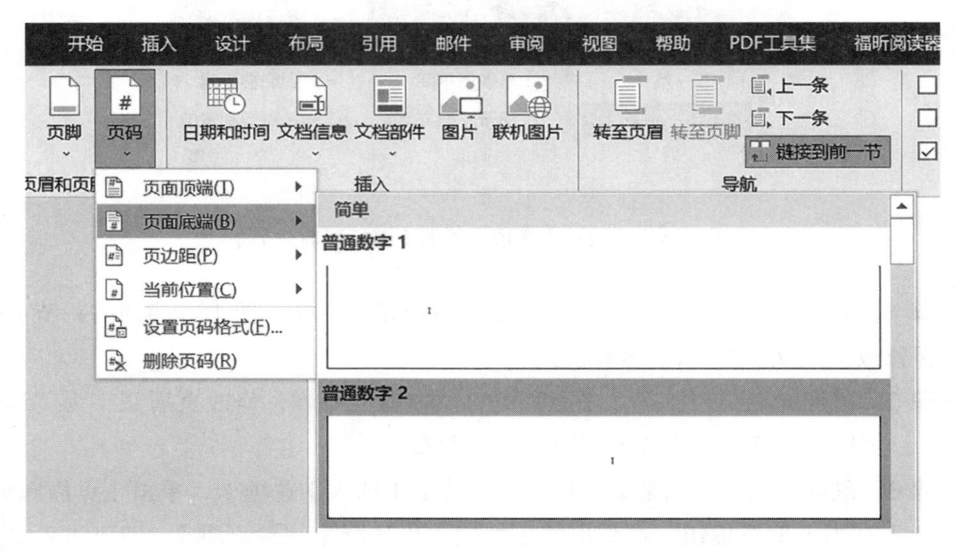

图 3-54　【页码】-【页面底端】-【普通数字 2】设置

步骤 9　光标定位在第 3 节正文开始页的页脚页码处，重复步骤 7，设置页码格式为阿拉伯数字，起始页为“1”，如图 3-55 所示。第 3 节包括后续页面的页码即可修改完毕。

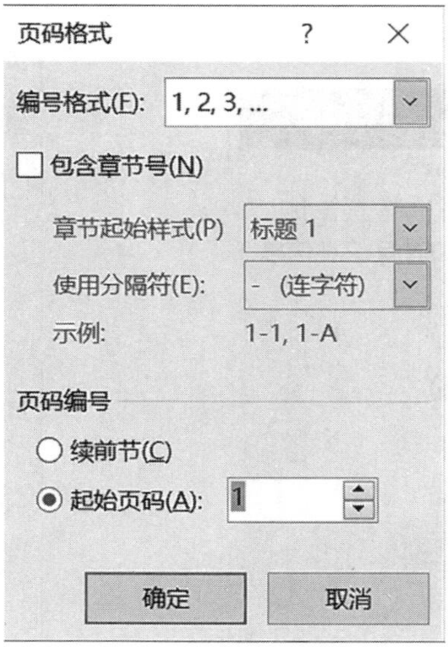

页码格式
编号格式(F): 1, 2, 3, ...
包含章节号(N)
章节起始样式(P) 标题 1
使用分隔符(E): - (连字符)
示例: 1-1, 1-A
页码编号
续前节(C)
起始页码(A): 1
确定
取消

图 3-55　【页码格式】设置对话框

任务 3　修改、新建和应用样式

要求：

（1）修改一级标题样式为“宋体、四号、加粗”，两端对齐，首行缩进 2 个字符，段前段后各是 6 磅的间距，行距为多倍“2.41”。应用一级标题样式。

（2）修改二级标题样式为“宋体、小四号、加粗”，两端对齐，首行缩进 2 个字符，段前段后各是 6 磅的间距，行距为多倍“1.73”。应用二级标题样式。

操作步骤如下：

步骤 1　选择【开始】选项卡，右击【样式】功能组中【标题 1】按钮，在弹出的下拉列表中选择【修改】，如图 3-56 所示。

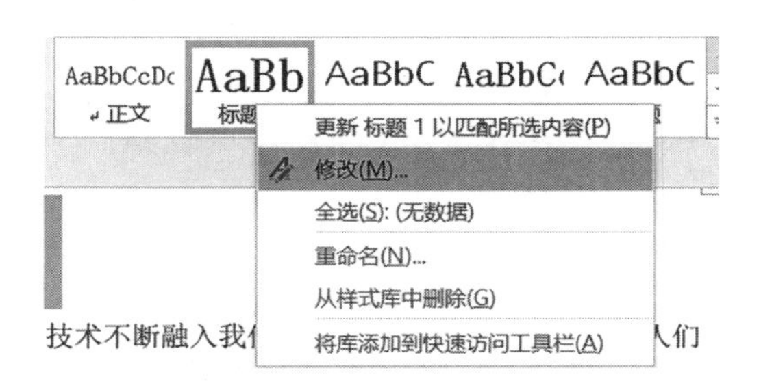

图 3-56　样式修改

步骤 2　在弹出的【修改样式】对话框中，选择左下角的【格式】下拉按钮，在弹出的下拉列表中选择【字体】，如图 3-57 所示，在弹出的【字体】设置对话框中将字体设置为宋体、四号、加粗。确定后返回【修改样式】对话框，再次选择【格式】下拉列表中的【段落】，在弹出的【段落】设置对话框中将段落设置为两端对齐，首行缩进 2 个字符，段前段后各是 6 磅的间距，行距为多倍“2.41”，单击【确定】即可。

步骤 3　依次选中“一、调研基本信息”“二、调研情况分析”“三、调研结论总结”，单击【样式】功能组中的【标题 1】即可应用该标题样式，同时将这三句话设置为了一级标题。

步骤 4　重复步骤 1 和步骤 2 选择修改【标题 2】的样式。在选择正文中所有以“（一）（二）……”开头的标题应用【标题 2】样式，同时这些标题也将成为二级标题。

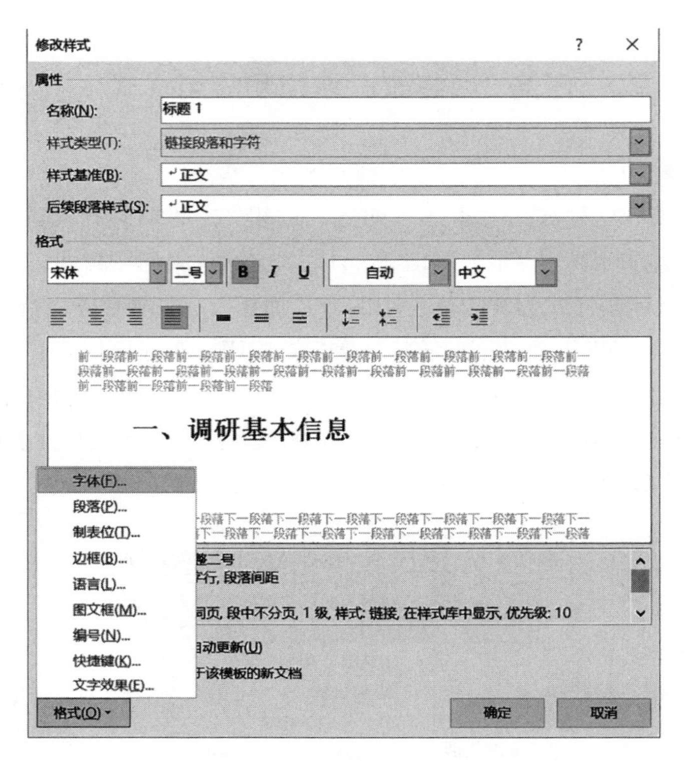

图 3–57 【修改样式】对话框

（3）新建“正文文本”样式，标准为“宋体、小四号，常规”，两端对齐，首行缩进 2 个字符，段前段后为 0 行，行距为 1.5 倍。应用正文文本样式。

步骤 1 选中任意一段正文文本，按要求设置好字体和段落。单击【样式】功能组右边的【其他】按钮，在弹出的列表中选择【创建样式】，如图 3–58 所示，会打开【根据格式化创建新样式】对话框，在【名称】对话框中输入“正文文本”，单击【确定】即可，如图 3–59 所示。

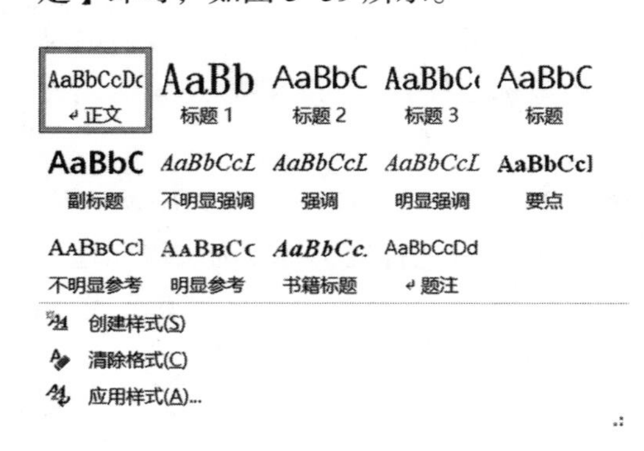

图 3–58 【样式】–【创建样式】

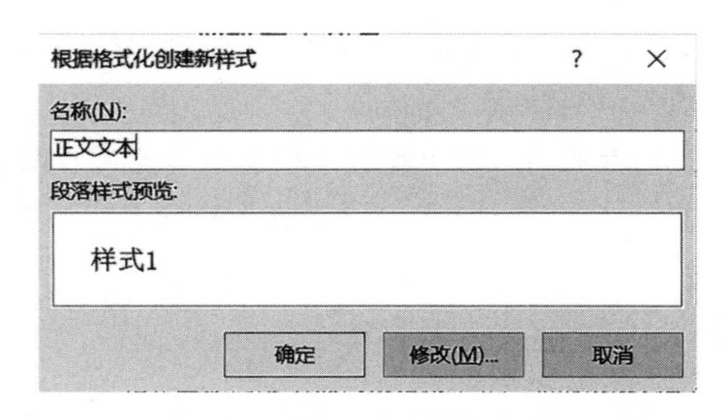

图 3–59 【根据格式化创建新样式】对话框

步骤 2　选择需要应用“正文文本”样式的文本，单击【样式】功能组中的【正文文本】样式按钮即可应用样式。

任务 4　编辑题注和交叉引用

（1）图的题注插在图形的下方，图的标注文本左边，与标注文本一起“居中”对齐。

操作步骤如下：

步骤 1　选中第一个图，选择【引用】选项卡，单击【题注】功能组中的【插入题注】按钮，会弹出【题注】设置的对话框，如图 3-60 所示。

步骤 2　在【题注】对话框，单击【新建标签】按钮，弹出【新建标签】对话框，在【标签】对话框输入“图”，单击【确定】，如图 3-61 所示。这样就新建了一个“图标签”。

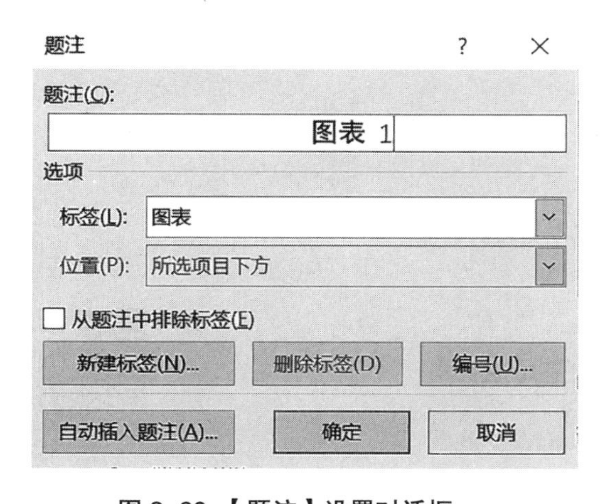

图 3-60 【题注】设置对话框

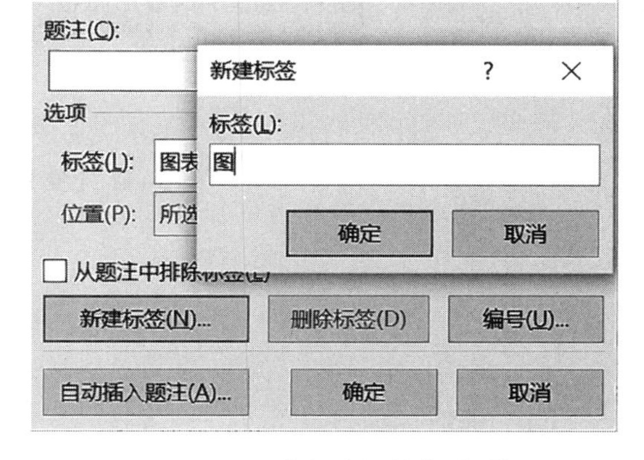

图 3-61 【新建标签】对话框

步骤 3　返回到【题注】对话框，在【标签】列表中选择标签【图】选项，单击【确定】，即在图下方插入题注【图 1】，在后面添加上图的标题。

步骤 4　同样方法完成全文 35 张图题注的插入。

（2）给文档适当位置插入应引用图表题注编号。

步骤 1　选中需要建立引用自动编号的位置，选择【引用】选项卡下的【题注】功能组，单击【交叉引用】按钮，打开【交叉引用】对话框，在【引用类型】下拉列表里选择【图】，在【引用内容】下拉列表里选择【仅标签和编号】，在【引用哪一题注】中根据需要选择相应的图题注，单击【插入】即可，如图 3-62 所示。

步骤 2　重复步骤 1 的操作步骤，插入完所有的引用题注。

步骤 3　如果文档中有增加或删除图及其题注，就要对题注和引用“域”进行更新。按组合键“Ctrl+A”全选所有内容，按 F9 键，可进行全文“域”的更新。

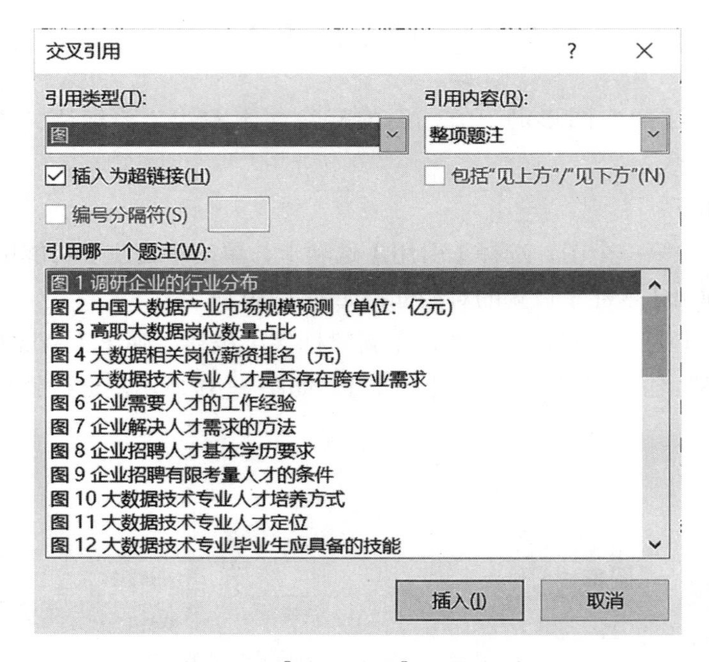

图 3-62 【交叉引用】设置对话框

任务 5　自动生成目录

（1）提取标题目录

操作步骤如下：

步骤 1　在目录页第一行输入“目录”，换行后，选择【引用】选项卡，在【目录】功能组中选择【目录】下拉按钮，在弹出的下拉列表里选择【自定义目录】，就能打开【目录】设置对话框。

步骤 2　在弹出的【目录】设置对话框，勾选【显示页码】【页码右对齐】，常规中【显示级别】为“2”，如图 3-63 所示，单击【确定】即可，就可以自动生成如图 3-64 所示目录样式。

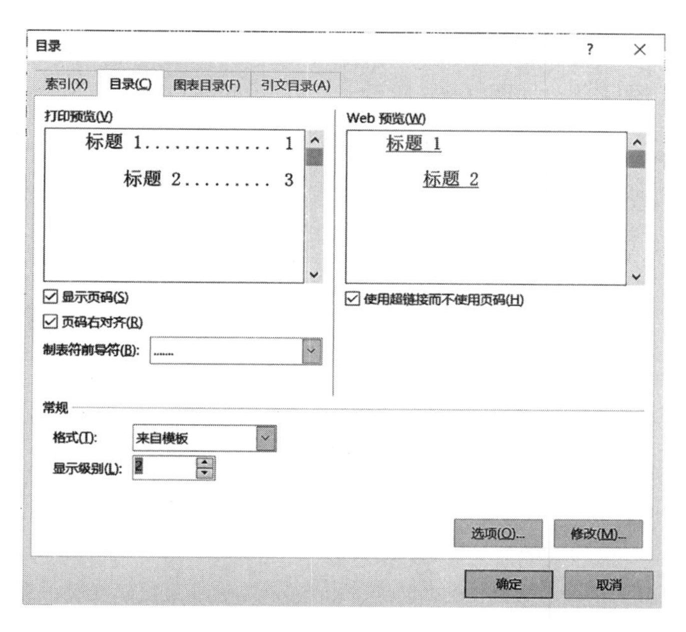

图 3-63 【目录】设置对话框

目录

一、调研基本信息 1
二、调研情况分析 3
（一）大数据行业调研 3
（二）酒店信息数字化方向行业调研 11
（三）学校调研 14
三、调研结论总结 22
（一）人才培养 22
（二）校企合作 22
（三）课程体系 23
（四）师资团队 24
（五）专业特色 24

图 3-64　标题目录样式

（2）提取图目录

操作步骤如下：

步骤 1　在标题目录下换行，输入“图目录”，换行后，选择【引用】选项卡，单击【题注】功能组的【插入表目录】按钮。

步骤 2　在弹出的【图表目录】对话框中，选择【图表目录】选项卡，常规中的

【题注标签】下拉列表中选择【图】，其余可以选择默认，或者按如图 3-65 所示，单击【确定】，即可插入图目录，如图 3-66 所示。

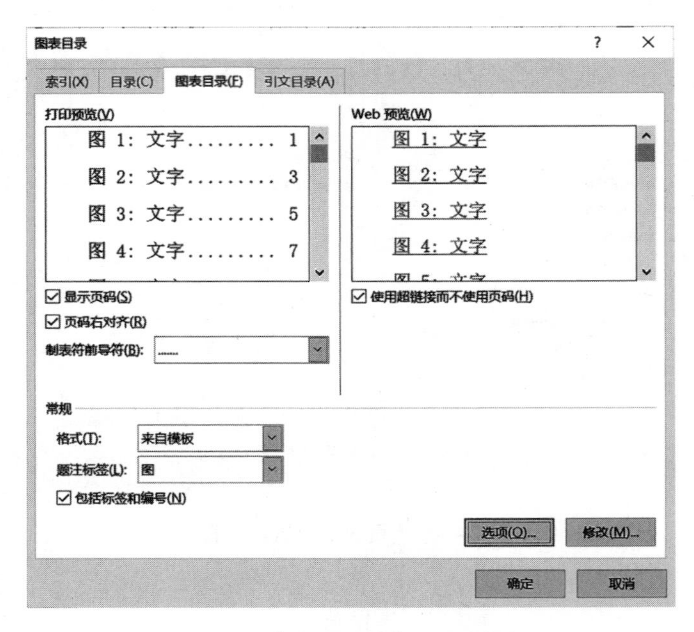

图 3–65 【图表目录】设置对话框

图目录

图 3–66 图表目录样式项目 3.5 Word 2016 批量处理

项目 3.5 批量制作计算机等级考试成绩单

通过邮件合并，可以创建一批针对每个收件人进行个性化设置的文档。例如，可以对套用信函进行个性化设置，从而使用姓名来称呼每位收件人。会有一个数据源（如列表、电子表格或数据库）与文档相关联。占位符（称为合并域）用于指示 Word 要在文档中的何处添加来自数据源的信息。

1. 项目要求

本项目以“计算机等级考试成绩单”为例，介绍邮件合并功能，为每一位参加计算机二级考试的同学生成自己的成绩单，最终效果如图 3-67 所示。

计算机等级考试成绩单

姓名	准考证号	报考级别	成绩	显示结果
李波	49010314002	二级	88	良好

计算机等级考试成绩单

姓名	准考证号	报考级别	成绩	显示结果
刘小丽	49010314006	二级	42	不及格

计算机等级考试成绩单

姓名	准考证号	报考级别	成绩	显示结果
张海	49010314007	二级	77	及格

计算机等级考试成绩单

姓名	准考证号	报考级别	成绩	显示结果
汪第	49010314010	二级	46	不及格

图 3-67　邮件合并效果图

2. 相关知识

邮件合并是 Office Word 软件中一种可以批量处理的功能。在 Word 中，先建立两个文档：一个 Word 包括所有文件共有内容的主文档（比如，未填写的信封等）和一个包括变化信息的数据源 Excel 或者 Word（填写的收件人、发件人、邮编等），然后使用邮件合并功能在主文档中插入变化的信息，合成后的文件用户可以保存为 Word 文档，可以打印出来，也可以以邮件形式发出去。

邮件合并的流程：制作主文档和数据源文件—邮件合并（建立主文档和数据源的关联）—插入合并域（将数据源中相关字段插入主文档指定位置）—根据需要对数据进行筛选—完成并合并。

（1）主文档

主文档是指在 Word 的邮件合并操作中，所含文本和图形对合并文档的每个版本都相同的文档，如套用信函中的寄信人地址和称呼。本项目中主文档就是“计算机等级考试成绩单”，如图 3-68 所示。

计算机等级考试成绩单

姓名	准考证号	报考级别	成绩	显示结果

图 3-68　主文档效果图

（2）数据源

对于邮件合并而言，列表或数据库也称为数据源。对于邮件合并可以选择用作数据源的列表类型由新列表和现有列表。

新列表：选择“键入新列表”，然后使用打开的表单来创建列表。列表以数据库（.mdb）文件的形式保存，可重复使用。

现有列表：可使用 Excel 电子表格（如图 3-69 所示）、Access 数据库，或者某种其他类型的数据库。

姓名	准考证号	报考级别	成绩	显示结果
李波	49010314002	二级	88	良好
王辉	49010314003	三级	56	不及格
赵军伟	49010314004	三级	66	及格
吴圆	49010314005	一级	92	优秀
刘小丽	49010314006	二级	42	不及格
张海	49010314007	二级	77	及格
肖笑	49010314008	三级	65	及格
薛陈	49010314009	一级	78	及格
汪第	49010314010	二级	46	不及格
孙的	49010314011	三级	89	良好
学鹏	49010314012	二级	90	优秀
王为	49010314013	一级	45	不及格
莫迪	49010314014	一级	87	良好

图 3-69　数据源效果图

注意：无论将哪种类型的文件用作数据源，请务必将其保存在本地计算机或文件共享上；邮件合并不支持保存在 HTTP 位置。

3. 项目实现

任务 1　邮件合并

步骤 1　打开主文档“主文档：计算机成绩单 .DOCX”。

步骤 2　选择【邮件】选项卡，单击【开始邮件合并】功能组中的【开始邮件合并】下拉按钮，在弹出的下拉列表中选择【普通 Word 文档命令】，如图 3-70 所示。

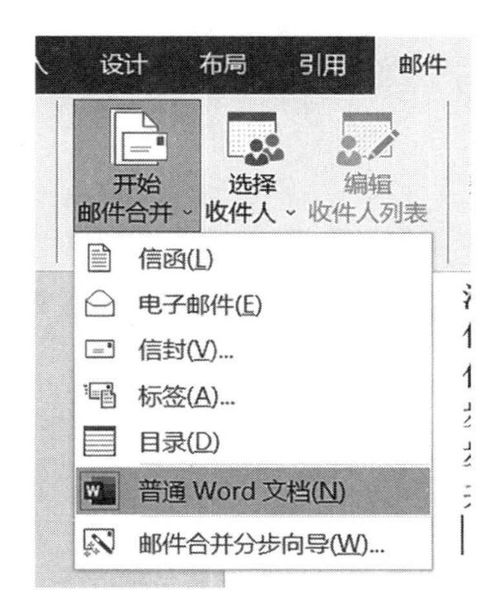

图 3-70 【邮件】-【开始邮件合并】列表

步骤 3　单击【开始邮件合并】功能组中的【选择收件人】下拉按钮，在弹出的下拉列表中选择【使用现有列表】按钮，如图 3-71 所示。

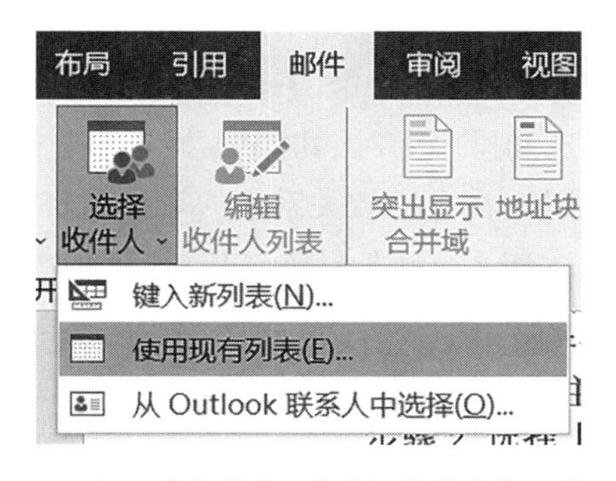

图 3-71 【邮件】-【选择收件人】列表

步骤 4　在弹出的【选取数据源】对话框中选择数据源文件“数据源：成绩单.xlsx”表格，单击【打开】按钮，如图 3-72 所示。

图 3-72　选取数据源对话框

任务 2　数据筛选

步骤 1　单击【开始邮件合并】功能组中的【编辑收件人列表】，弹出【邮件合并收件人】对话框，单击【筛选】按钮，如图 3-73 所示。

步骤 2　在弹出的【筛选和排序】对话框中选择【筛选记录】选项卡，在【域】的下拉列表里选择【报考级别】，在【比较关系】的下拉列表里选择【等于】，在【比较对象】的下拉列表里选择【二级】，单击【确定】，如图 3-74 所示，即可筛选出考了计算机二级的学生信息。

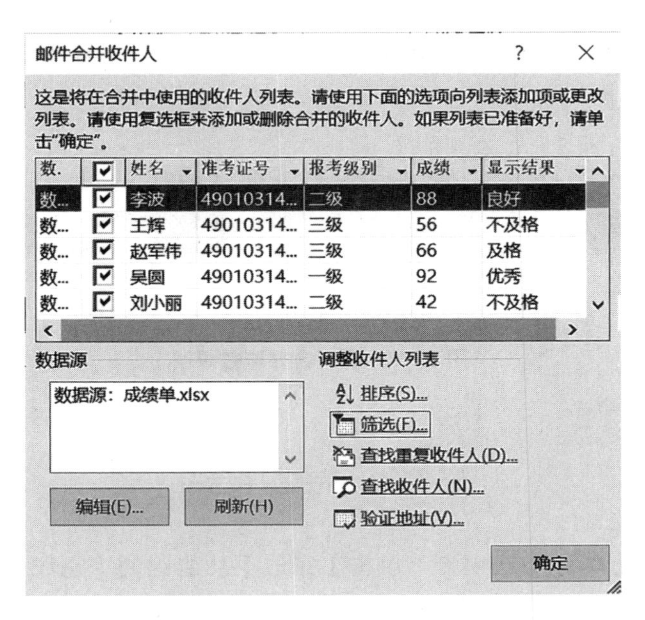

图 3–73　编辑数据源信息对话框

筛选和排序
筛选记录(F)　排序记录(O)
域:　比较关系:　比较对象:
报考级别　等于　二级
与
全部清除(C)　确定　取消

图 3–74　数据源编辑的【排序和筛选】设置对话框

任务 3　插入合并域

步骤　返回主文档的文本编辑区，光标放置在"姓名"列下面的单元格，选择【邮件】选项卡，单击【编写和插入域】功能组中的【插入合并域】下拉按钮，在弹出的下

拉列表中选择【姓名】，同理插入【准考证号】、【报考级别】、【成绩】、【显示结果】各个域，如图 3-75 所示。

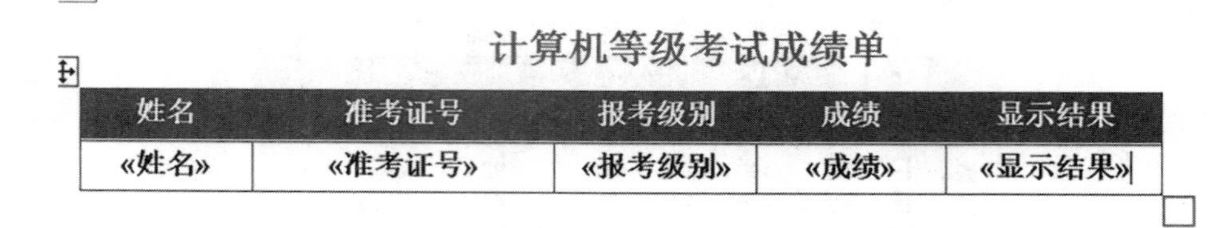

计算机等级考试成绩单

姓名	准考证号	报考级别	成绩	显示结果
«姓名»	«准考证号»	«报考级别»	«成绩»	«显示结果»

图 3-75　插入合并域效果图

任务 4　完成并合并

步骤 1　选择【邮件】选项卡，单击【完成】功能组的【完成并合并】下拉按钮，在弹出的下拉列表中选择【编辑单个文档】。

步骤 2　在弹出的【合并到新文档】对话框中选择【合并记录】中的【全部】，单击【确定】，如图 3-76 所示。会出现一个新的 Word 文档，名为“信函 1.DOCX”，就是邮件合并的结果。

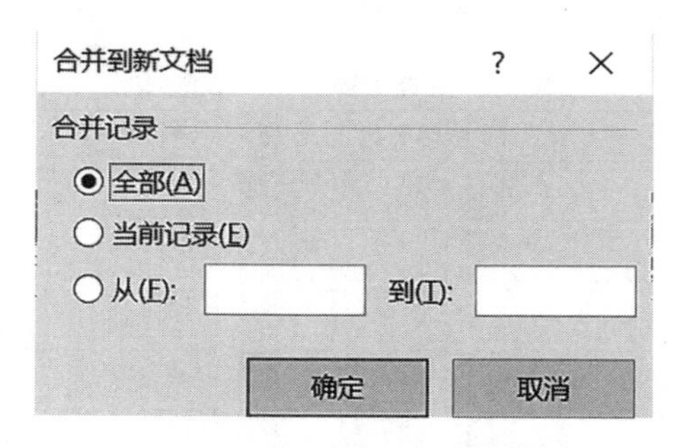

图 3-76　【合并到新文档】对话框

步骤 3　光标定位在“信函 1.DOCX”文档里，选择【布局】选项卡，单击【页面设置】功能组右下角的页面设置按钮。

步骤 4　在弹出的【页面设置】对话框中，选择【布局】选项卡，在【节】中选择节的起始位置为【接续本页】，在【应用于】下拉列表中选择【整篇文档】，单击【确定】，如图 3-77 所示，即可将所有邮件合并的结果集中在一页显示。

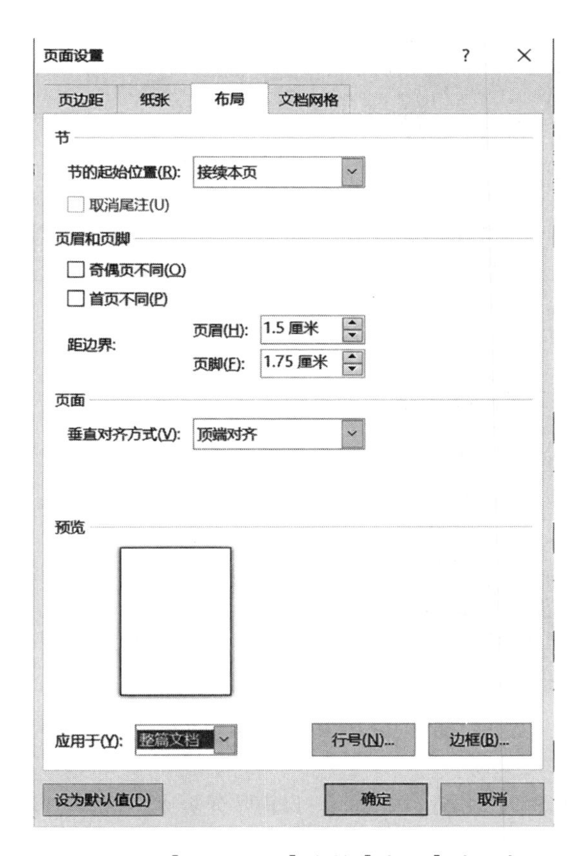

图 3–77 【页面设置】中的【布局】选项卡

4. 拓展学习

文档的打印设置

当我们的文档编辑排版完毕，就可以打印成纸质版本的了。单击【文件】–【打印】，或者使用快捷键“Ctrl + P”。

● 打印预览

单击【文件】–【打印】命令，就可以弹出【打印窗口面板】，打印预览内容就在窗口的右侧。

● 打印文档

在打印文档窗口的左侧，可以进行打印设置，如图 3–78 所示，【打印机】是用来选择可使用的打印机，【设置】是用来做打印的页数范围的设置，【页数】中可以选择打印的页数。

图 3-78　打印的相关参数设置

打印全部页面：选择【设置】中的【打印所有页】，选择打印的份数，选择单面或者双面打印。

打印当前页：打开文档浏览至你要打印的那一页，选择【设置】中的【打印当前页面】，可以选择打印的份数。

打印不连续页面：在【设置】中选择【打印自定义范围】，输入需要打印的页数，例如：1，3，5（打印第一，第三，第五页）；1，3，7-9（打印第一，第三，第七，第八，第九页）。

打印部分文字：先在文中选择需要打印的文字，然后在【设置】中选择【打印所选内容】。

课后练习

一、对文档“短篇文档：面朝大海 .docx”中的文字进行编辑、排版和保存，具体要求如下：

1. 查找全篇，将文字“嗨”替换为“海”。

2. 将文章标题“面朝大海，春暖花开”，水平居中对齐，字体设置为“楷体、小三号、加粗、蓝色”，“5 磅，橙色，主题 2”的发光文本效果。

3. 将作者名称“海子”设置为“宋体、五号”，水平居中对齐。

4. 将诗歌正文设置字体为“宋体、小四号”，水平居中对齐，段落间距为“20 磅”。

5. 将文字“作者简介”，设置为“楷体、小四号、加粗、倾斜、蓝色”，并添加着重号，段前段后间距为“1 行”。

6. 将文档的最后两段设置为“宋体、五号”，首行缩进 2 个字符，段落间距为 1.5 倍行距。

7. 对倒数第二段设置首字下沉，下沉行数为 2 行，距正文 0.1 厘米。

8. 为最后一段文本添加“红色、双实线、0.5 磅”的段落边框，“5% 的红色图案样式”底纹。

9. 样文效果如图 3–79 所示。

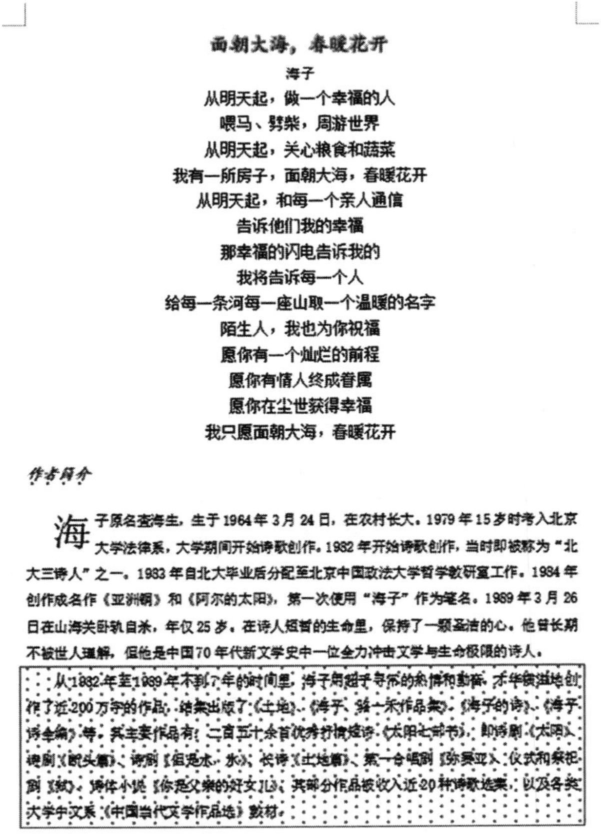

面朝大海，春暖花开

海子

从明天起，做一个幸福的人
喂马、劈柴，周游世界
从明天起，关心粮食和蔬菜
我有一所房子，面朝大海，春暖花开
从明天起，和每一个亲人通信
告诉他们我的幸福
那幸福的闪电告诉我的
我将告诉每一个人
给每一条河每一座山取一个温暖的名字
陌生人，我也为你祝福
愿你有一个灿烂的前程
愿你有情人终成眷属
愿你在尘世获得幸福
我只愿面朝大海，春暖花开

作者简介

海子原名查海生，生于 1964 年 3 月 24 日，在农村长大。1979 年 15 岁时考入北京大学法律系，大学期间开始诗歌创作。1982 年开始诗歌创作，当时即被称为“北大三诗人”之一。1983 年自北大毕业后分配至北京中国政法大学哲学教研室工作。1984 年创作成名作《亚洲铜》和《阿尔的太阳》，第一次使用“海子”作为笔名。1989 年 3 月 26 日在山海关卧轨自杀，年仅 25 岁。在诗人短暂的生命里，保持了一颗圣洁的心。他曾长期不被世人理解，但他是中国 70 年代新文学史中一位全力冲击文学与生命极限的诗人。

从 1982 年至 1989 年不到 7 年的时间里，海子用超乎寻常的热情和勤奋，才华横溢地创作了近 200 万字的作品，结集出版了《土地》、《海子、骆一禾作品集》、《海子的诗》、《海子诗全编》等。其主要作品有：二百五十余首优秀抒情短诗、《太阳七部书》，即诗剧《太阳》、诗剧《断头篇》、诗剧《但是水、水》、长诗《土地篇》、第一合唱剧《弥赛亚》、仪式和祭祀剧《弑》、诗体小说《你是父亲的好女儿》。其部分作品被收入近 20 种诗歌选集，以及各类大学中文系《中国当代文学作品选》教材。

图 3–79 “短篇文档：面朝大海”样文效果

二、制作主题电子小报

目前，人工智能作为一个越来越热的话题，不断冲击着当代公众的生活。从 IBM 的

“深蓝”，到众多手机的智能；从《超能陆战队》中“大白”，到谷歌研发的无人驾驶技术……一次又一次的技术革新，正不断地完善我们的生活。请以“人工智能”为主题，自定搜索图片文字等素材制作一份电子小报，最终效果为一页 Word 文档展示。

制作要求：

- 新建一个 Word 文档，进行版面布局设计
- 进行版面设置（页面设置、添加版面、添加页眉页脚）
- 插入对象（图片、艺术字、形状、文本框和 SmartArt 图形等）

三、对文档“表格练习 .docx”中的文字进行编辑、排版和保存，具体要求如下：

1. 将“部分商品利润分析表”下的文本转换成 6 列 10 行的表格形式，列宽为固定值 2.3 厘米，文字分隔位置为制表符，表格对齐方式为居中，单元格内容所有也均水平居中。

2. 在表格最下方插入一行，前 3 个单元格合并，添加文本“合计”，后面依次用公式计算“进价”“售价”“利润”的总和，保留小数点后 1 位。

3. 表头行（第一行）高度调整为“1.1 厘米”，字体为“黑体、小四号、加粗”，其余字体，中文为“仿宋”，西文为“Times New Roman”。

4. 表头行底纹为“浅蓝”色，下框线为红色虚线。

5. 表格标题“部分商品利润分析表”设置为“楷体、小四号、加粗”，并添加双波浪下画线，段后间距为 0.5 行。

6. 样文效果如图 3–80 所示。

部分商品利润分析表

货品代码	商品名称	商品类别	进价	售价	利润
1001	领带	服饰类	10	18	8
1002	西服	服饰类	55	80	25
1003	皮鞋	服饰类	50	80	30
1004	毛毯	家用品	20	30	10
1005	吊扇	家电类	170	195	25
1006	自行车	家用品	180	230	50
1007	座扇	家电类	30	45	15
1008	儿童学步车	家用品	50	80	30
1009	手电筒	家用品	5	7	2
合计			570.0	765.0	195.0

图 3–80 “部分商品利润分析表”样文效果

四、结合自身实际情况，制作精美的个人求职简历。

制作要求：

- 页面大小为 A4，其他格式不限
- 简历中应包含以下信息：个人基本信息（姓名、性别等）、求职意向、教育背景、实践经历、奖励情况、职业技能和其他信息
- 运用排版技术对图片、文本格式等进行设置
- 可以利用表格或文本框来搭建框架

五、大学生毕业论文排版

利用“大学生毕业论文 .docx”文档来进行编辑、排版，具体要求如下：

1. 页面设置：上 2.5 厘米，下 2.5 厘米，左 3 厘米，右 3 厘米；页眉 1.5 厘米，页脚 1.75 厘米。行距采用固定值 20 磅，标准字符间距。

2. 论文封面：（统一格式如图 3–81 所示）

毕业设计（论文）

题目：

系（院） ____________________

专业班级 ____________________

学　　号 ____________________

学生姓名 ____________________

指导教师 __________　**职　　称** __________

指导教师 __________　**职　　称** __________

年　月　日

图 3–81　毕业论文封面效果图

3.“题目”用小二号黑体字、居中。

4.“摘要”用三号黑体字、空两格；摘要内容用小四号宋体字。“关键词”用三号黑体字、空两格；关键词内容用小四号宋体字，关键词之间用分号间隔。

5. 目录为自动生成，“目录”二字用小二号黑体字、居中；目录内容列出第一级标题和第二级标题；前者用四号黑体字，后者用四号宋体字，居左顶格、独占行，每一级标题后应标明起始页码。

6. “正文”用小四号宋体字，首行缩进 2 个字符，段落间距为 20 磅；“参考文献”用小 4 号黑体字，资料名称用五号宋体字；图表字号采用五号宋体字。

7. 从正文开始编页眉和页脚，每一章节另起一页，每一页页眉的文字为该页内容所在的章节名，用五号宋体字，页眉的上边距为 2 厘米；页脚的下边距为 1.8 厘米。论文页码从正文部分开始，至最后的致谢止，用五号阿拉伯数字连续编排，页码位于下端居中。

8. 表格的表序和表题写在表格上方正中，表序后空一格书写表题。表序使用题注来生成，如表 2–3；表格允许下页接写，表题可省略，表头应重复写，并在右上方写“续表 ××”。表题用五号黑体字，表格内容用五号宋体。表格位于正文中引用该表格字段的后面。如需引用表格，使用交叉引用，引用内容仅标签和编号。

9. 图片的图序和图题放在图片下方居中处。图序使用题注来生成，如图 3–1；图题用五号黑体字，图内用五号宋体。插图位于正文中引用该插图字段的后面。如需引用图片，使用交叉引用，引用内容仅标签和编号。

10. 可以参考“毕业论文模板 .docx”文档。

六、邮件合并：打开“主文档 .docx”文档，利用邮件合并功能，将“数据源 .xlsx”作为收件人信息，进行邮件合并，合并结果在一页显示。效果如图 3–82 所示。

花纹艺术科技有限公司工资条

序号：1

姓名	部门	基本工资	奖金	福利
刘宽	设计部	1450	150	200

花纹艺术科技有限公司工资条

序号：2

姓名	部门	基本工资	奖金	福利
欧文	设计部	1578	150	200

花纹艺术科技有限公司工资条

序号：3

姓名	部门	基本工资	奖金	福利
氛围	设计部	1389	150	200

花纹艺术科技有限公司工资条

序号：4

姓名	部门	基本工资	奖金	福利
江丽	设计部	1675	250	250

图 3–82　邮件合并样文效果

单元 4　Excel 2016 电子表格

Excel 2016（以下简称 Excel）是微软公司 2016 年出版的办公软件 Office 2016 的组件之一，具有强大的数据管理功能，可以轻松完成数据输入、计算、统计、分析、打印及可视化操作，也是目前使用最广的个人计算机数据处理软件。和以往版本相比，Excel 2016 在主题色彩、功能检索、查询、预测、透视、地图等方面功能都有所增强。

本单元通过 4 个案例介绍 Excel 2016 的使用方法，包括工作簿的基本操作，工作表建立与格式化，公式与函数的使用，图表的制作与美化，数据清单的管理与分析等内容。

项目 4.1　制作酒店员工信息表

Excel 和 Word 都可以用来制作表格，但 Excel 在表格数据的填充和验证方面可以提供便利的操作，特别是在数据计算、统计方面更是方便和高效。

本项目通过某酒店新进员工名信息表的制作，介绍了 Excel 的基本应用，主要任务包括：新建并保存工作簿；工作表管理；数据输入；数据编辑；数据格式化；工作表打印；工作表保护等。

1. 项目要求

在工作表中输入某酒店 2021 年新员名单，效果如图 4-1 所示。制作完成后对该工作表进行打印、保护和保存。

	A	B	C	D	E	F	G
1	2021年新员工名单						
2							
3	工号	姓名	性别	年龄	部门	联系电话	入职时间
4	21001	沈小彤	女	23	销售部	19961867668	2021年7月1日
5	21002	张荣江	女	21	餐饮部	13307991186	2021年7月1日
6	21003	王恒	男	22	餐饮部	13920842232	2021年7月1日
7	21004	陈鑫	男	41	工程部	11284272575	2021年7月1日
8	21005	李林	男	30	工程部	15282152053	2021年7月1日
9	21006	王佳琪	女	29	前厅部	12031081798	2021年7月1日
10	21007	吴绍洋	男	25	前厅部	19926652751	2021年7月1日
11	21008	范迎春	女	27	餐饮部	13755692197	2021年7月1日
12	21009	周国庆	男	21	客房部	15871402494	2021年7月1日
13	21010	王建萍	女	36	客房部	14551772049	2021年7月1日

图 4–1　项目 4.1 制作效果

2. 相关知识

（1）工作簿、工作表、单元格

Excel 文件也叫 Excel 工作簿，是计算和存储数据的文件，默认文件扩展名为 .xlsx。每一个工作簿可以由多张工作表组成，用户可以在一个工作簿文件中管理各种不同类型的信息。Excel 2016 在默认情况下，打开的新工作簿中只有 1 张工作表，被命名为 Sheet1。

Excel 工作表是一个二维表格，用户利用工作表可以对数据进行组织和分析，也可以同时在多张工作表中输入或编辑数据，还可以对不同工作表中的数据进行汇总计算。工作表由行与列组成，行以数字命名，如 1，2，3，4…，列以字母命名，如 A，B，C，D…。

单元格是 Excel 工作表的最小单元。单元格可以记录简单的字符或数据，单元格是由行号和列号标识的，如 A1，B3，D8，F5 等。

（2）Excel 2016 的界面

Excel 工作界面主要包括标题栏、功能区、单元格名称框和数据编辑区、工作表区、状态栏等部分。其中在功能区的各个选项卡中集中了绝大多数命令按钮。如图 4–2 所示。

（3）工作簿的新建、打开与保存

①新建工作簿

方法 1：启动 Excel 程序，系统自动新建空白工作簿，用户在保存工作簿时重新命名。

方法 2：已启动 Excel 程序后，单击【文件】选项卡下的【新建】命令，双击【空白工作簿】或其他可用模板。

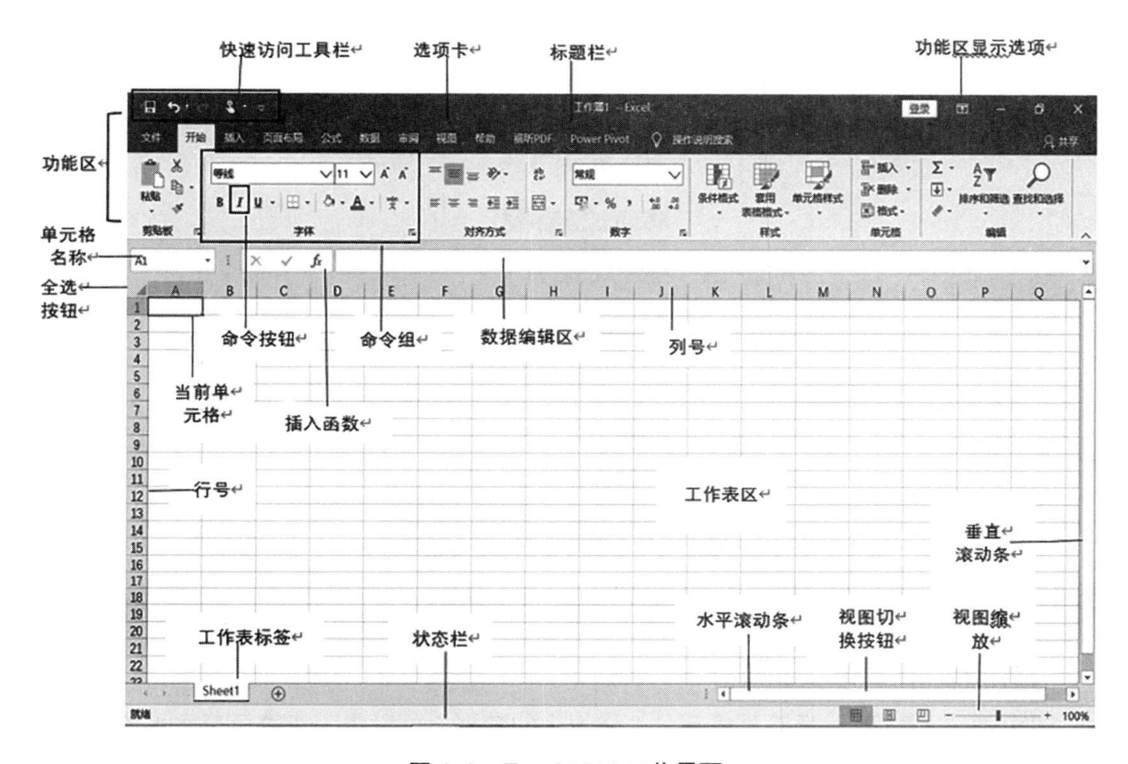

图 4-2　Excel 2016 工作界面

②打开工作簿

方法 1：不启动 Excel，在打开的文件夹中直接双击工作簿图标。

方法 2：启动 Excel，单击【文件】选项卡下的【打开】命令。

③保存工作簿

方法 1：单击【文件】选项卡下的【保存】或【另存为】命令,【另存为】命令可以重新选择存放文件夹及重新命名工作簿名称。

方法 2：单击快速访问工具栏中的【保存】按钮。

（4）工作表的管理

①通过工作表标签完成对工作表的管理

对工作表进行操作前必须先选中工作表对象。单击工作表标签即可选中相应工作表，取消工作表可以通过单击选中工作表之外的其他工作表标签来完成。

单击工作表标签栏中的⊕，可以新建一张空白工作表。

右击工作表标签，在弹出快捷菜单中可以完成工作表的插入、删除、重命名、移动、复制、保护工作表、修改标签颜色、隐藏等操作。如图 4-3 所示。

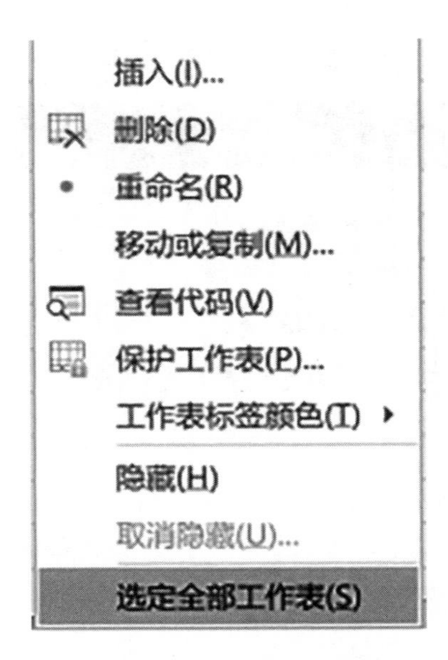

图 4–3 工作表标签快捷菜单

②工作表窗口的拆分和冻结

当工作表较大时，只能显示部分工作表中的数据。可以将工作表窗口水平或垂直方向分割成几个部分，在拆分后有窗口中可以通过滚动条显示工作表中的一部分。

为了在工作表滚动时保持行标题、列标题或其他数据始终可见，可以“冻结”窗口中的部分指定区域，不随工作表其他部分一同移动。

工作表窗口的拆分和冻结操作可以通过【视图】选项卡【窗口】功能组中的【拆分】和【冻结窗口】功能按钮完成。

（5）数据输入

①选中单元格、单元格区域

在输入和编辑单元格内容前，必须先选中单元格或单元格区域。

- 选中单元格：在单元格中单击鼠标即可选中相应的单元格，与 <Shift> 键或 <Ctrl> 键组合可以选中连续或非连续单元格。
- 选中单元格区域：拖动鼠标可以选中相应单元格区域，与 <Shift> 键或 <Ctrl> 键组合可以选中连续或非连续单元格区域。
- 选中整行（列）：单击行（列）号可选中整行（列），与 <Shift> 键或 <Ctrl> 键组合可选中连续的行（列）或非连续的行（列）。在行（列）号上拖动鼠标也可以选中连续的整行（列）。
- 选中整个工作表：单击全选按钮，如图 4–4 所示，可选中整张工作表。

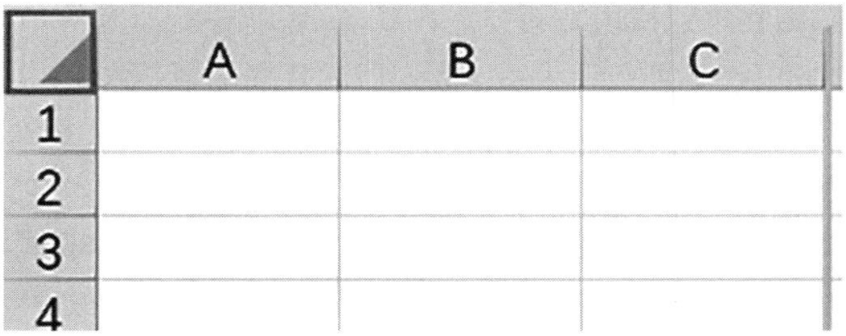

图 4-4　工作表全选按钮

- 取消单元格选中区域：单击选中区域以外的任意单元格，可取消单元格选中区域。

②输入文本型数据

文本就是字符串，是一种说明性的数据描述。文本型数据可由汉字、字母、数字、特殊符号、空格等组成，默认对齐方式为单元格内左对齐。如果文本长度超过单元格宽度，当右侧单元格为空时，超出部分延伸到右侧单元格，当右侧单元格非空时，超出部分隐藏。

当输入的文本全部由数字组成时，如电话号码、邮政编码等，可以以文本形式输入，有以下三种方法实现。

方法 1：在数字前输入单引号，Excel 自动将其当作文本处理。

方法 2：选中输入数字的单元格，在【开始】选项卡【数字】功能组的【数字格式】下拉列表中选择【文本】选项。

方法 3：选中输入数字的单元格，单击【开始】选项卡【数字】功能组右下角的【对话框启动器】按钮，在打开的【设置单元格格式对话框】的【数字】选项卡中完成相关操作。

③输入数值型数据

数值型数据由 0~9 数字以及小数点、+、-、/、￥、$、E、e 等特殊符号组成。默认数值型数据在单元格内右对齐。

输入的数值多于 11 位时自动以科学计数法表示，但编辑栏中仍显示输入内容。

Excel 的数字精度为 15 位，当数字长度超过 15 位时，多余的数字将转换为 0。

带分数输入时在整数与分数之间加一个空格，如 1 1/2 相当于 1 $\frac{1}{2}$。$\frac{4}{5}$输入时要写成 0 4/5。

④输入日期和时间

输入日期（如 2020 年 7 月 1 日）可以采用的形式有 2020/07/01、2020-07-01。默

认日期和时间型数据在单元格内右对齐。在 Excel 系统中，所有的日期都是从 1900/1/1 日开始计算的，1900/1/1 日即被记为第 1 天，所以日期永远是大于 1 的正整数。后面的日期以此类推，到 2020/07/01 已经过了 44013 天，在 Excel 系统中 2020/07/01 和 44013 是数值一样大的数据。

输入时间（如 22 点 48 分）可采用的形式有 22：48 或 10：48pm。

输入日期与时间组合（如 2020 年 7 月 1 日 22 点 48 分）要在日期与时间之间用空格分隔，可采用的形式有 2020/07/01 22：48。

日期和时间可以理解为特殊形式的数字，可以进行算术运算。

⑤输入逻辑值

逻辑型数据有“TURE”（真）和“FALSE”（假）两个值。可以在单元格中直接输入逻辑值“TURE”或“FALSE”，也可通过输入公式得到计算结果为逻辑值。如在单元格中输入公式：=5>6 结果为“FALSE”。

⑥自动填充数据

当工作表中的一些行、列或单元格中的数据有规律时，可使用自动填充数据功能快速输入。主要用于相同内容数据填充、自动预测变化趋势数据填充、按序列填充和自定义序列填充。

实现的方法主要通过拖动选中单元格或单元格区域边框右下角的句柄（如图 4–5 所示）、选中单元格区域右下角的【自动填充选项】下拉列表（如图 4–6 所示）完成。也可以单击【开始】选项卡【编辑】功能组中的【填充】下拉列表中的【序列】按钮（如图 4–7 所示），通过打开【序列】对话框（如图 4–8 所示）来完成。

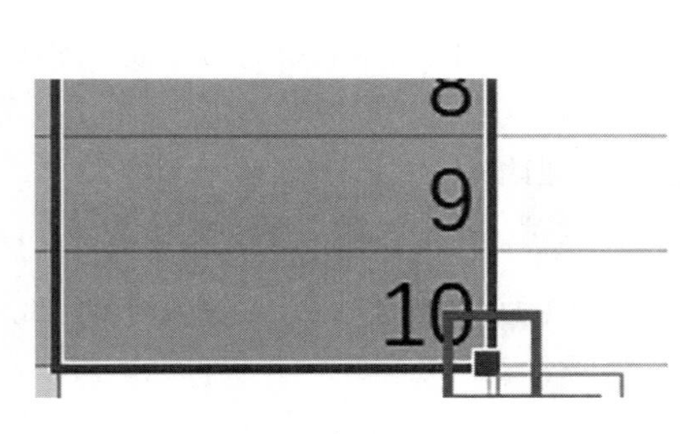

图 4–5　填充句柄

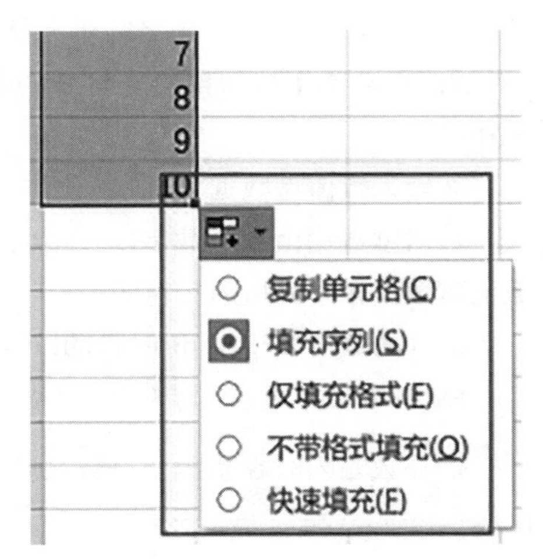

图 4–6　【自动填充选项】下拉列表

向下(D)
向右(R)
向上(U)
向左(L)
至同组工作表(A)...
序列(S)...
内容重排(J)
快速填充(F)

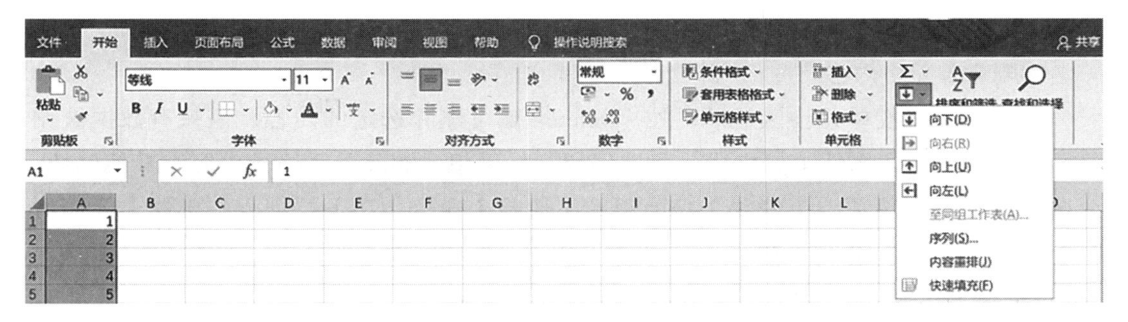

图 4-7 【编辑】功能组中的【填充】下拉列表

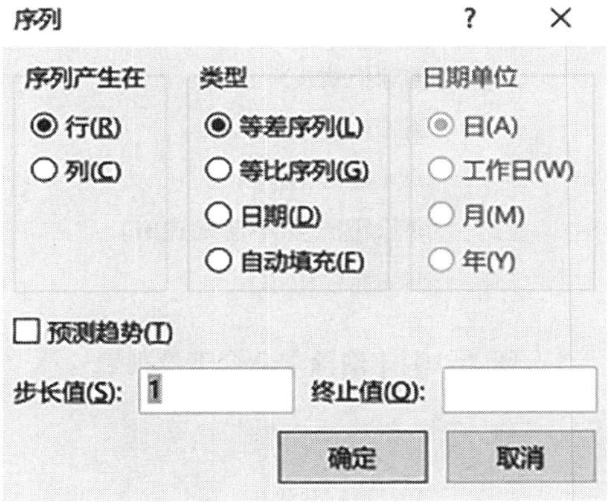

序列
序列产生在
行(R)
列(C)
类型
等差序列(L)
等比序列(G)
日期(D)
自动填充(F)
日期单位
日(A)
工作日(W)
月(M)
年(Y)
预测趋势(T)
步长值(S):
1
终止值(O):
确定
取消

图 4-8 【序列】对话框

⑦设置数据验证

使用数据有效性验证可以限制单元格输入数据的类型和范围等，提高数据输入的准确性。具体应用有设置整数或小数、设置存入的内容序列、设置文本长度、设置输入提示信息、设置出错报告、圈释无效数据等

实现方法是使用【数据】选项卡【数据工具】功能组中的【数据验证】命令来完成。如图 4-9 所示。详细操作见后继项目实现。

数据验证(V)...
圈释无效数据(I)
清除验证标识圈(R)

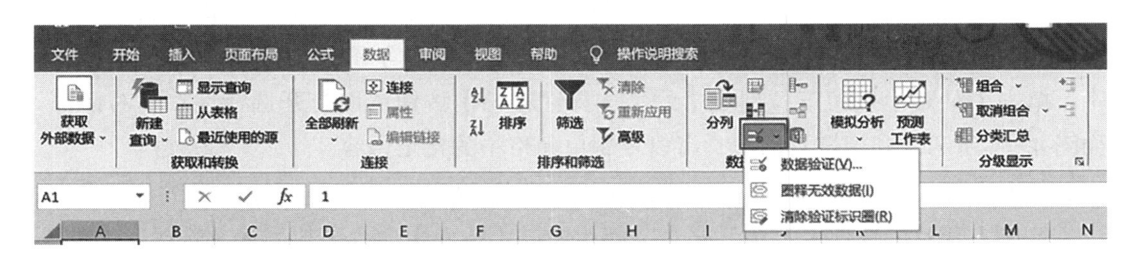

图 4-9 【数据验证】命令

（6）数据编辑

①删除单元格内容

选中单元格或单元格区域后，按 <Delete> 键可删除选定的内容，但只有数据被删除，单元格的其他属性（如格式）仍被保留。如果想要删除单元格的内容和其他属性，可选择【开始】选项卡【编辑】功能组的【清除】命令，在下拉列表中选择【全部清除】、【清除格式】、【清除内容】、【清除批注】等选项完成相关操作。如图 4–10 所示。

图 4–10 【清除】命令下拉列表

②修改单元格内容

方法 1：单击单元格，直接输入新的内容，回车后完成修改。

方法 2：单击单元格，在编辑栏中修改或编辑内容。

③复制或移动单元格内容

除了单元格中的数值、文本外，单元格中的格式、公式、批注等内容也可以复制或移动。

方法 1：选中单元格（区域），单击【开始】选项卡【剪贴板】功能组中的【复制】、【粘贴】或【剪切】、【粘贴】按钮来完成复制和移动操作。

方法 2：选中单元格（区域），将鼠标指针置于选定区域的边框上，当指针变成四向箭头的形状时，按住左键拖动鼠标到目标位置，可以移动单元格内容和格式；在拖动鼠标的同时按住 <Ctrl> 键到目标位置，可以复制单元格内容和格式。

单击【粘贴】按钮下拉列表中的【选择性粘贴】按钮可以打开选择性粘贴对话框，如图 4–11 所示，利用该对话框，可以复制单元格中的特定内容。

④插入行、列与单元格

单击【开始】选项卡【单元格】功能组中的【插入】命令下拉列表，选择其中的不同选项，可以完成单元格、行、列与工作表的插入。

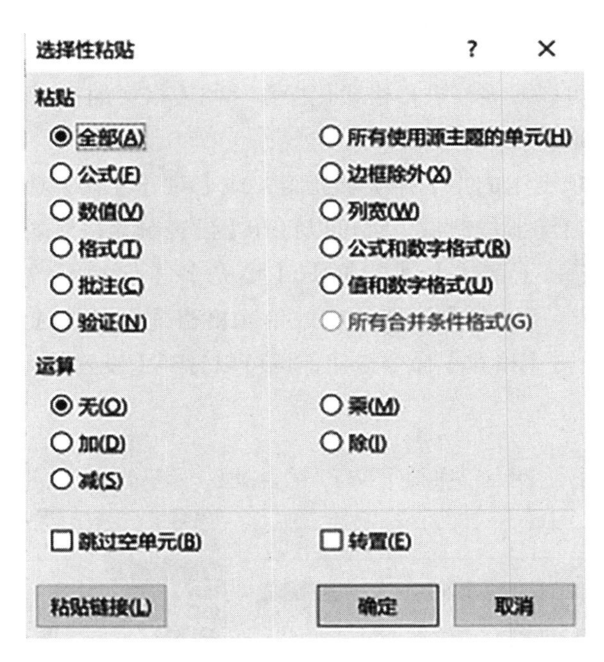

图 4–11　选择性粘贴对话框

⑤删除行、列与单元格

选择要删除的行、列或单元格，单击【单元格】功能组中的【删除】命令，即可完成行、列或单元格的删除操作。其位置将由周围的单元格补充。

选中对象后，单击键盘上的 <Delete> 键仅可删除行、列或单元格中的内容，空白行、列或单元格仍保留在工作表中。

⑥命名单元格

选中单元格（区域）后可以在单元格名称框内重新给单元格（区域）命名。

⑦批注

批注是给单元格加注释文字。选中单元格后，可以通过【审阅】选项卡中【批注】功能组中的各个命令按钮完成批注的新建、编辑、删除和显示等操作。如图 4–12 所示。

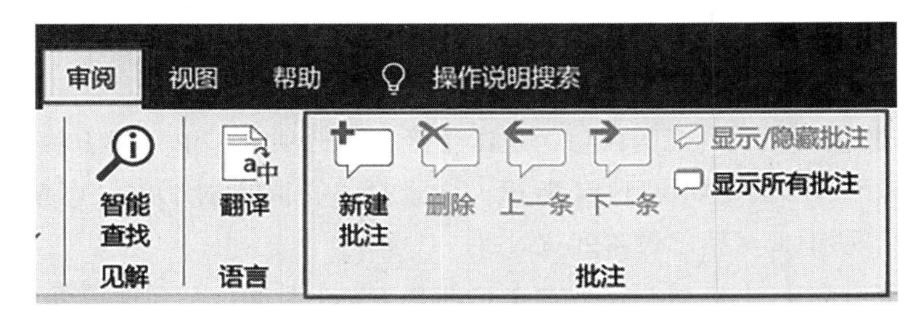

图 4–12 【批注】功能组

（7）格式化工作表

工作表建立后，可以对表格进行格式化操作，使表格更加直观和美观。

①设置单元格格式

单击【开始】选项卡中的【字体】功能组，或【对齐方式】功能组，或【数字】功能组右下角的对话框启动器按钮，都可以打开【设置单元格格式】对话框。该对话框中有【数字】、【对齐】、【字体】、【边框】、【填充】、【保护】6 个选项卡，如图 4-13 所示，利用这些选项卡可以分别设置相应的单元格格式。此外选择【开始】选项卡中【单元格】功能组，单击【格式】命令按钮，也可以打开【设置单元格格式】对话框。

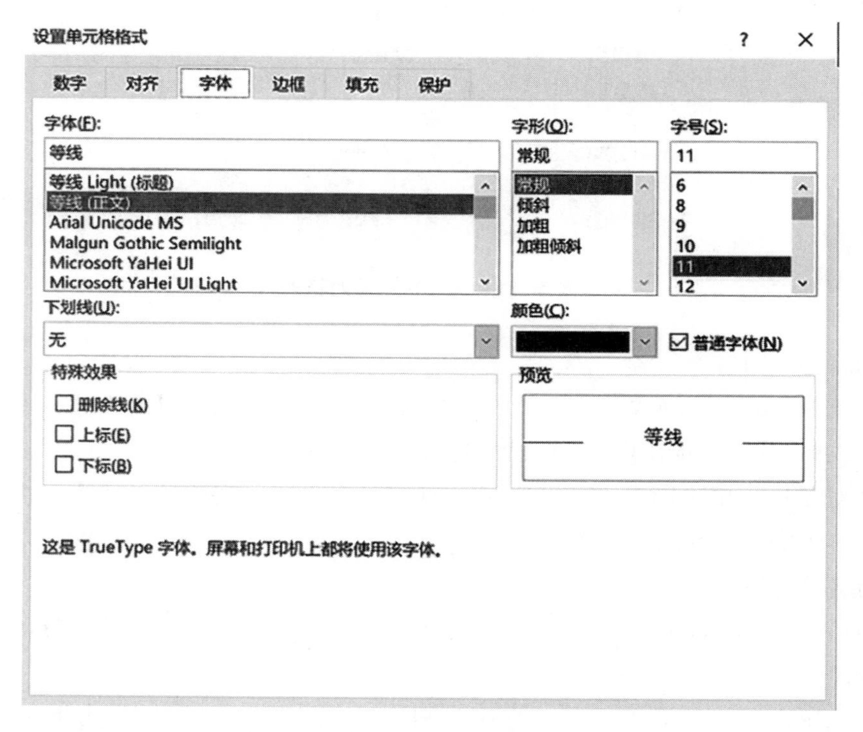

图 4-13 【设置单元格格式对话框】

②设置列宽和行高

方法 1：功能按钮设置

选中需要调整行高或列宽的区域，单击【开始】选项卡【单元格】功能组中的【格式】按钮，在下拉列表（如图 4-14 所示）中选择【行高】对话框，可精确设置行高；选择【列宽】对话框，可精确设置列宽。

【自动调整行高】、【自动调整列宽】功能是 Excel 根据行、列中单元格的具体内容和格式设置最合适的行高或列宽。

方法 2：使用鼠标设置行高、列宽

将鼠标指针指向要改变行高的行号之间或列宽的列号之间的分隔线上，当鼠标指针变成水平或垂直双向箭头形状时，按住鼠标左键并拖动，鼠标指针上方可显示当前行或列的数值，直到调整为合适的高度或宽度。

③设置条件格式

条件格式是指当满足指定条件时更改单元格的外观。可以突出显示所关注的单元格或单元格区域，强调异常值；使用色阶和图标集直观地显示数据，帮助用户直观查看和分析数据。

条件格式的设置是利用【开始】选项卡【样式】功能组中的【条件格式】命令实现的，如图 4-15 所示。

图 4-14 【格式】功能下拉列表

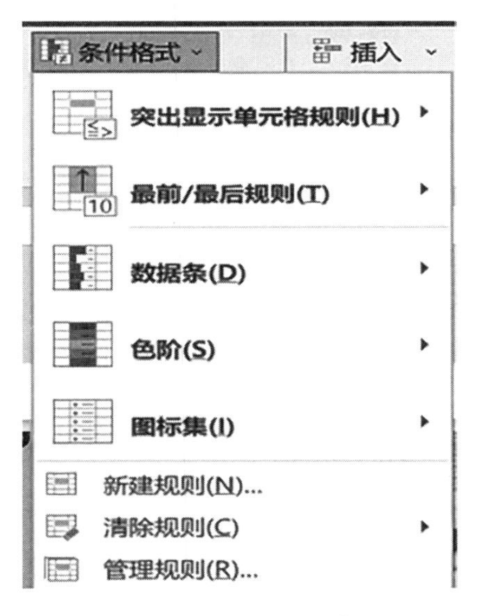

图 4-15 【条件格式】命令

④使用单元格样式

单元格样式是指在单元格中设置字体、字号、对齐、边框和图案等一个或多个格式的组合，将这样的组合命名后加以保存，可供用户反复使用。我们既可以使用 Excel 已定义好的内置样式，也可以自定义特殊的样式。

单元格样式的设置和使用是利用【开始】选项卡【样式】功能组中的【单元格】样式命令完成的。如图 4-16 所示。

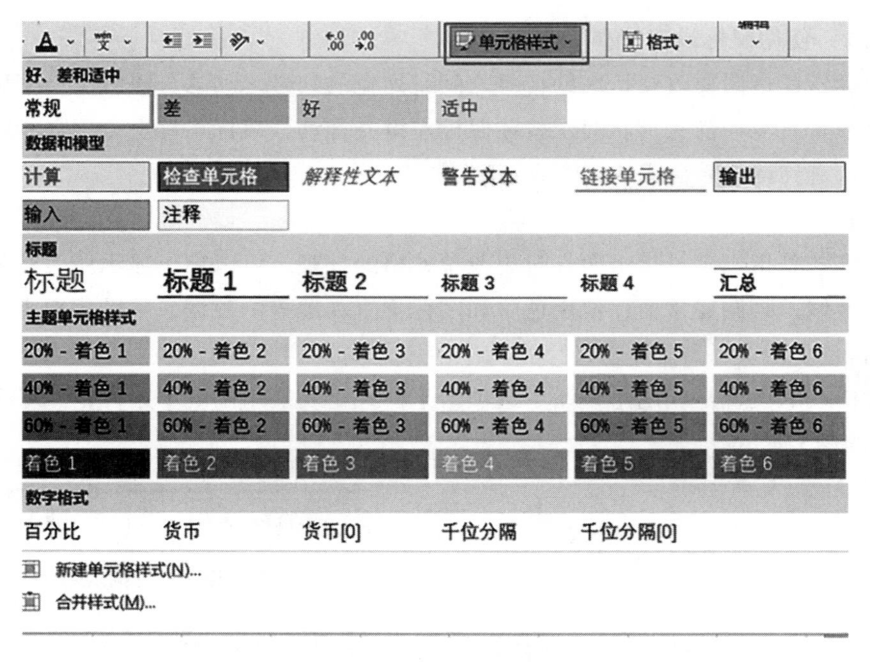

图 4-16 【单元格样式】命令

⑤自动套用格式

自动套用格式是把 Excel 提供的显示格式自动套用到用户指定的单元格区域，这样可使表格更加美观，易于浏览。

自动套用格式是使用【开始】选项卡【样式】功能组中的【套用表格格式】命令完成的，如图 4-17 所示。

⑥使用模板

模板是含有特定格式的工作簿，其工作表结构也已经设置，Excel 模板的文件扩展名为 .xltx。如果某工作簿的格式以后要反复使用，可以把该工作簿保存为模板文件。当需要建立相同格式的工作簿时，直接调用该模板，可以快速建立所需的工作簿。

单击【文件】选项卡【新建】命令，在弹出的【新建】窗口中，可选择提供的模板新建工作簿。这里“空白工作簿”可以理解为最常用的模板。如图 4-18 所示。

⑦使用格式刷复制单元格格式

在【开始】选项卡的剪贴板功能组中有一个格式刷命令按钮，可以将单元格中格式，如颜色、字体、边框等快速应用到其他单元格中，可以理解为格式的复制与粘贴。

操作方法：选中被复制格式的单元格，单击格式刷按钮，当光标变成格式刷形状时，将光标移至新的单元格中拖动，既完成了单元格格式的复制。选中被复制格式的单元格，双击格式刷按钮，可多次进行单元格格式的复制。

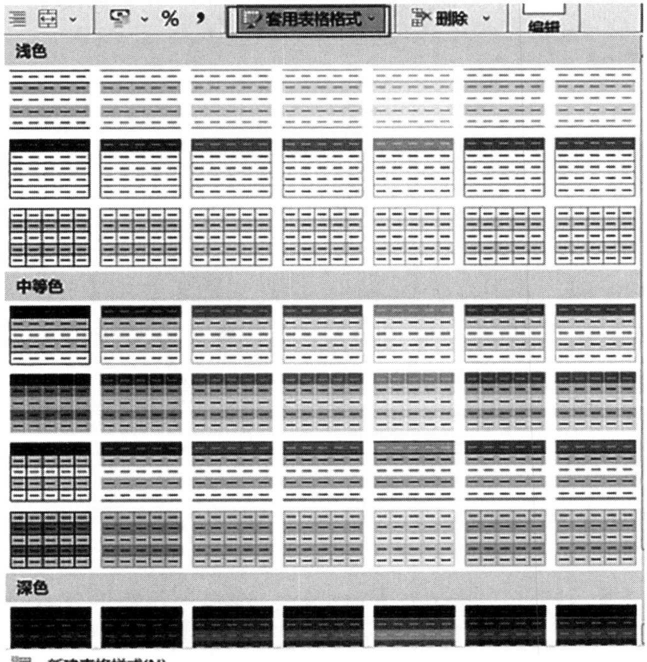

图 4–17 【套用表格格式】命令

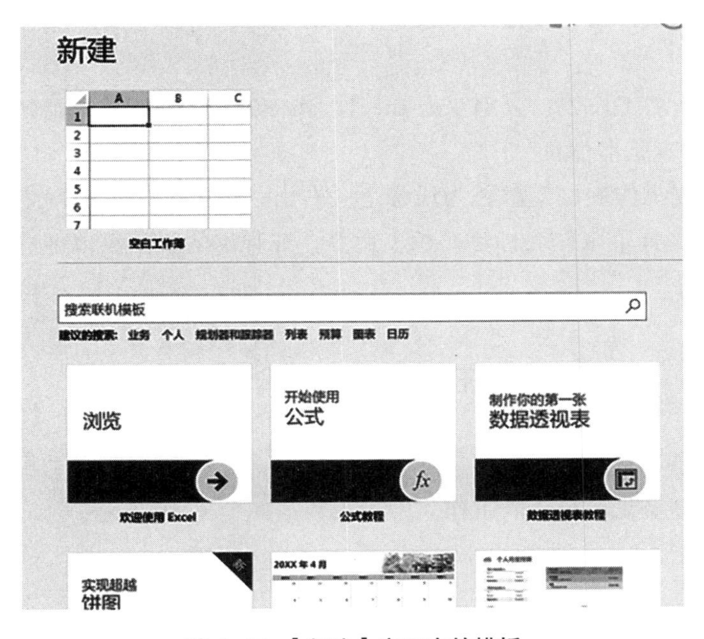

图 4–18 【新建】窗口中的模板

3. 项目实现

任务 1　新建并保存工作簿

步骤 1　启动 Excel，常用方法有 3 种：选择桌面【开始】按钮【所有程序】中的【Excel 2016】菜单命令；或双击桌面快捷方式图标；或直接打开一个已有的 Excel 文件来启动 Excel 程序。

步骤 2　新建工作簿，启动 Excel 时，会自动新建一个名为“工作簿 1.xlsx”的空白工作簿，默认有一个工作表，命名为 sheet1。若在已打开了 Excel 文件的情况下，可选择【文件】选项卡中的【新建】命令，单击【空白工作簿】模板，新建一个工作簿文件。

步骤 3　保存工作簿，选择【文件】选项卡【保存】命令或单击【快速访问工具栏】中的【保存】按钮，打开【另存为】对话框，选择工作簿的保存位置，在【文件名】组合框中输入“项目 4.1”，然后单击【保存】按钮。

任务 2　工作表管理

步骤 1　插入工作表：单击工作表右下方的【新工作表】按钮，插入 1 张新的工作表 sheet2。

步骤 2　重命名工作表：分别双击 shee1、sheet2 工作表标签，重新命名为“新员工信息表”“酒店员工基本信息”。

步骤 3　改变工作表标签颜色为浅绿色：右击“新员工信息表”工作表标签，在弹出的快捷菜单中选择【工作表标签颜色】命令，在弹出的级联菜单中选择【标准色】选项组的【浅绿色】

任务 3　数据输入

（1）数据的基本输入

要求：在“新员工信息表”工作表中输入数据如图 4-19 所示。

操作步骤如下：

步骤 1　选中“新员工名信息表”工作表。

步骤 2　选中 A1 单元格，输入标题“2021 年新员工名单”，按“Enter”键。

	A	B	C	D	E	F	G
1	2021年新员工名单						
2	工号	姓名	性别	年龄	部门	联系电话	入职时间
3		沈小彤		23		19961867668	
4		张荣江		21		13307991186	
5		王恒		22		13920842232	
6		陈鑫		41		11284272575	
7		李林		30		15282152053	
8		王佳琪		29		12031081798	
9		吴绍洋		25		19926652751	
10		范迎春		27		13755692197	
11		周国庆		21		15871402494	
12		王建萍		36		14551772049	

图 4–19　“新员工信息表”工作表

步骤 3　选中 A2 单元格，输入字段名称“工号”，按“Enter”键。

步骤 4　依次类推，输入图 4–19 中的其他数据。

（2）数据的快速输入

要求：输入新员工名单中“工号”及“入职时间”列的数据。

操作步骤如下：

步骤 1　选中 A3 单元格，输入 21001。

步骤 2　选中 A4 单元格，输入 21002。

步骤 3　选中 A3：A4 单元格区域，然后将鼠标指向该单元格右下角的填充柄（小黑块），当鼠标变成实心的十字时，向下拖动填充柄到 A12 单元格，工号序列自动填充完成。

步骤 4　选中 G3 单元格，输入日期“2021/7/1”。

步骤 5　将鼠标指向该单元格右下角的填充柄（小黑块），当鼠标变成实心的十字时，向下拖动填充柄到 G12 单元格，G3：G12 单元格中填充了“2021/7/1”至“2021/7/10”日期值。

步骤 6　继续单击 G12 右下方的【自动填充选项】按钮，在弹出的菜单中选择【复制单元格】，G3：G12 单元格中全部填充为“2021/7/1”。

（3）数据的限定输入

要求：“性别”序列数据限定输入为“男”或“女”，“部门”序列数据限定输入为“前厅部”“餐饮部”“客房部”“工程部”“销售部”。如图 4–1 所示。

操作步骤如下：

步骤 1　选中 C3：C12 单元格区域。

步骤 2　单击【数据】选项卡，单击【数据工具】功能组中的【数据验证】下拉按钮，在弹出的下拉列表中选择【数据验证】选项，打开【数据验证对话框】。

步骤 3　在【设置】选项卡的【允许】列表框中选择【序列】选项，在【来源】中输入“男”“女”。注意：中间的逗号用英文字符输入。单击【确定】按钮。

步骤 4　选中 C3 单元格，在右侧的下拉列表中选择“女”。依此方法输入其余 C4 至 C12 单元格员工性别。

步骤 5　E3：E12 单元格区域的“部门”列数据的限定输入依照“性别”列类推。

任务 4　数据编辑

要求：将表中第 3 行（21001 沈小彤女 23 销售部 19961867668 2021/7/1）与第 10 行（21008 范迎春女 27 餐饮部 13755692197 2021/7/1）对调；在第 2 行前插入一行空行。

操作步骤如下：

步骤 1　右击行号 3，选中要移动的行的同时，在弹出的快捷菜单中选择【剪切】命令。

步骤 2　右击行号 10，在弹出的快捷菜单中选择【插入剪切的单元格】命令。

步骤 3　右击行号 10，选中要移动的行的同时，在弹出的快捷菜单中选择【剪切】命令。

步骤 4　右击行号 3，在弹出的快捷菜单中选择【插入剪切的单元格】命令。

步骤 5　右击行号 2，在弹出的快捷菜单中选择【插入】命令。

任务 5　数据格式化

（1）字体格式设置

要求：将标题“2021 年新员工名单”在 A1：G1 单元格区域合并居中，字体设置为幼圆、20 磅、加粗、倾斜；字段名称行（第 3 行）字体设置为微软雅黑、11 磅、加粗；A4：G13 单元格区域字体设置为微软雅黑、10 磅。

操作步骤如下：

步骤 1　选中 A1：G1 单元格，选择【开始】选项卡中【对齐方式】功能组中的【合并且居中】按钮，将标题合并居中。

步骤 2　选择【开始】选项卡，单击【字体】功能组中的【字体】下拉按钮，在弹出的下拉列表中选择【幼圆】；单击【字体】功能组中的【字号】下拉按钮，在弹出的下拉列表中选择【20】。单击【加粗】按钮 **B**，将标题加粗；单击【倾斜】按钮 *I*，将标题倾斜。如图 4-20 所示。

步骤 3　选中 A3：G3 单元格区域，单击【开始】选项卡【字体】功能组右下角的

【对话框启动器】按钮，打开【设置单元格格式】对话框。

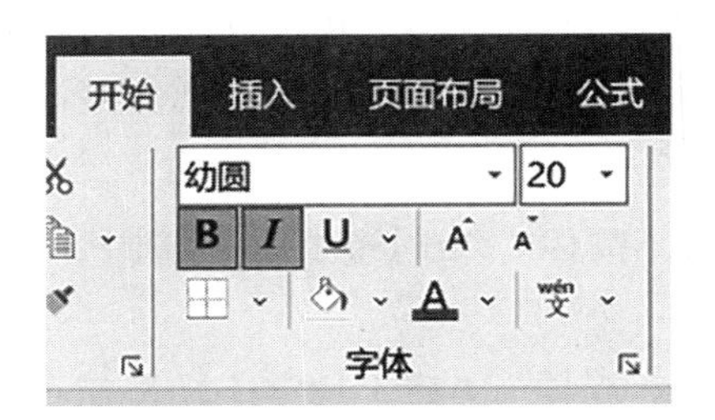

图 4–20 【开始】选项卡【字体】功能组

步骤 4　在【字体】选项卡的【字体】列表框中选择【微软雅黑】,【字型】列表框中选择【加粗】,【字号】列表框中选择【11】,【颜色】列表框中选择【白色，背景 1】，单击【确定】按钮。如图 4–21 所示。

图 4–21 【设置单元格格式】对话框的【字体】选项卡

步骤 5　选中 A4：G13 单元格区域，依照步骤 3 使用【开始】选项卡【字体】功能组中的各命令按钮或依照步骤 4 打开【设置单元格格式】对话框的两种方法之一，将 A4：G3 单元格区域字体设置为微软雅黑、10 磅。

（2）数字、日期格式设置

要求：将新员工名单中的“工号”和“联系电话”列数据设置为文本型（可以将数字作为文本处理），“入职时间”列中的日期设置为“2012 年 3 月 14 日”长日期格式。

操作步骤如下：

步骤 1　选中 A4：A13，按住【Ctrl】键的同时选中 F4：F13，两个数据区域同时选中。

步骤 2　单击【开始】选项卡，选择【数字】功能组中的【数据格式】下拉列表，选择【文本】。

步骤 3　选中 G4：G13 单元格区域，单击【开始】选项卡【数字】功能组右下角【对话框启动器】按钮，打开【设置单元格格式】对话框。在【数字】选项卡的【分类】列表框中选择【日期】，在【类型】列表框中选择【2012 年 3 月 14 日】，如图 4–22 所示。单击【确定】按钮。此时单元格内容可能会显示为 ######，表示数据长度超过单元格宽度，后续通过调整列宽可以完整显示。

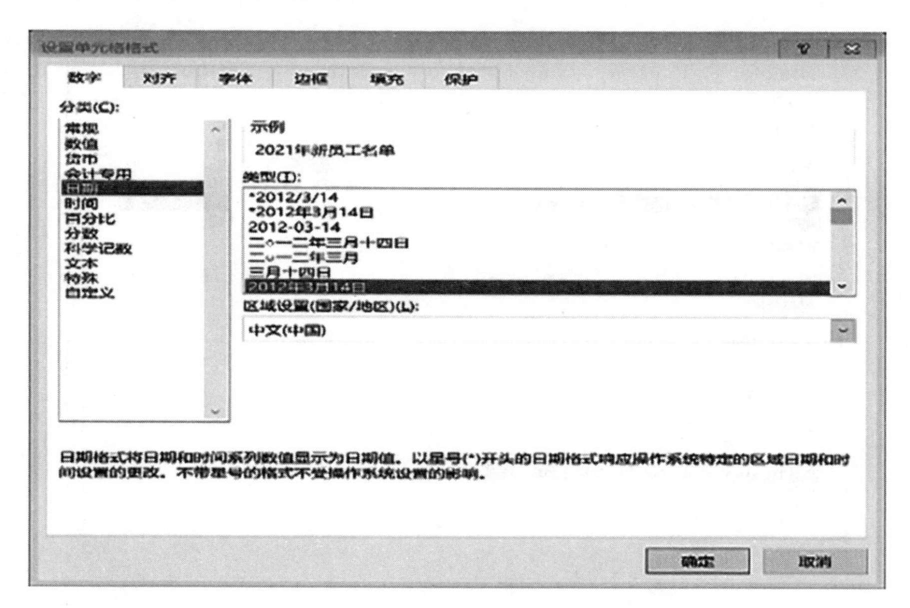

图 4–22　日期格式设置

（3）行高、列宽设置

要求：将第 2 行行高设置为 5，将“联系电话”和“入职日期”两列列宽自动调整为最适合，其余列宽设置为 10。

操作步骤如下：

步骤 1　单击行号【2】，选中第二行全部单元格区域。

步骤 2　选择【开始】选项卡，单击【单元格】功能组中的【格式】下拉按钮，在弹出的下拉列表中选择【行高】，打开【行高】对话框，在【行高】输入框中输入【5】，单击【确定】按钮。

步骤 3　将鼠标从列号 A 拖至 E，同时选中 A 列至 E 列所有单元格，单击【单元格】功能组中的【格式】下拉按钮，在弹出的下拉列表中选择【列宽】，打开【列宽】对话框，在【列宽】输入框中输入【10】，单击【确定】按钮。

步骤 4　同时选中 F 列和 G 列所有单元格，单击【单元格】功能组中的【格式】下拉按钮，在弹出的下拉列表中选择【自动调整列宽】。

（4）背景图案设置

要求：将 A3：G3（字段名称行）填充为图案颜色中的【黑色，文字 1，淡色 50%】，A4：G13 单元格区域的奇数行填充为图案颜色中的【深蓝，文字 2，淡色 80%】。

操作步骤如下：

步骤 1　选中 A3：G3 单元格区域。

步骤 2　选择【开始】选项卡，单击【字体】功能组中的【填充颜色】下拉按钮，选择【主题颜色】2 行 2 列的【黑色，文字 1，淡色 50%】。如图 4-23 所示。

步骤 3　用【Ctrl】组合键，同时选中 A5：G5，A7：G7，A9：G9，A11：G11，A13：G13 单元格区域。

步骤 4　选择【开始】选项卡，单击【字体】功能组中的【填充颜色】下拉按钮，选择【主题颜色】2 行 4 列的【深蓝，文字 2，淡色 80%】。

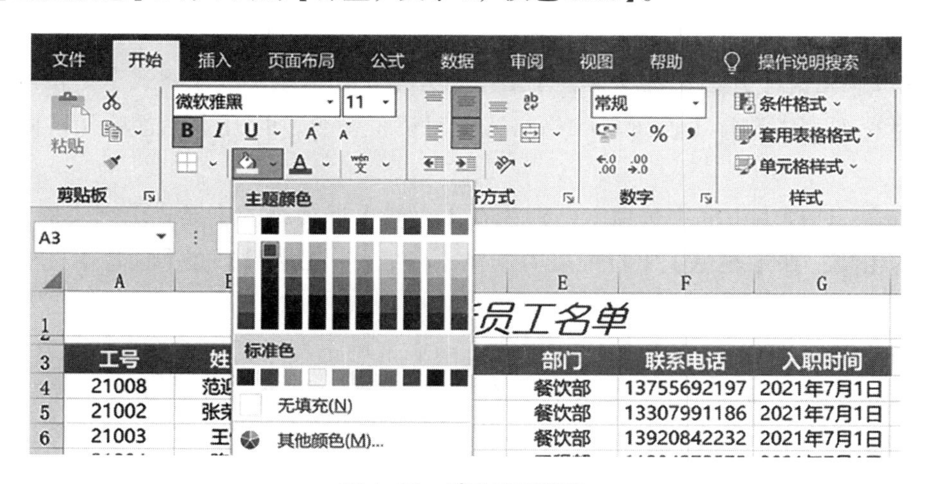

图 4-23　填充背景颜色

（5）对齐方式设置

要求：将 A3：G13 单元格区域对齐方式设置为水平居中。

操作步骤如下：

步骤 1 选中 A3：G13 单元格区域。

步骤 2 选择【开始】选项卡，单击【对齐方式】功能组中的【居中】按钮，单击【对齐方式】功能组中的【垂直居中】按钮。如图 4–24 所示。

图 4–24 对齐方式功能组

（6）边框设置

要求：将 A3：G13 单元格区域外框线设置为淡蓝色粗实线，内框线设置为淡蓝色细实线。

操作步骤如下：

步骤 1 选中 A3：G13 单元格区域。

步骤 2 选择【开始】选项卡，单击【单元格】功能组中的【格式】下拉按钮，在弹出的下拉列表中选择【设置单元格格式】对话框命令，打开【设置单元格格式】对话框。

步骤 3 选择【边框】选项卡，首先在【直线】选项组的【样式】列表框中选择 6 行 2 列的粗线，在【颜色】下拉列表中选择【标准色，浅蓝】，在【预置】选项组中单击【外边框】按钮。

步骤 4 在【直线】选项组的【样式】列表框中选择 7 行 1 列的粗线，在【颜色】下拉列表中选择【标准色，浅蓝】，在【预置】选项组中单击【内边框】按钮。单击【确定】按钮。如图 4–25 所示。

（7）条件格式设置

要求：将满足【部门】列为【工程部】的单元格设置为【浅红填充色深红色文本】

操作步骤如下：

步骤 1 选中 E4：E13 单元格区域。

步骤 2　单击【开始】选项卡【样式】功能组中的【条件格式】功能按钮。

步骤 3　在打开的下拉列表中单击【突出显示单元格规则】级联列表中的【等于】选项。如图 4-26 所示。

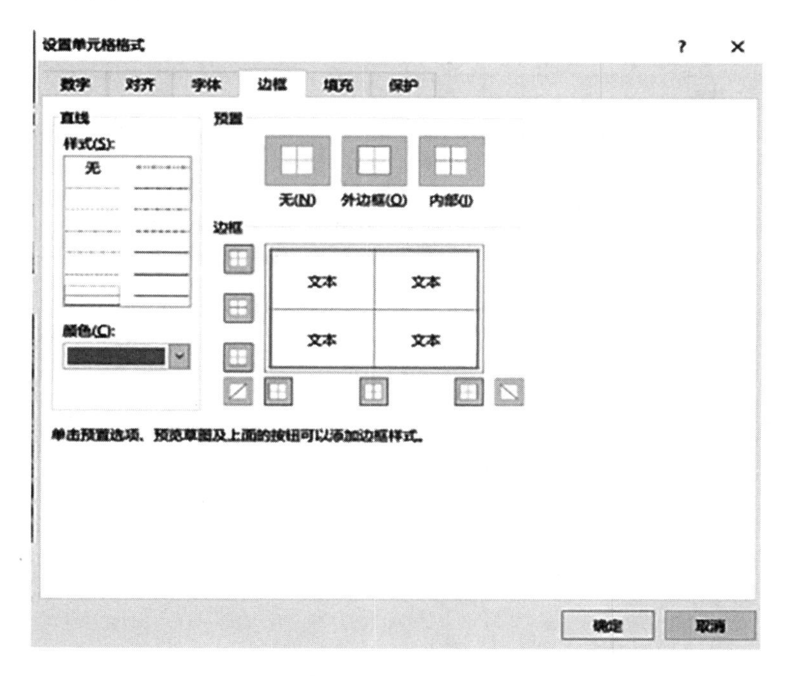

图 4-25 【设置单元格格式】对话框

图 4-26 【条件格式】中的【突出显示单元格规则】级联列表

步骤 4　打开【等于】对话框，在【为等于以下值的单元格设置格式】文本框中输入“工程部”，【设置为】选择“浅红填充色深红色文本”，如图 4-27 所示。单击【确定】按钮。

至此，2021 年新员工名单制作完成，如图 4-1 所示。

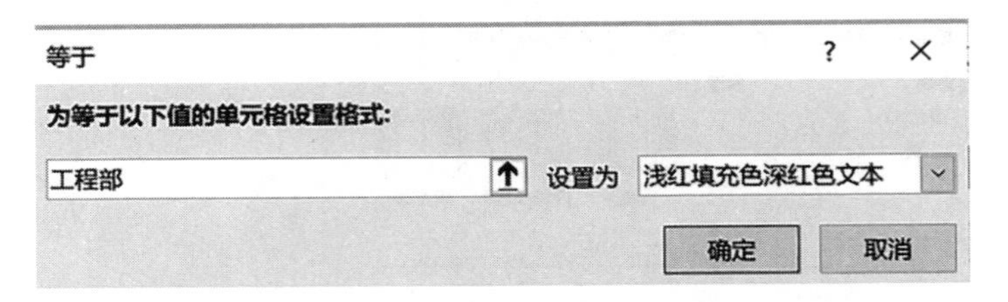

图 4-27 【突出显示单元格规则】级联选项【等于】对话框

任务 6　工作表打印

要求：将 A1：G13 单元格区域内容打印输出，页面设置为横向 A4 纸、页边距为宽，页脚左侧显示制作人姓名，右侧显示制作日期如图 4-28 所示。

操作步骤如下：

步骤 1　选中 A1：G13 单元格区域

步骤 2　选择【页面布局】选项卡，单击【页面设置】功能组中的【打印区域】下拉按钮，在弹出的下拉列表中选择【设置打印区域】。如图 4-29 所示。

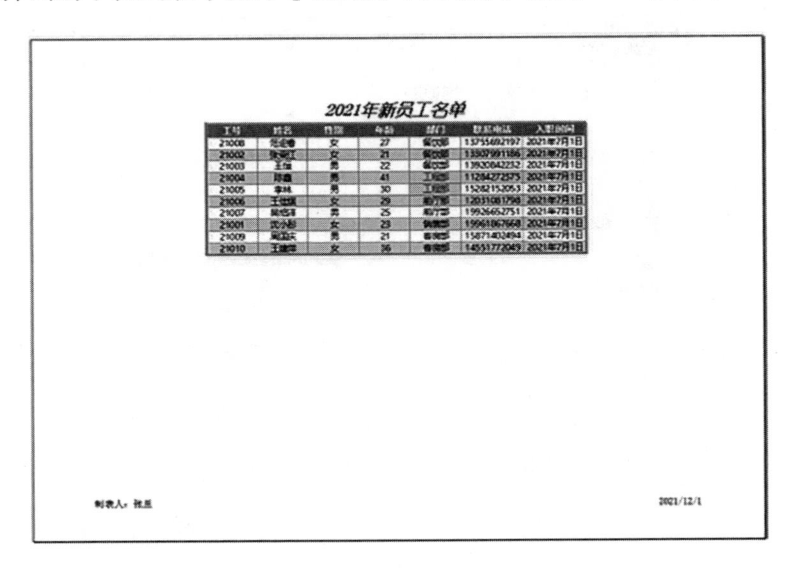

图 4-28　打印输出预览效果

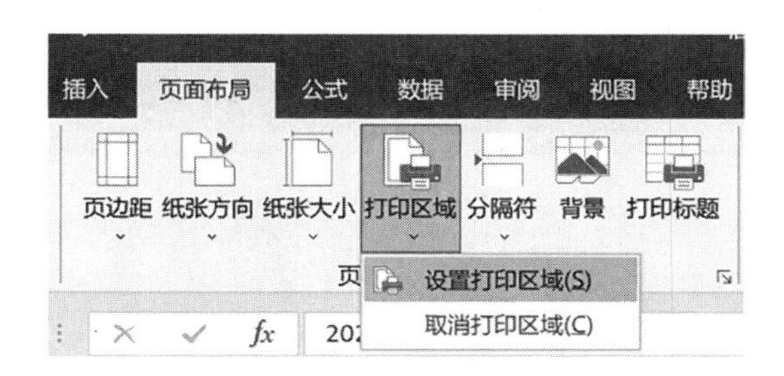

图 4–29 【设置打印区域】按钮

步骤 3　选择【页面布局】选项卡，单击【页面设置】功能组右下角的【对话框启动器按钮】，打开【页面设置】对话框。

步骤 4　选择【页面】选项卡，方向选择【横向】。

步骤 5　选择【页边距】选项卡，分别设置上、下边距为 3，左右边距为 2.5，【居中方式】选中【水平】复选框，如图 4–30 所示。

步骤 6　选择【页眉 / 页脚】选项卡，单击【自定义页脚】按钮，打开【页脚】对话框。

步骤 7　在【左部】文本框中输入【制作人：张兰】，在【右部】对话框中输入【2021/12/1】，如图 4–31 所示。单击【确定】按钮，返回【页面设置】对话框。

步骤 8　单击【打印预览】按钮，可以在打开的对话框右窗格中看到打印预览效果。

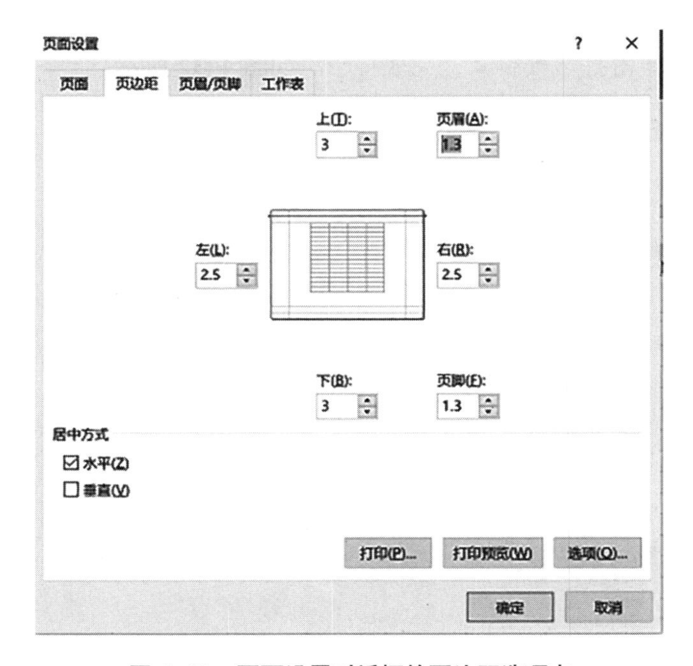

图 4–30　页面设置对话框的页边距选项卡

页面设置 ? ×

页面 页边距 页眉/页脚 工作表

页眉(A):

(无)

自定义页眉(C)... 自定义页脚(U)...

页脚(F):

制表人：张兰2021/12/1

制表人：张兰 2021/12/1

☐ 奇偶页不同(D)

☐ 首页不同(I)

☑ 随文档自动缩放(L)

☑ 与页边距对齐(M)

打印(P)... 打印预览(W) 选项(O)...

确定 取消

图 4–31　页面设置对话框的【页眉 / 页脚】选项卡

步骤 9　在【打印】对话框中设置好合适的份数、打印机设备、打印区域、单 / 双面打印等参数后，单击打印按钮，完成打印。如图 4–32 所示。

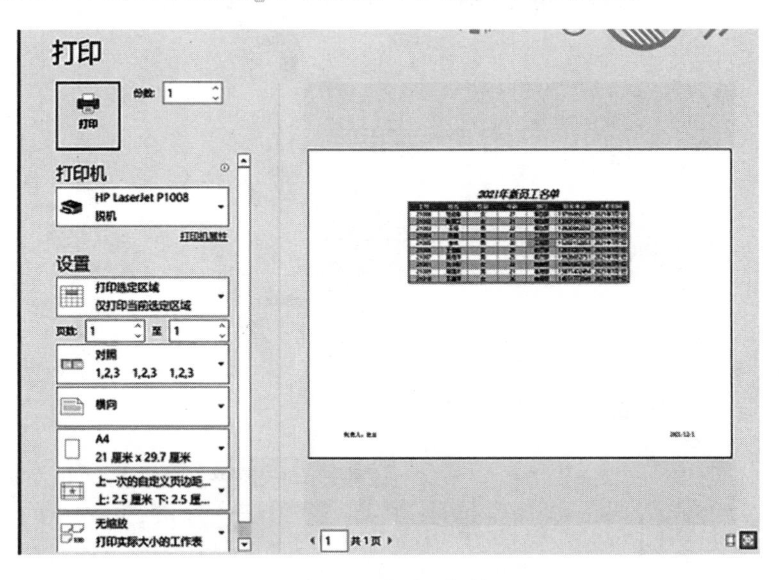

图 4–32　打印对话框

任务 7　工作表保护

要求：保护【新员工信息表】工作表

操作步骤如下：

步骤 1　选中【新员工信息表】工作表。

步骤 2　选择【审阅】选项卡，单击【保护】功能组中的【保护工作表】按钮，打开【保护工作表】对话框，如图 4-33 所示。

步骤 3　设置保护选项。

默认设置为只可对工作表中的单元格进行选择操作。

图 4-33 【保护工作表】对话框

4. 拓展学习

为用户方便、舒适、高效使用，Excel 2016 提供了工作环境的多种设置功能

（1）更改默认的界面颜色

Excel 2016 为用户提供了彩色、深灰色和白色 3 种风格的界面颜色，其中彩色为默认设置。用户可以根据喜好对界面颜色进行更改。方法为：选择【文件】选项卡中的

【账户】命令，在【账户】界面中打开【0ffice 主题】下拉列表框，根据需要选择一种界面颜色方案，单击即可。

（2）自定义文档的默认保存路径

默认情况下，Excel 文档的保存路径是“C：\Users\?\Eents”，其中“？”为当前登录系统的用户名，而用户经常会选择其他保存路径。方法为：选择【文件】选项卡中的【选项】命令，打开【Excel 选项】对话框，选中【保存】选项卡，在【保存文档】栏的【默认本地文件位置】文本框中输入常用存储路径，然后单击【确定】按钮。

（3）扩大表格的显示范围

在编辑表格的过程中，为了扩大表格编辑区的显示范围，可将功能区最小化。要将 Excel 2016 的功能区最小化，可以单击标题栏右侧的【功能区显示选项】按钮，在弹出的快捷菜单中根据需要选择【自动隐藏功能区】或【显示选项卡】命令。如图 4-34 所示。

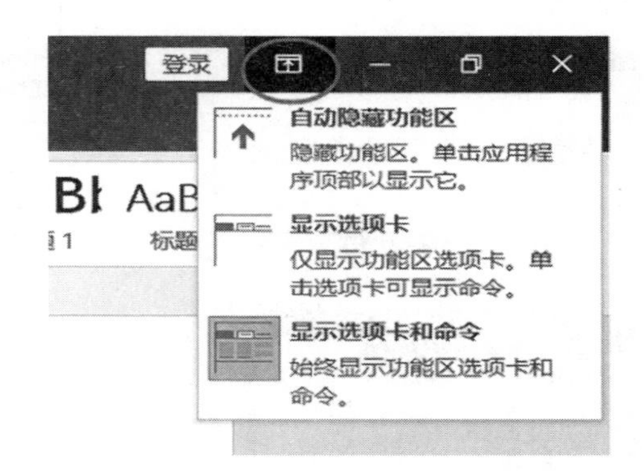

图 4-34 【功能区显示选项】菜单

（4）自定义快速访问工具栏

在默认情况下，Excel 的快速访问工具栏中只有【保存】、【撤销】和【恢复】3 个命令按钮，根据需要我们可以将其他常用命令添加到快速访问工具栏中，或将不常用的命令按钮从快速访问工具栏中删除。操作步骤如下：

步骤 1　打开【Excel 选项】对话框。单击快速访问工具栏右端的【自定义快速访问工具栏】下拉按钮，在打开的下拉菜单中选择需要添加的命令即可。若打开的下拉菜单中找不到需要和命令，则单击其中的【其他命令】，如图 4-35 所示，打开【EXCEL 选项】对话框。

步骤 2　弹出【Excel 选项】对话框，在【从下列位置选择命令】下拉列表框中选择要添加的命令所属分类，在相应的命令列表中双击要添加的命令。单击【完成】按钮。如图 4-36 所示。

提示：要删除快速访问工具框中的命令按钮，则在快速访问工具栏中鼠标右键单击要删除的命令按钮，在弹出的快捷菜单中，单击“从快速访问工具栏删除”命令即可。

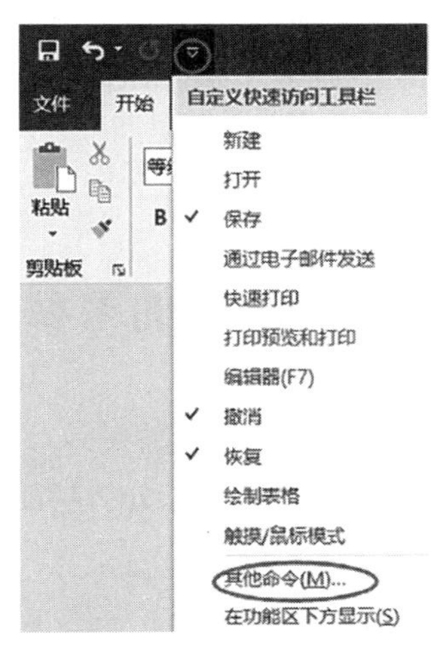

图 4–35 【自定义快速访问工具栏】下拉菜单

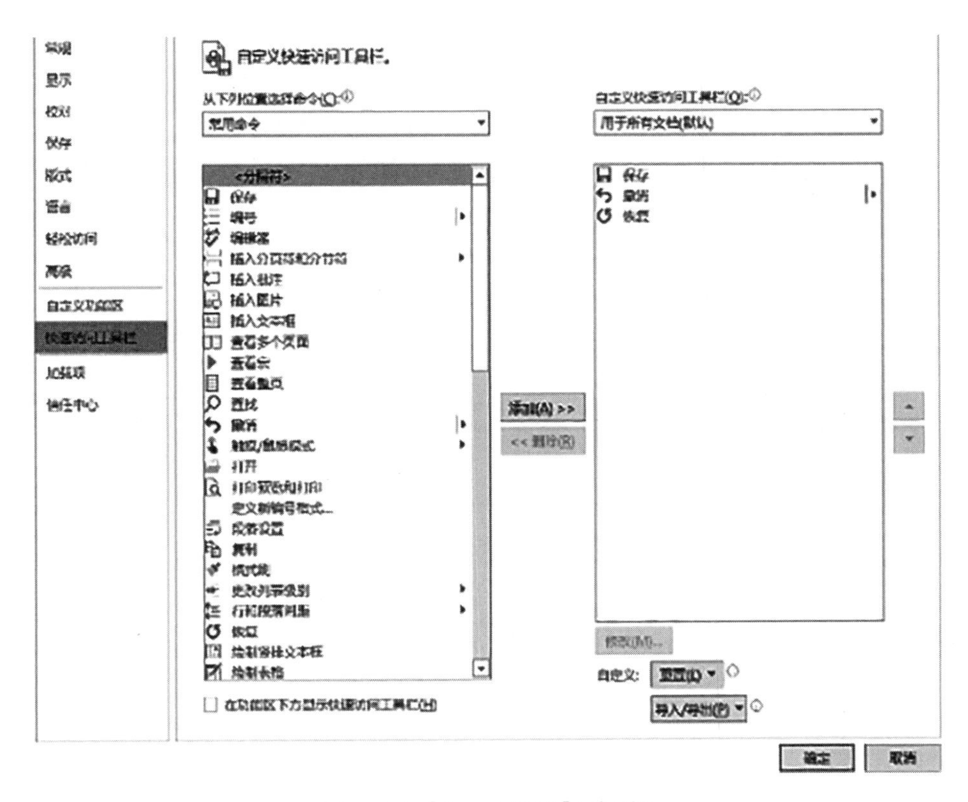

图 4–36 【Excel 选项】对话框

（5）将常用工作簿固定到“最近使用的工作簿”栏中

将某个工作簿固定在【最近使用的工作簿】栏中，可快速打开该工作簿。

方法：选择【文件】选项卡中的【打开】命令，在最近使用的工作簿栏中，单击要固定的文档右侧的【将此项目固定到列表】按钮即可。固定后，该按钮变形。再次单击该按钮即取消固定。

项目 4.2　制作培训考核成绩表

Excel 提供简单易学的公式输入方式和丰富的函数，用户利用自定义的公式和 Excel 提供的各类函数可以方便地实现对数据的计算、分析功能。

1. 项目要求

新员工报到后，酒店人事部门组织了集中岗前培训，请对员工的培训考核成绩进行计算和分析，制作新员工培训考核成绩表，效果如图 4-37 所示。

	A	B	C	D	E	F	G	H	I
1	2021年8月新员工培训考核成绩表								
2									
3	工号	姓名	部门	项目一30%	项目二30%	项目三40%	得分	是否通过考核	名次
4	21001	沈小彤	销售部	85	87	85	86	是	3
5	21002	张荣江	餐饮部	65	67	55	62	是	9
6	21003	王恒	餐饮部	70	70	70	70	是	7
7	21004	陈鑫	工程部	77	82	77	79	是	5
8	21005	李林	工程部	73	53	79	69	是	8
9	21006	王佳琪	前厅部	99	95	99	98	是	1
10	21007	吴绍洋	前厅部	76	76	79	77	是	6
11	21008	范迎春	餐饮部	95	97	95	96	是	2
12	21009	周国庆	客房部	85	87	85	86	是	3
13	21010	王建萍	客房部	56	66	50	57	否	10
14	平均分		78	分数段		人数	占比	各部门平均分	
15	最高分		98	<60		1	10%	前厅部	88
16	最低分		57	60~70		2	20%	餐饮部	76
17	考试总人数		10	70~80		3	30%	工程部	74
18	及格人数		9	80~90		2	20%	客房部	71
19	及格率		90%	90~100		2	20%	销售部	86

图 4-37　新员工培训成绩表效果图

2. 相关知识

（1）Excel 实现计算功能的三种方法。

①自动计算

在对数据进行处理时，比较常见的操作是对数据进行求和、求平均值、计数以及求最大值、最小值的计算。Excel 提供了自动计算功能来完成这些计算操作，可以自动感知要计算的范围，用户在进行这些计算时无须输入参数即可获得需要的结果。

【公式】选项卡【函数库】功能组中的【自动求和】命令，如图 4–38 所示，可以实现对相邻单元格区域中的数据进行自动计算，计算结果显示在相邻数据的右侧或下方。

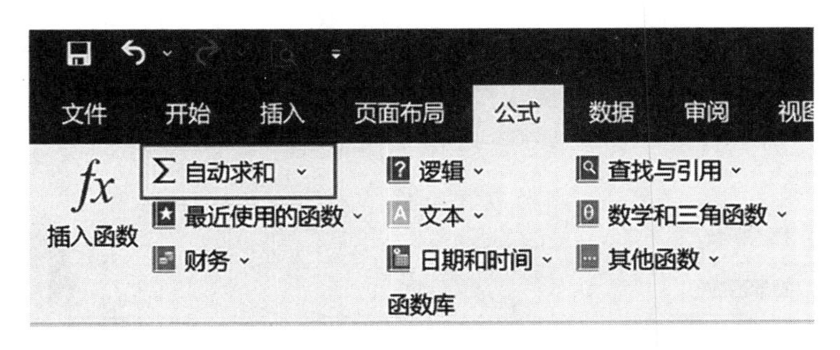

图 4–38 【函数库】功能组中的【自动求和】命令

②使用公式计算

公式是用户自定义的运算表达式，一般用来满足用户对工作表中数据的特定计算。

公式的形式为：=< 表达式 >。

在单元格中输入公式必须以“=”开头。表达式可以是算术表达式、逻辑表达式、字符串表达式等类型。表达式可由运算符、常量、单元格地址、函数及括号等元素组成，但不能含有空格，表达式中所有的数字和符号都必须是半角输入。

③使用函数计算

Excel 中的函数实际上是一个预先定义的特定计算公式。使用函数不仅可以完成许多复杂的计算，而且还可以简化公式的繁杂程度。

函数的形式为：函数名（参数表）。

函数名由 Excel 提供，参数表由用逗号分隔的参数 1、参数 2、……参数 N（N ≤ 30）构成，参数可以是常数、单元格（区域）地址或函数等。函数中的字母不区分大小写，所有符号都为半角输入。

函数输入既可以在单元格中直接通过键盘输入，也可通过【公式】选项卡【函数库】功能组中【插入函数】命令或其他分类函数命令插入，如图 4–39 所示。此外单击编辑栏中插入函数按钮 *fx* 也可以直接打开【插入函数】对话框，如图 4–40 所示，实现函数的快速输入。

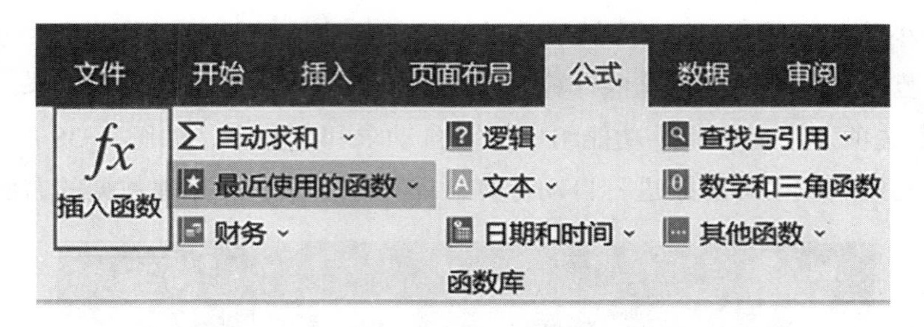

图 4–39 【公式】选项卡【函数库】功能组

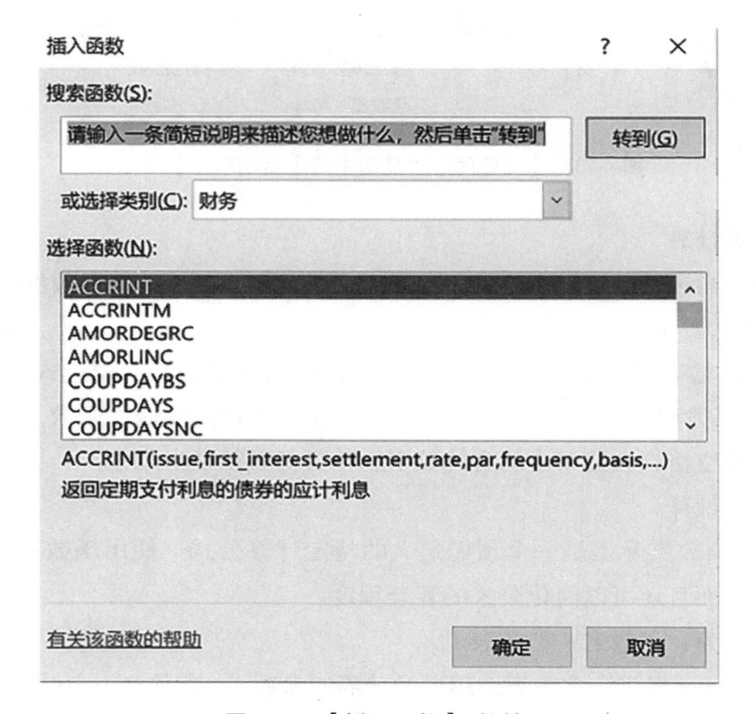

图 4–40 【插入函数】对话框

（2）Excel 公式中的三种运算

①算术运算

在日常工作中，最常见的就是加、减、乘、除等普通的算术运算，其运算符号是 +、–、*、/……，结果是数值。

②逻辑运算

逻辑运算可以进行数值大小的比较，也可以比较两个单元格的文本内容是否相同，常用的比较符号是“=、>、<”，这和数学符号是相同的，但是还有“大于或等于”“小于或等于”“不等于”，这三个符号在 Excel 中与平时手写的符号有些不同，分

别是“>=”“<=”“<>”。逻辑运算返回的结果是“真”“假”，在 Excel 中用“TRUE”“FALSE”来表示。如图 4-41 所示。此例同时说明空格也是一种特殊的文本。

③文本运算

文本运算只有一种符号，即连接符“&”。例如，D 列数据记录着省份，E 数据记录着这个省份中的城市，如果想把省份和城市放到一个 F 列的单元格中，就可以用连接符进行连接，效果如图 4-42 所示。连接运算的结果是文本。

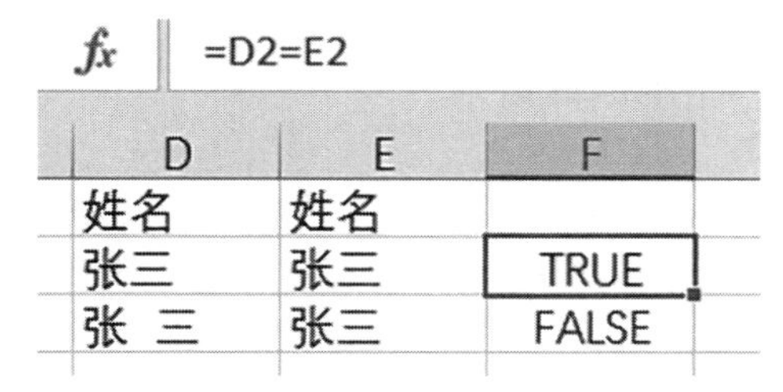

图 4-41　逻辑运算示例

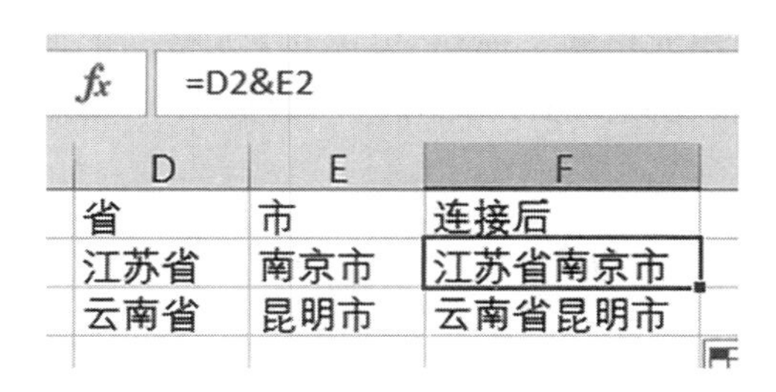

图 4-42　连接运算效果

Excel 公式中的三种运算总结见表 4-1。

表 4-1　Excel 公式中的三种运算

三种运算	运算符号	结果
算术运算	+、-、*、/、^	计算的数值
逻辑运算	=、>、<、>=、<=、<>	TRUE 或 FALSE
文本运算	&	文本
特别注意	所有运算中的符号都是半角	
	所有的运算都以“=”开头	

（3）Excel 公式中的三种引用

在 Excel 中，当公式中引用某个单元格中的数据进行运算时，可在公式中直接输入该单元格的地址，称为单元格引用。

为了完成快速计算，常常需要进行公式的复制。和复制单元格数据一样，选中输入公式的单元格，拖动单元格右下角的填充柄可实现公式的复制。在公式复制时，单元格引用的准确使用十分重要。单元格引用分为三种类型：相对引用、绝对引用和混合引用。

①相对引用

当复制公式 / 函数时，公式 / 函数中的单元格地址也作相应变化，这就称为相对引用。相对引用最常见。例如，当在 D 列中计算 B 列数据与 C 列数据的乘积时，通常会在 D1 单元格中输入 =B1*C1，然后将公式向下复制，这时公式中的单元格地址会自动变成 B2*C2、B3*C3，如图 4–43 所示。

②绝对引用

当复制公式 / 函数时，公式 / 函数中的单元格地址是固定的，就称为绝对引用。绝对引用是行号和列号的前面都添加“$”符号。比如，当我们需要在 D 列中计算 B 列数据与 C1 单元格的乘积时，就需要将 C1 单元格设置为绝对引用，即 C1。当把公式从 D1 单元格向下拖动时，C1 单元格的地址不会随着公式位置的变化而变化。公式会自动依次变成：=B1*C1、=B2*C1、=B3*C1，如图 4–44 所示。

	A	B	C	D
1	相对引用	1	1	=B1*C1
2		2	2	=B2*C2
3		3	3	=B3*C3

图 4–43　相对引用公式变化

	A	B	C	D
1	绝对引用	1	4	=B1*C1
2		2		=B2*C1
3		3		=B3*C1

图 4–44　绝对引用公式变化

③混合引用

当需要将单元格地址中的行号或列号分别进行固定，有时会固定行，有时会固定列，这种单元格引用被称为混合引用。混合引用的特点是：在要固定的行号或列号前面加“$”符号。

以九九乘法口诀表为例，在第一行 B 列开始向右输入 1~9，A 列 2 行开始向下输入 1~9 后，在 B2 单元格中输入混合引用公式“=$A2*B$1”，再分别向下和向右拖动 B2 单元格中的公式即可，如图 4–45 所示。

B2　=B$1*$A2

	A	B	C	D	E	F	G	H	I	J
1		1	2	3	4	5	6	7	8	9
2	1	1	2	3	4	5	6	7	8	9
3	2	2	4	6	8	10	12	14	16	18
4	3	3	6	9	12	15	18	21	24	27
5	4	4	8	12	16	20	24	28	32	36
6	5	5	10	15	20	25	30	35	40	45
7	6	6	12	18	24	30	36	42	48	54
8	7	7	14	21	28	35	42	49	56	63
9	8	8	16	24	32	40	48	56	64	72
10	9	9	18	27	36	45	54	63	72	81

图 4–45　九九乘法口诀表

Excel 公式中的三种引用总结如表 4-2 所示。

表 4-2　Excel 公式中的三种引用

	特点	例
相对引用	行、列均不固定	A1
绝对引用	行、列均固定	A1
混合引用	列固定行不固定 行固定列不固定	$A1 A$1
强调	只在需要固定的行或列前面加 $ 符号	

（4）Excel 常用函数介绍

Excel 常用函数可以分为数学统计类、逻辑运算类、文本处理类、日期实践类、查找引用类等，以下为一些较为常用的函数。

①数学统计类函数

- 求和函数 SUM（参数 1，参数 2，……）

计算各类参数所指定区域的数值型数据的累加和。

- 求平均值函数 AVERAGE（参数 1，参数 2，……）

计算各参数所指定区域的数值型数据的平均值。

- 计数函数 COUNT（参数 1，参数 2，……）

统计各参数所指定的区域中数值型数据的个数。

- 计数函数 COUNTA（参数 1，参数 2，……）

统计各参数所指定的区域中“非空”单元格的个数。

- 计算最大值函数 MAX（参数 1，参数 2，……）

求各参数所指定的区域中数值型数据中的最大值。

- 计算最小值函数 MIN（参数 1，参数 2，……）

求各参数所指定的区域中数值型数据中的最小值。

- 求条件和函数 SUMIF（条件区域，条件，求和区域）

对满足条件的单元格求和，只能给定一个条件。

- 多条件求和函数 SUMIFS（求和区域，条件区域 1，条件 1，条件区域 2，条件 2，……）

对一组给定条件的指定单元格求和，最多可以给定 127 个条件。

- 条件求平均值函数 AVERAGEIF（条件区域，条件，求平均值区域）

对满足条件的指定单元格求平均值。

- 多条件求平均值函数 AVERAGEIFS（求平均值区域，条件区域 1，条件 1，条件区域 2，条件 2，……）

对一组给定条件的指定单元格求平均值，最多可以给定 127 个条件。

- 条件计数函数 COUNTIF（区域，条件）

统计某单元格区域中满足给定条件的单元格个数。

- 多条件计数函数 COUNTIFS（条件区域 1，条件 1，条件区域 2，条件 2，……）

统计一组满足给定条件的单元格个数，最多可以给定 127 个条件。

- 数值排名函数 RANK（数值，区域，排名方式）

计算某数值在一列数值中相对于其他数值的排名。排名方式为 0 或忽略，则按降序排；排名方式为非 0 值，则按升序排名。

- 绝对值函数 ABS（数值）

返回给定数值的绝对值，即不带符号的数值。

- 四舍五入函数 ROUND（数值型参数，n）

返回对“数值型参数”进行四舍五入到第 n 位四舍五入。

当 n>0 时，对数据的小数部分从左到右的第 n 位四舍五入。

当 n=0 时，对数据的小数部分最高位四舍五入，取数据的整数部分。

当 n<0 时，对数据的整数部分从右到左的第 n 位四舍五入。

- 向下取整函数 INT（数值）

将数值向下取整到最接近的整数，不进行四舍五入，而是去掉小数部分取整数；负数的小数部分向上进位。

- 取整函数 TRUNC（数值，截尾精度）

将数值截取为整数或保留指定位数的小数，不四舍五入。截尾精度默认为 0，表示取整数；截尾精度位 1，表示保留 1 位小数，以此类推。

②逻辑运算类函数

- 条件选择函数 IF（逻辑表达式，表达式 1，表达式 2）

若“逻辑表达式”值为真（TRUE），则函数值为“表达式 1”的值；若“逻辑表达式”值为假（FALSE），则函数值为“表达式 2”的值。

③文本处理类函数

- 截取字符串函数 MID（文本字符串，起始位置，截取长度）

从“文本字符串”中指定的起始位置起返回指定截取长度的字符串。

- 左侧截取字符串函数 LEFT（文本字符串，截取长度）

从“文本字符串”的左侧第一个字符开始返回指定截取长度的字符串。截取长度可选参数，省略该参数时默认为 1。

- 右侧截取字符串函数 RIGHT（文本字符串，截取长度）

从“文本字符串”的右侧最后一个字符开始返回指定截取长度的字符串。截取长度可选参数，省略该参数时默认为 1。

- 删除空格函数 TRIM（文本字符串）

删除“文本字符串”中多余的空格，会在英文字符串中保留一个词与词之间间隔的空格。

- 字符个数函数 LEN（文本字符串）

返回“文本字符串”中字符的个数，包括空格。

④日期时间类函数

- 当前日期和时间函数 NOW（）

返回日期和时间格式的当前日期和时间，该函数不需要参数。

- 当前日期函数 TODAY（）

返回日期格式的当前日期，该函数不需要参数。

- YEAR（日期值）

返回指定日期值对应的年份值，一个 1900~9999 的数字。

⑤查找引用类函数

- 垂直查询函数 VLOOKUP（条件值，指定单元格区域，查询序号，逻辑值）

搜索“指定单元格区域”第一列满足“条件值”的元素，返回与满足“条件值”的元素在同一行的“查询列号”上对应的值。在函数的参数列表中，如果逻辑值为 TRUE 或省略，表明要在第一列中查找大致匹配的内容，如果逻辑值为 FALSE，表明要查找精确匹配内容。

- 查询函数 LOOKUP（查询值，指定单元格区域，结果区域）

在“指定单元格区域”查询满足“查询值”的单元格，返回“结果区域”中满足“查询值”的单元格在同一行的单元格中的数据。LOOPUP 函数使用前要求对指定单元格区域的值按升序排列。

（5）Excel 公式中常见错误值类型

①错误值：####

含义：单元格中的数据过长、单元格长度不够时会出现这种情况；另外两个日期相减为负时也会出现。

解决办法：增加列的宽度，使结果能够完全显示。如果是由日期或时间相减产生了负值引起的，可以改变单元格的格式，比如改为文本格式，结果为负的时间量。

②错误值：#VIV/0

含义：除数为 0 时，或者除数引用了空白的单元格都会出现这种错误。

解决办法：修改单元格引用，或者在用作除数的单元格中输入不为零的值。

③错误值：#VALUE!

含义：使用了文本型数据参与数学公式的运算或者公式中使用了不适当的运算符。

解决办法：确认公式或函数所需的运算符或参数是否正确，公式引用的单元格中是否包含有效数值。例如，单元格 C4 中有一个数字或逻辑值，而单元格 D4 包含文本，则在计算公式 =C4 + D4 时，系统不能将文本转换为正确的数据类型，因而返回错误值 #VALUE!。

④错误值：#REF！

含义：公式中的单元格的引用范围缺省或者超出。

解决办法：恢复被引用的单元格范围，或是重新设定引用范围。

⑤错误值：#N/A

含义：公式中无可用的数值或缺少函数参数。

解决办法：在缺少数据的单元格内填充上数据。

⑥错误值：#NAME?

含义：公式中使用了无法识别的文本，如单元格名称或公式名称拼写错误。

解决办法：确认使用的名称确实存在；更改函数名拼写错误；将公式中的文本括在双引号中。

⑦错误值：#NUM!

含义：在公式中使用太小或者太大的值无法识别或其他计算的常识问题。

解决办法：确认函数中使用的参数类型正确。如果是公式结果太大或太小，就要修改公式，使其结果在 -1 × 10307 和 1 × 10307 之间。

⑧错误值：#NULL!

含义：使用了不正确的单元格区域运算或不正确的单元格引用。比如，输入："=SUM（A2：A6 B2：B6）"，就会产生这种情况。

解决办法：取消两个范围之间的空格。上式可改为"=SUM（A2：A6，B2：B6）"

3. 项目实现

任务 1　计算得分

要求：使用公式：D4*0.3+E4*0.3+F4*0.4。

操作步骤如下：

步骤 1　选中 G4 单元格。

步骤 2　输入公式 =D4*0.3+E4*0.3+F4*0.4，回车。

步骤 3　向下拖动 G4 单元格右下角的填充柄，复制公式至 G4：G13 单元格区域中，如图 4–46 所示，G5 至 G13 单元格中显示计算结果。

G4　=D4*0.3+E4*0.3+F4*0.4

	A	B	C	D	E	F	G
1	2021年8月新员工培训考核成绩表						
2							
3	工号	姓名	部门	项目一30%	项目二30%	项目三40%	得分
4	21001	沈小彤	销售部	85	87	85	86
5	21002	张荣江	餐饮部	65	67	55	
6	21003	王恒	餐饮部	70	70	70	
7	21004	陈鑫	工程部	77	82	77	

图 4–46　拖动填充柄复制公式

任务 2　计算平均分

要求：使用 AVERAGE 函数。

方法 1：在单元格中直接输入函数。

选中 C14 单元格，在单元格中输入 =AVERAGE（G4：G13），回车后即得到平均分。

方法 2：在【插入函数】对话框中输入函数。

操作步骤如下：

步骤 1　选中 C14 单元格。

步骤 2　单击编辑栏中的插入函数按钮 *fx*，打开【插入函数】对话框，如图 4–47 所示。

步骤 3　选择【常用函数】类别列表中的 AVERAGE 函数，单击【确定】按钮，打开【函数参数】对话框。

步骤 4　在【Number1】文本框中，用鼠标选择 G4：G13 单元格区域，如图 4–48 所示。单击【确定】按钮。

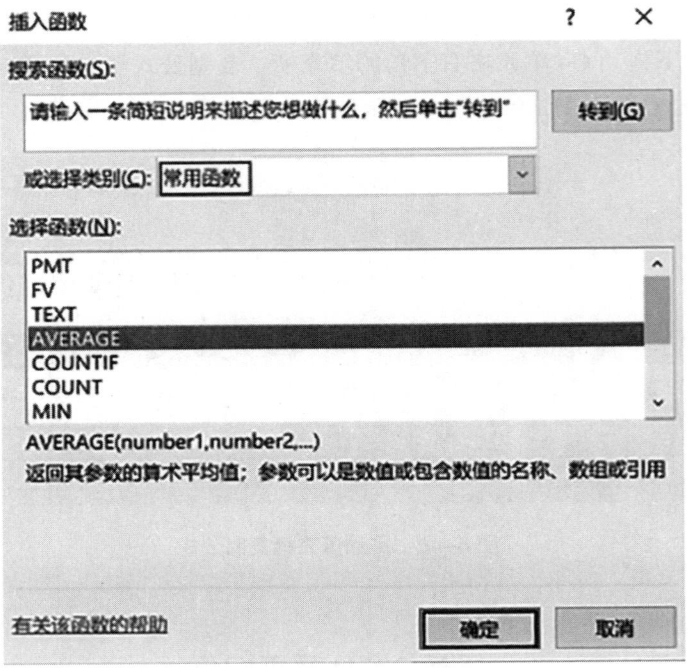

插入函数

搜索函数(S):

请输入一条简短说明来描述您想做什么，然后单击"转到"

转到(G)

或选择类别(C): 常用函数

选择函数(N):

PMT
FV
TEXT
AVERAGE
COUNTIF
COUNT
MIN

AVERAGE(number1,number2,...)

返回其参数的算术平均值；参数可以是数值或包含数值的名称、数组或引用

有关该函数的帮助

确定　取消

图 4–47 【插入函数】对话框

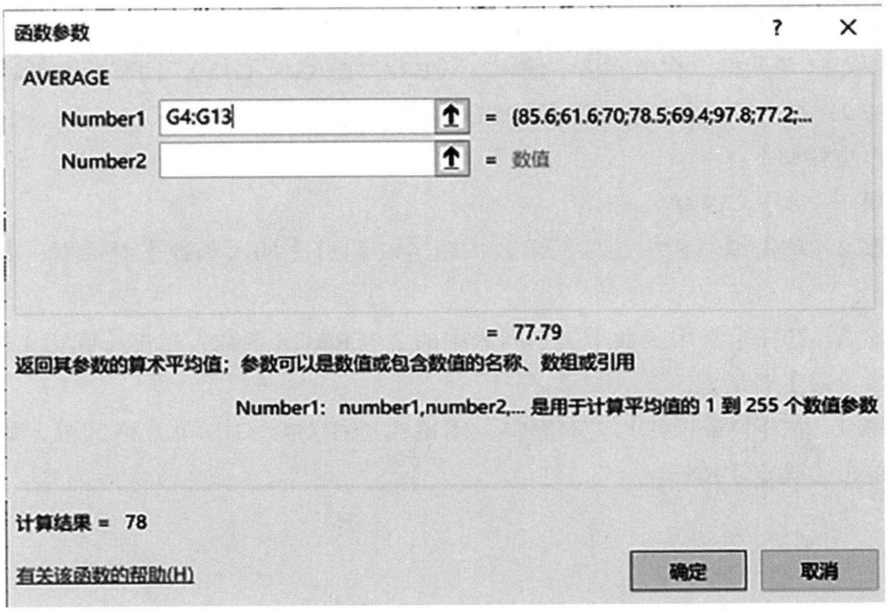

函数参数

AVERAGE

Number1 G4:G13 = {85.6;61.6;70;78.5;69.4;97.8;77.2;...

Number2 = 数值

= 77.79

返回其参数的算术平均值；参数可以是数值或包含数值的名称、数组或引用

Number1: number1,number2,... 是用于计算平均值的 1 到 255 个数值参数

计算结果 = 78

有关该函数的帮助(H)

确定　取消

图 4–48 AVERAGE【函数参数】对话框

任务 3　计算最高分和最低分

要求：使用 MAX 函数和 MIN 函数。

操作步骤如下：

步骤 1　在 C15（最高分）单元格中输入公式 =MAX（G4：G13）。

步骤 2　在 C16（最低分）单元格中输入公式 =MIN（G4：G13）。

任务 4　统计考试人数和及格人数

要求：使用 COUNT 函数和 COUNTIF 函数。

操作步骤如下：

步骤 1　在 C17（考试人数）单元格中输入公式 =COUNT（G4：G13）。

步骤 2　在 C18（合格人数）单元格中输入公式 =COUNTIF（G4：G13，“>=60”）。

任务 5　计算及格率

要求：使用公式计算及格率。

操作步骤如下：

步骤 1　选中 C19 单元格，输入公式 =C18/C17，回车。

步骤 2　单击【开始】选项卡【数字】功能组中的%按钮，将计算结果显示为百分数格式。

任务 6　判断是否通过考核

要求：使用 IF 函数：=IF（G4>=60，“是”，“否”）。

操作步骤如下：

步骤 1　选中 H4 单元格。

步骤 2　单击编辑栏中【插入函数】按钮 *fx*，打开的【插入函数】对话框。

步骤 3　在【插入函数】对话框的【逻辑函数】分类列表中选择 IF 函数，打开【函数参数】对话框。

步骤 4　在【函数参数】对话框中的【Logic_text】文本框中输入“G4>=60”，在【Value_if_true】文本框中输入“是”，在【Value_if_false】文本框中输入“否”，单击

【确定】按钮，如图 4-49 所示。

函数参数

IF

Logical_test G4>=60 = TRUE

Value_if_true "是" = "是"

Value_if_false "否" = "否"

= "是"

判断是否满足某个条件，如果满足返回一个值，如果不满足则返回另一个值。

Value_if_false 是当 Logical_test 为 FALSE 时的返回值。如果忽略，则返回 FALSE

计算结果 = 是

有关该函数的帮助(H) 确定 取消

图 4-49 设置 IF 函数参数

步骤 5 拖动 H4 单元格的填充柄，复制 IF 函数至 H4：H13 单元格区域。

任务 7 计算名次

要求：使用 RANK 函数：=RANK（G4，G4：G13）。

操作步骤如下：

步骤 1 选中 I4 单元格。

步骤 2 单击编辑栏中【插入函数】按钮 *fx*，打开的【插入函数】对话框。

步骤 3 在【插入函数】对话框中选择 RANK 函数，打开【函数参数】对话框。

步骤 4 在【函数参数】对话框中的分别输入【Number】、【Ref】、【Order】参数，如图 4-50 所示，单击【确定】按钮，在 I4 单元格中显示出得分的排名。

步骤 5 在编辑栏中将 RANK 函数中的参数 G4：G13 修改为 G4：G13，效果如图 4-51 所示。

步骤 6 拖动 I4 单元格的填充柄，复制 RANK 函数至 I4：I13 单元格区域。

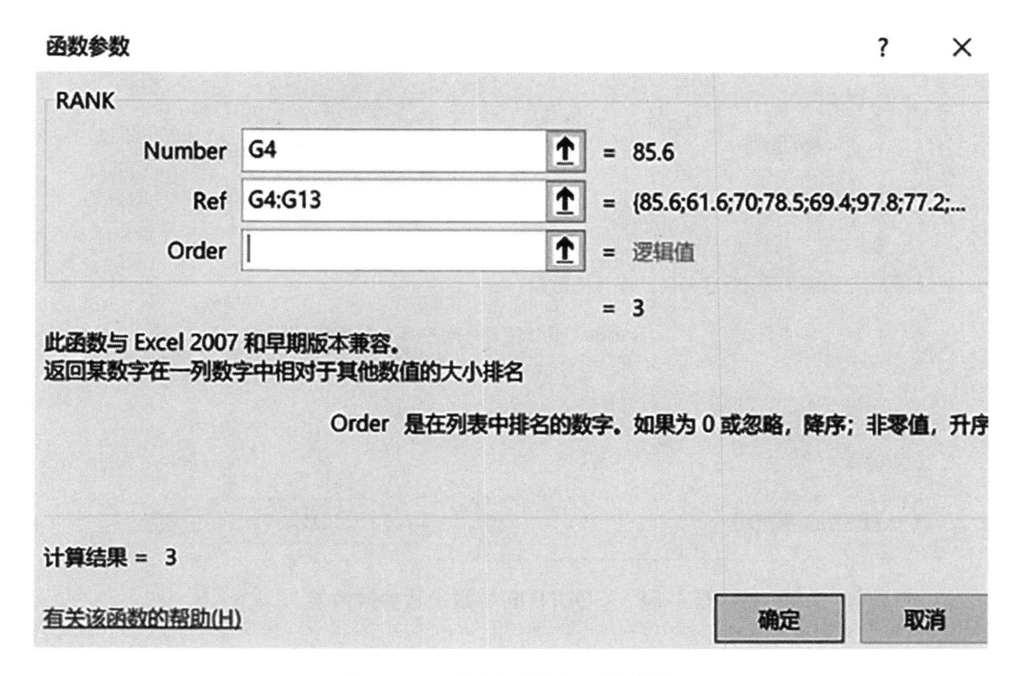

图 4–50　设置 RANK 函数参数

图 4–51　编辑栏中的 RANK 函数效果

任务 8　统计各分数段人数和占比

（1）使用 COUNTIF 函数统计各分数段人数

①计算 <60 分人数：

操作步骤如下：

步骤 1　选中 F15 单元格。

步骤 2　插入 COUNTIF 函数，参数设置效果如图 4–52 所示，单击【确定】按钮。

②计算 60~70 分数段的人数：

在 F16 单元格中输入：=COUNTIF（G4:G13, “<70”）-COUNTIF（G4:G13, “<60”）。

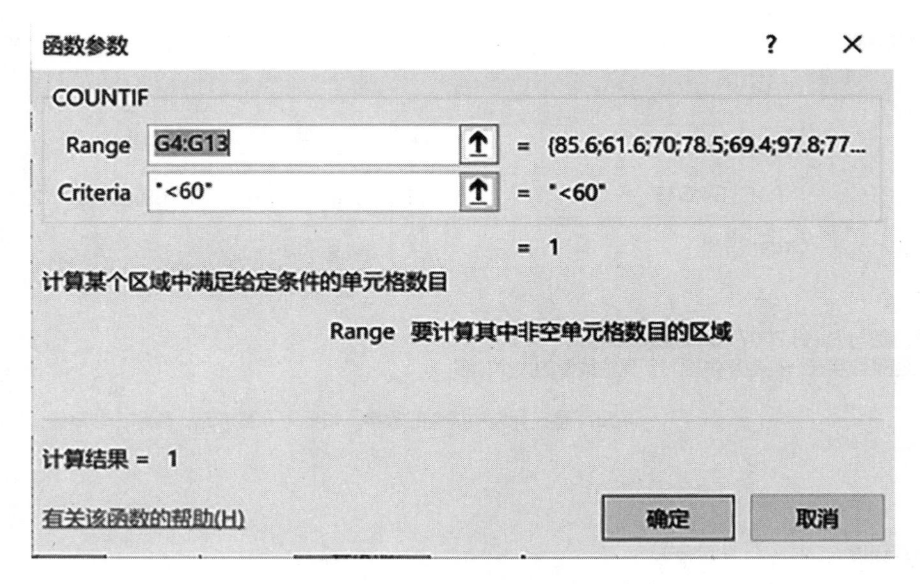

图 4–52　COUNTIF 函数设置参数效果

③计算 70~80 分段、80~90 分数段、90~100 分数段人数的操作步骤略

（2）使用公式计算各分数段人数占比

操作步骤如下：

步骤 1　选中 G15 单元格，输入公式：=F15/C17，单击回车。

步骤 2　拖动 G15 单元格填充柄，复制公式至 G15：G19。

步骤 3　单击【开始】选项卡【数字】功能区 % 按钮，设置 G15：G19 为百分比格式。

任务 9　计算各部门平均分

（1）计算前厅部员工平均分：使用 AVERAGEIF 函数。

操作步骤如下：

步骤 1　选中 I15 单元格。

步骤 2　在【插入函数】对话框的【统计】类别中选择【AVERAGEIF】函数。

步骤 3　在弹出的函数参数对话框中分别输入【Range】（判断条件的单元格范围）、【Criteria】（满足条件的值）、【Average_range】（求平均值的单元格区域）三个参数，效果如图 4–53 所示，单击【确定】按钮。

（2）其他部门员工平均分计算以此类推

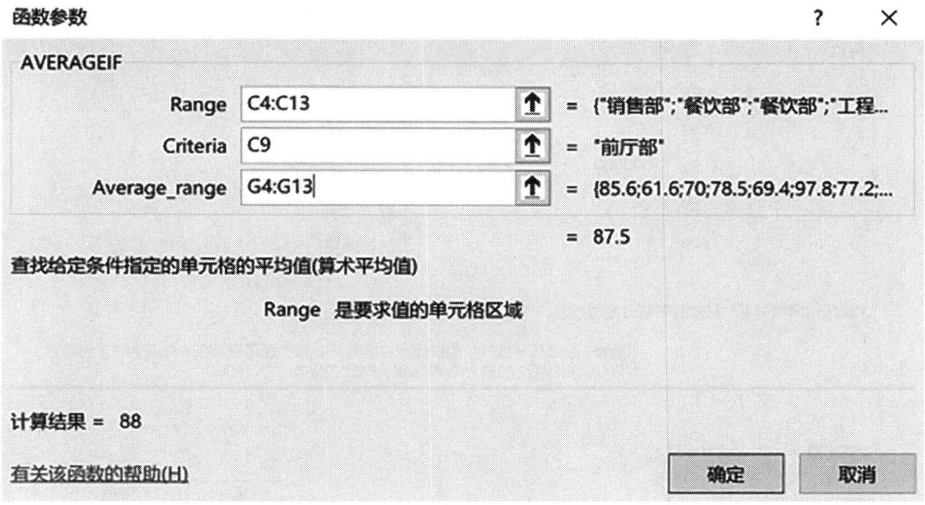

函数参数

AVERAGEIF

Range　C4:C13　= {"销售部";"餐饮部";"餐饮部";"工程...

Criteria　C9　= "前厅部"

Average_range　G4:G13　= {85.6;61.6;70;78.5;69.4;97.8;77.2;...

= 87.5

查找给定条件指定的单元格的平均值(算术平均值)

Range　是要求值的单元格区域

计算结果 = 88

有关该函数的帮助(H)　确定　取消

图 4–53　AVERAGEIF 函数参数设置效果

4. 拓展学习

学习 2 个实用的财务函数

- PMT 函数

功能：基于固定利率及等额分期付款方式返回贷款的每期付款额

格式：PMT（各项利率，付款期总数，开始计算时已经入账的款项，最后一次付款后可获得的现金余额，付款时间类型）

参数说明：付款时间类型数值 0 或 1，指定付款时间是期初还是期末。1= 期初；0 或忽略 = 期末

- FV 函数

功能：可以返回基于固定利率和等额分期付款方式的某项投资的未来值。

格式：FV（各期利率，付款总期数，各期应付金额，从该项投资开始计算时已经入账的款项，付款时间类型）

参数说明：付款时间类型数值 0 或 1，指定付款时间是期初还是期末。1= 期初；0 或忽略 = 期末

例 1：已知张先生购房需贷款总额 1000000 元，贷款期限 20 年，贷款年利率为 6%，求张先生每月月末需还款多少元?

计算函数为：=PMT（0.06/12,20*12,1000000）=7164.31 元，如图 4–54 所示。

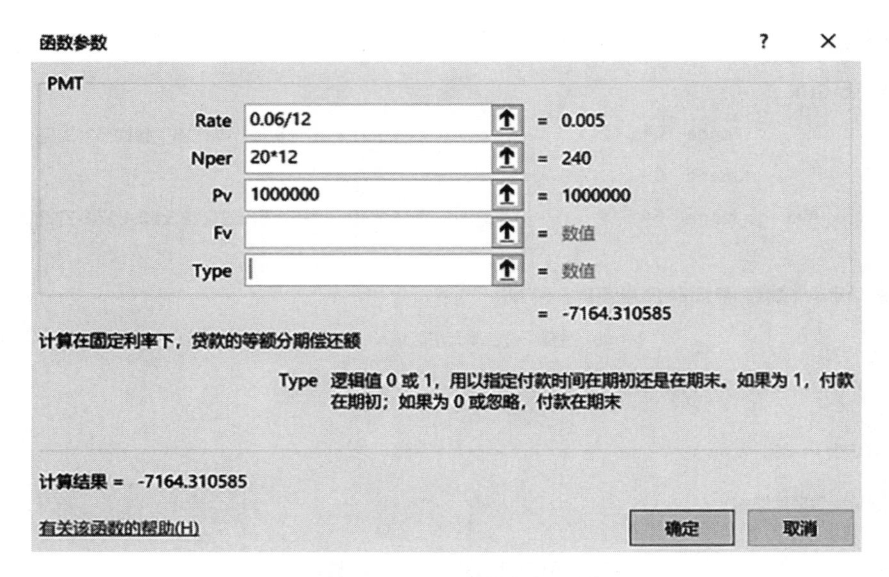

图 4–54　PMT 函数参数设置

例 2：已知小彭每月月末在银行固定存款 3000 元，银行 3 年期零存整取存款年利率为 3.78，求 3 年后连本带息小彭共有存款多少元？

计算函数为：=FV（0.0378/12,3*12,3000）=114171.68，如图 4–55 所示。

函数参数

FV

Rate 0.0378/12 = 0.00315

Nper 3*12 = 36

Pmt 3000 = 3000

Pv = 数值

Type = 数值

= -114171.6765

基于固定利率和等额分期付款方式，返回某项投资的未来值

Rate 各期利率。例如，当利率为 6% 时，使用 6%/4 计算一个季度的还款额

计算结果 = -114171.6765

有关该函数的帮助(H)

确定　取消

图 4–55　FV 函数参数设置

项目 4.3　制作旅游数据统计图

图的作用是将数据可视化，即用形状、颜色，甚至图像来表现枯燥无味的数据，从而突出数据最主要的特点，让复杂多变的数据更易于理解。Excel 具有很强的图表处理功能，可以方便地将工作表中的有关数据制作成专业化的图表，它能随着数据的变化而变化，用户只需要输入原始数据就能产生美观的图表，并且可以在此基础上进一步增删图表元素与设置图表格式。

1. 项目要求

根据“项目 4.3.xlsx”工作簿中各工作表提供的数据，分别制作如下 3 张图，效果如图 4-56 所示

（1）2020 年国内各季度旅游人数三维饼图。

（2）2015—2019 年出入境旅游人数三维堆积柱形图。

（3）将 2015—2019 年出入境旅游人数三维堆积柱形图修改为 2015—2019 年出境旅游人数折线图。

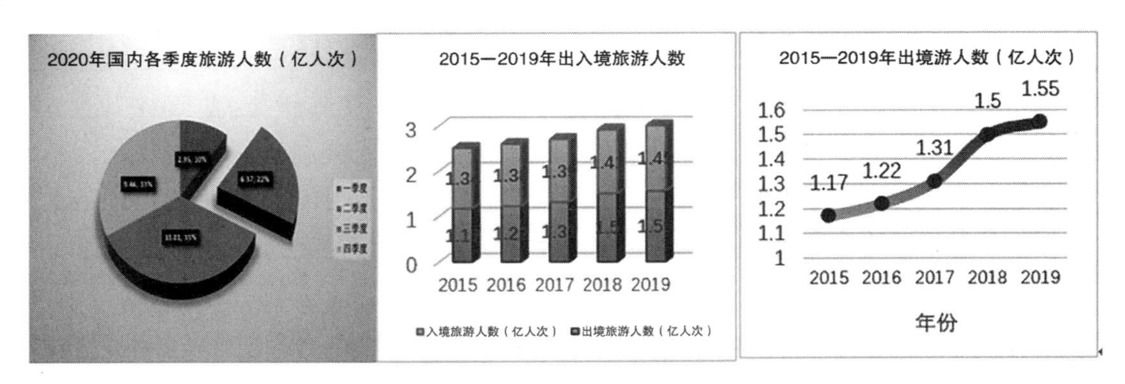

图 4-56　旅游数据统计图效果

2. 相关知识

（1）图表类型

Excel 提供了标准图表类型，每一种图表类型又分为多个子类型，可以根据需要选

择不同图表类型来表现工作表中的数据。主要图的类型及特点如表 4-3 所示。

表 4-3 图的类型

图的类型	选择使用说明
柱形图	直观地显示不同类别的比较结果或一段时间内的数据变化
折线图	显示一段时间或均匀分布的类别的变化趋势
饼图	显示一个数据系列中各项的大小与各项总和的比例
圆环图	显示了部分与整体的关系，但圆环图可以包含多个数据系列
条形图	显示各个项目的比较情况。条形图通常沿垂直坐标轴组织类别，沿水平坐标轴组织值
面积图	用于绘制随时间发生的变化量，引起人们对总值趋势的关注。通过显示所绘制的值的总和，面积图还可以显示部分与整体的关系
散点图	用于显示和比较数据集之间的关系。将 X 值和 Y 值合并到单一数据点并按不均匀的间隔或簇来显示它们
气泡图	与散点图非常相似，但增加第三个柱形来指定所显示的气泡的大小
股价图	可以显示股价的波动也可以显示其他数据（如日降雨量和每年温度）的波动
曲面图	可以得到两组数据间的最佳组合。例如在地形图上，颜色和图案表示具有相同取值范围的地区。当类别和数据系列都是数值时，可以创建曲面图
雷达图	比较若干数据系列的总和值
树状图	提供数据的分层视图，方便比较分类的不同级别和层次结构内的比例
旭日图	显示分层数据，分析数据的层次占比
直方图	显示数据的分布频率
箱形图	显示数据到四分位点的分布，突出显示平均值和离群值
瀑布图	显示正值和负值对初始值的影响
组合图	突出显示不同类型的信息。当数值变化范围较大时或具有混合类型的数据时使用

（2）图表的结构

Excel 图表主要由以下元素组成，如图 4-57 所示。图表类型不同各元素会略有增减，用户可以根据需要自行增减或设置每一部分的格式。

①图表区：整个图表及包含的元素。

②图表标题：图表名称，默认位于图表顶端，可省略。

③绘图区：以坐标轴为边界，包含所有数据系列的区域。

④数据系列：一个数据系列对应工作表中选定区域的一行或一列，可用为同颜色和图案加以区别。

⑤坐标轴：标识数据大小或分类的参考线，一般水平轴（X 轴）表示分类。

⑥坐标轴标题：坐标轴名称，可以省略。

⑦图例：是包含图例项和图例标志的方框，表示图表中数据系列的名称。

⑧网格线：从坐标轴刻度线延伸出来并贯穿整个绘图区的线条系列，可省略。

⑨数据标签：标识数据系列的具体数值或百分比，可省略。

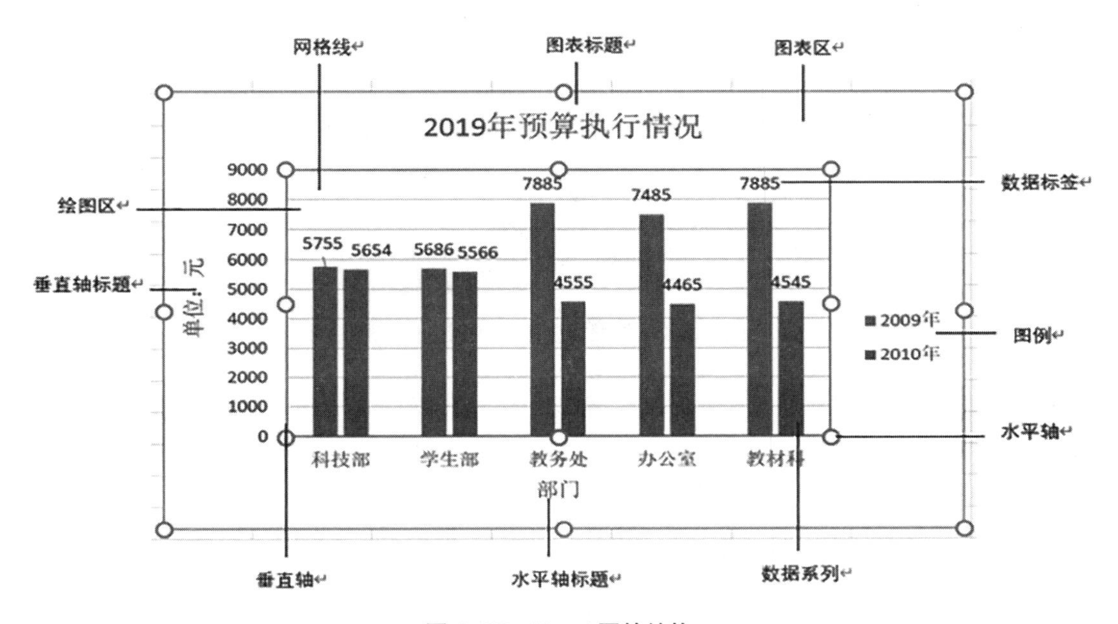

图 4–57　Excel 图的结构

（3）嵌入式图表与独立图表

嵌入式图表指图表作为一个对象和与其相关的工作表数据存放在同一张工作表中。独立图表存放在一张独立的工作表中，可以单独打印输出。两者存放方式不同，但创建操作基本相同，方法为选择【插入】选项卡中的【图表】命令完成。

3. 项目实现

任务 1　创建三维饼图

要求：使用“2020 年国内旅游人数”工作表中的相关数据，创建 2020 年国内各季度旅游人数三维饼图，如图 4–58 所示，并嵌入在当前工作表 A8：D24 单元格区域。

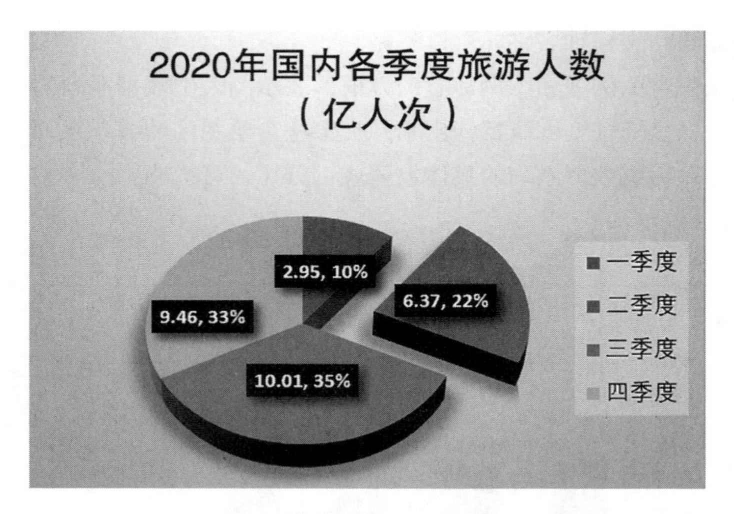

图 4-58　2020 年国内各季度旅游人数三维饼图

操作步骤如下：

步骤 1　打开“项目 4.3.xlsx”工作簿，在【2020 年国内旅游人数】工作表中选择单元格区域 A2：B6。

步骤 2　选择【插入】选项卡，单击【图表】功能组右下角的【对话启动器】按钮 ，打开【插入图表】对话框。

步骤 3　选择所有图表选项卡，选中【饼图】下的【三维饼图】图表类型，单击【确定】按钮。在当前工作表中就创建了如图 4-59 所示的图。

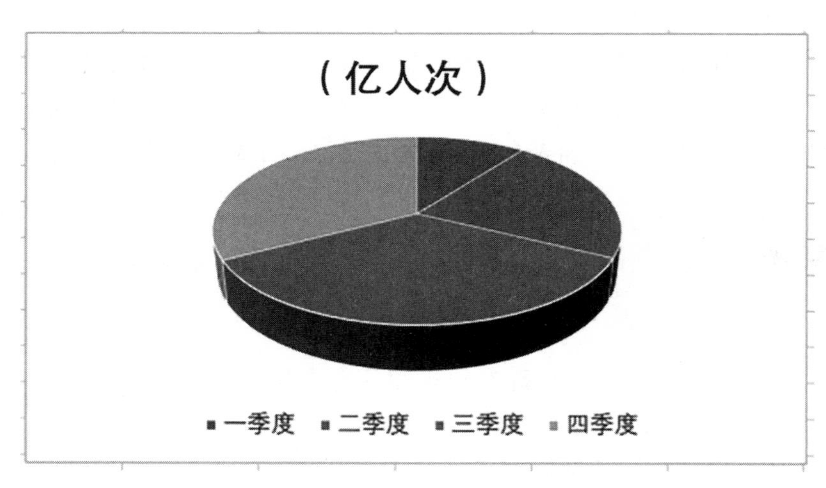

图 4-59　插入三维饼图

步骤 4　选中图表，选择【图表设计】选项卡【图表样式】功能区中的【样式 3】，饼图中显示各季度旅游人数的百分比。

步骤 5　选择【图表设计】选项卡，在【图表布局】功能组中单击【添加图表元素】下拉按钮，在弹出的下拉菜单中选择【数据标签】下的【其他数据标签选项】命令。

步骤 6　在右侧打开的【设置数据标签格式】窗格中，选中【值】选项，效果如图 4-60 所示，然后关窗格。

步骤 7　单击三维饼图，选中饼图后再次单击“二季度”所表示的扇形部分，选中该部分饼图后拖动鼠标使其与主饼图分离至合适位置。

步骤 8　单击图表中的图表标题，直接在标题文本框中修改标题为“2020 年国内各季度旅游人数（亿人次）”。

步骤 9　拖动图表至 A8：D24 单元格区域。

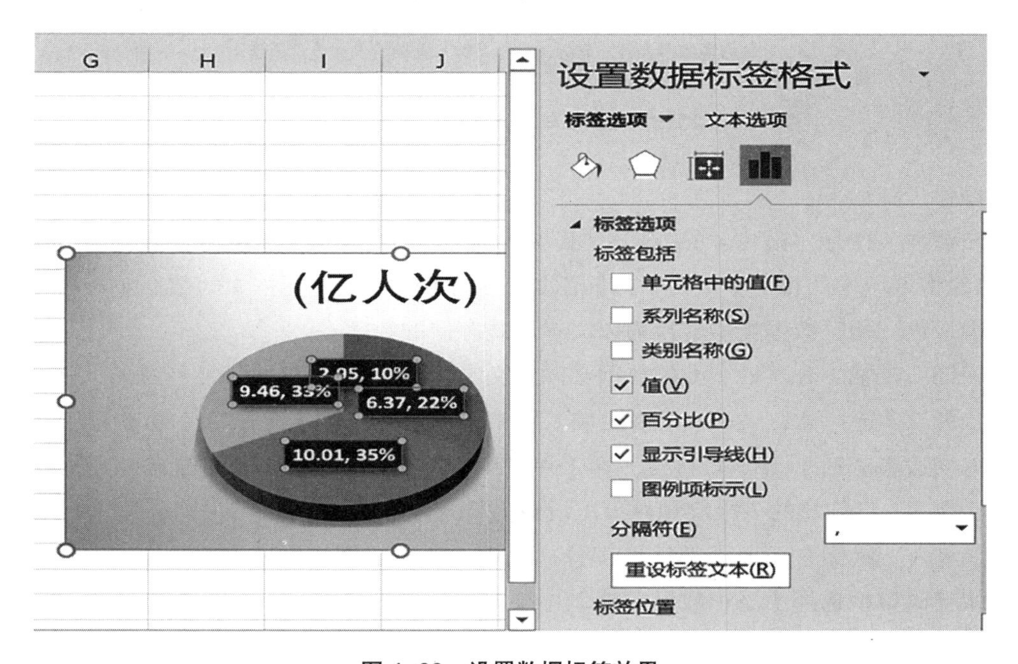

图 4-60　设置数据标签效果

任务 2　创建三维堆积柱形图

要求：使用“2015—2019 年旅游人数”工作表中的相关数据，创建 2015—2019 年出入境旅游人数三维堆积柱形图，如图 4-61 所示，并嵌入在当前工作表 A8：D21 单元格区域。

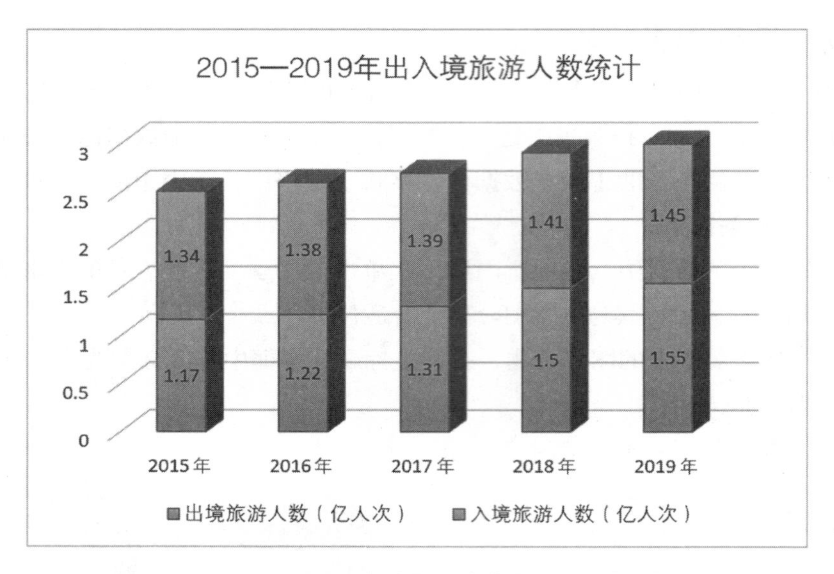

图 4-61　2015—2019 年出入境旅游人数三维堆积柱形图

操作步骤如下：

步骤 1　打开“项目 4.3.xlsx”工作簿，将“2015—2019 年旅游人数”工作表 A2：A6 单元格区域中的每一个年份数值前添加英文单引号’，单元格中的数据左对齐且左上角出现绿色三角，数据类型转换为以文本形式存储的数字。

说明：X 轴（分类轴）上的数据必须为文本。

步骤 2　选择 A1：C6 单元格区域，单击【插入】选项卡【图表】功能组中的【插入柱形图或条形图】下拉按钮，在【三维柱形图】分组中选择【三维堆积柱形图】。

步骤 3　将创建的三维堆积柱形图设置为样式 4。

步骤 4　鼠标右击下半部柱形部分，选中“出境旅游人数（亿人次）”系列，在弹出的快捷菜单中选择【添加数据标签】。

步骤 5　单击上半部柱形部分，选中“入境旅游人数（亿人次）”系列，在弹出的快捷菜单中选择【添加数据标签】。

步骤 6　单击图表标题，将标题修改为“2015—2019 年出入境旅游人数统计”。

步骤 7　拖动图表至 A8：D21 单元格区域。

任务 3　将三维堆积柱形图修改为折线图

要求：将任务 2 完成的 2015—2019 年出入境旅游人数三维堆积柱形图修改为 2015—2019 年出境旅游人数折线图，如图 4-62 所示，并嵌入在当前工作表的 A22：

D36 单元格区域。

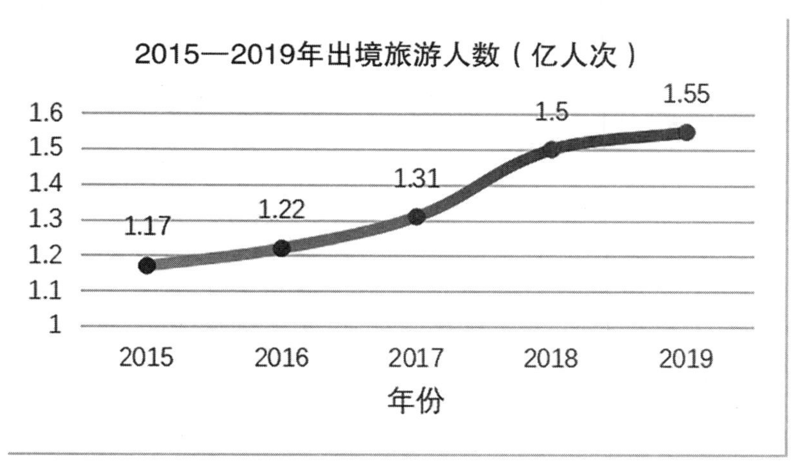

图 4-62　2015—2019 年出境旅游人数三维堆积柱形图

操作步骤如下：

步骤 1　复制图表：选中“2015—2019 年旅游人数”工作表中的三维堆积柱形图，复制该图表，并粘贴至当前工作表 A22：D36 单元格区域。

步骤 2　修改图表数据：选中 A22：D36 单元格区域中的三维堆积柱形图，单击【图表设计】选项卡【数据】功能组中的【选择数据】按钮，在打开的【选择数据源】对话框中，取消【图例项（系列）】窗格中的【出境旅游人数（亿人次）】选项。单击【确定】按钮。

步骤 3　更改图表类型：单击【设计】选项卡中【更改图表类型】命令按钮，在打开的【更改图表类型】对话框中选择【折线图】中的【带数据标记的折线图】，单击【确定】按钮。

步骤 4　修改垂直坐标轴刻度：单击【格式】选项卡，在【当前所选内容】功能组【图表元素】下拉列表中选中【垂直（值）轴】。单击【设置所选内容格式】按钮，打开【设置坐标轴格式】窗口，设置边界最大值为 1.6，最小值为 1.0。

步骤 5　修饰数据系列：在【格式】选项卡【当前所选内容】功能组【图表元素】下拉列表中选择【系列“出境旅游人数（亿人次）”】，在右侧【设置数据系列格式】对话框中，单击【颜色与线条】按钮，将线条设置为“渐变线”，【宽度】设置为 4 磅，勾选窗口下方的【平滑线】复选框。【渐变光圈】的四个停止点颜色分别设置为红、橙、橙、黄（如图 4-63 所示）。关闭【设置数据系列格式】对话框。

步骤 6　取消图例：单击【图表设计】选项卡【图表布局】功能组中【添加图表元素】下拉按钮，在功能列表中选择【图例】为【无】。

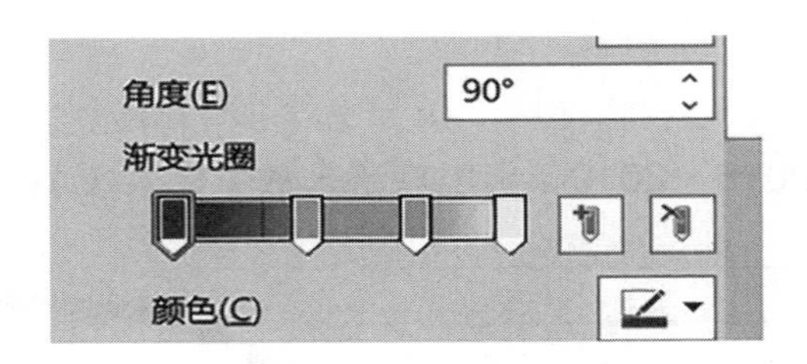

图 4-63　渐变光圈设置

步骤 7　添加横坐标标题“年份”：单击【图表设计】选项卡【图表布局】功能组中【添加图表元素】下拉按钮，在下拉列表中选择【坐标轴标题】为【主要横坐标轴】，在图表下方的横坐标标题文本框中输入“年份”。

步骤 8　修改图表标题：选中图表标题，修改为“2015—2019 年出境旅游人数（亿人次）”。

4. 项目拓展

在“项目 4.3.xls”工作簿“2015—2019 年国内游客人数增长”工作表中创建独立的组合图，如图 4-64 所示。

图 4-64　2015—2019 年国内游客人数增长统计图

操作步骤如下：

步骤 1　同时选中两个非连续的单元格区域：打开“项目 4.3.xlsx”工作簿，在【2015—2019 年国内游客人数】工作表中选择 A1：A6 单元格区域，按住 <Ctrl> 键的同时选择 D1：E6 单元格区域。

步骤 2　插入基本组合图表：单击【插入】选项卡【图表】功能组中【插入组合图】下拉按钮，在组合图列表中选择【簇状柱形图－次坐标轴上的折线图】如图 4-65 所示。

步骤 3　添加纵坐标轴标题：单击【图表设计】选项卡【图表布局】功能组中【添加图表元素】按钮，在下拉列表中选择【坐标轴标题】中的【主要纵坐标轴】选项，输入“亿人次”。

步骤 4　调整纵坐标标题文字方向：在【设置坐标轴标题格式】对话框中单击【大小与属性】按钮，设置【文字方向】为“横排”，如图 4-66 所示。

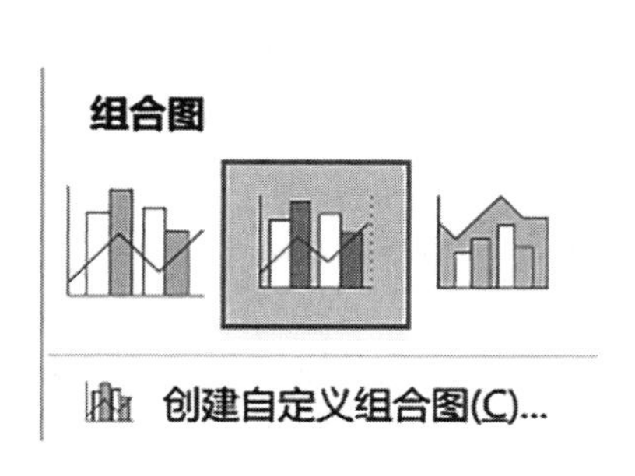

图 4-65　组合图列表

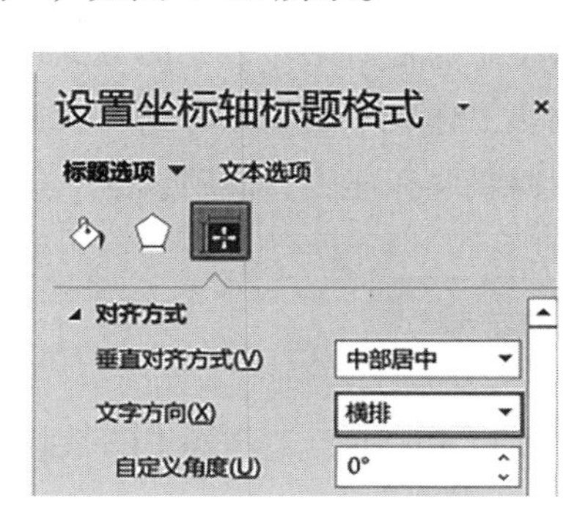

图 4-66　设置文字方向

步骤 5　设置数据系列格式：选中图表，单击【格式】选项卡，在【当前所选内容】功能组的下拉列表中选择【系列“增长速度（百分比）”】选项，单击【设置所选内容格式】按钮 设置所选内容格式，在打开的【设置数据系列格式】对话框中选择【效果】选项卡，设置【发光】为【预设】为【发光：5 磅；橙色，主题 2】。

步骤 6　设置图表标题：略。

步骤 7　移动图表：选中组合图表，单击【图表设计】选项卡【位置】功能组【移动图表】按钮，打开【移动图表】对话框，设置【对象位于】“2015—2019 年国内游客人数增长”工作表，如图 4-67 所示。

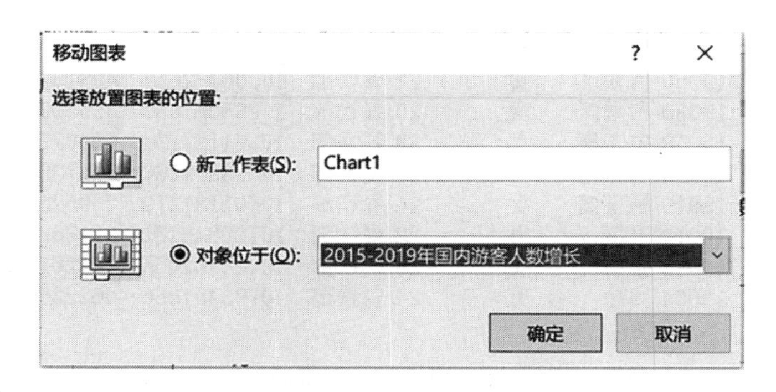

图 4-67　【移动图表】对话框

项目 4.4　管理与分析教师工资数据清单

Excel 提供了强大的数据库管理功能。不仅能够方便地增删改数据、使用函数和公式运算数据、提供图表功能展现数据，还能够按照数据库的管理方式对工作表中数据进行排序、筛选、分类汇总、统计和建立数据透视表等操作，进一步对数据进行分析。

需要注意的是对工作表中的数据进行数据库操作，要求数据必须按“数据清单”的方式存放。工作表中的数据库操作大部分利用【数据】选项卡中的命令完成，还可以进行外部数据获取和连接、使用数据工具、数据预测、分组显示等。

1. 项目要求

对“项目 4.4.xls”工作簿中的教师工资清单数据进行管理与分析。

2. 相关知识

（1）数据清单

数据清单是包含有表头和记录项的一个列表清单。记录指数据清单中的非表头行，一行就是一条记录，一条记录包含一条完整的信息。例如，一名员工的基本信息。字段是构成一条记录的最小单位，数据清单中的一列就是一个字段。表头行内容为字段名。如图 4-68 所示。

字段名　字段

表头行　记录

	A	B	C	D	E	F	G
1	酒店员工基本情况报表						
2	工号	姓名	性别	年龄	部门	联系电话	身份证号
3	19060	肖依琳	女	22	餐饮部	10006482655	408193198509247892
4	19030	白雨薇	女	20	餐饮部	10085061585	420619198705141951
5	19058	宋志薇	女	33	餐饮部	10371121134	526077197402256280
6	19073	汤傲男	女	27	餐饮部	10593942160	501730199008122734
7	19019	施玉娟	女	21	餐饮部	10601181379	759525198607204601
8	19010	王恒	男	22	餐饮部	10720842232	371869198502137722
9	19012	张敏	女	25	客户部	10724462055	781261199201169765
10	19064	周超	男	24	餐饮部	10793451986	462236198301136613

图 4-68　“酒店员工基本情况表”数据清单

（2）数据排序

数据排序是按照一定规则对记录进行重新排列。要根据数据清单“关键字”字段内容的升序或降序进行排序。当记录中的“关键字”字段内容相同的情况下，用户还可以添加“次要关键字”字段作为排序依据。数值型字段根据数据大小排序，英文字符型字段根据英文字母顺序排序，中文字符型字段根据音字母顺序排序。此外用户还可以自定义排序顺序。

利用【数据】选项卡【排序与筛选】功能组中的【排序】命令按钮可以进行数据排序操作，【清除】命令可以取消排序，恢复原有顺序。此外【开始】选项卡【编辑】功能组中的【排序和筛选】命令也进行完成数据排序操作。

（3）数据筛选

数据筛选的功能是在工作表的数据清单中快速查找满足特定条件的记录，筛选后的数据清单会隐藏不符合筛选条件的记录。

对记录进行筛选有自动筛选和高级筛选两种方式。高级筛选能够设置更为复杂的条件，需要专门建立条件区域，条件区域由字段名行和条件行组成，“与”关系的条件放在同一行中，“或”关系的条件放在不同的行中。

需要特别注意的是：高级筛选中条件区域的字段名必须与数据清单中的字段名完全一致，条件区域与数据清单区域不能连接，必须有空行隔开。

利用【数据】选项卡【排序与筛选】功能组中的【筛选】和【高级】命令可以进行自动筛选和高级筛选，【清除】命令可以取消筛选，恢复显示所有记录。【开始】选项卡【编辑】功能组中的【排序和筛选】命令也进行完成数据的自动筛选操作。

（4）合并计算

数据合并可以把来自不同源数据区域的数据清单进行汇总，并进行合并计算。不同源数据区域可以为同一工作表、同一工作簿不同工作表、不同工作簿。数据合并的结果可以和源数据区域存放在同一工作表中，也可存放在不同工作表或不同工作簿中。

利用【数据】选项卡【数据工具】功能组中的【合并计算】命令按钮可以完成数据合并操作。

（5）分类汇总

分类汇总是指对工作表中数据清单的内容进行分类，然后对同类记录进行统计，统计的方式包括求和、计数、求平均值、求最大值、求最小值等。特别要注意的是：在进行分类汇总前必须先按分类字段对数据清单进行排序。

利用【数据】选项卡【分组显示】功能组中的【分类汇总】命令可以进行分类汇总。

（6）数据透视表

数据透视表是一种对数据清单进行立体化分析的多维交互式表格，将数据的排序、筛选和分类汇总三者有机地结合起来。之所以称为数据透视表，是因为可以动态改变版面布置，从不同角度查看源数据的汇总结果。

利用【插入】选项卡【表格】功能组中的【插入数据透视表】命令按钮可以完成该功能的操作。

（7）数据透视图

数据透视图是以图表方式表示数据透视表中的数据。数据透视图可以根据源数据清单中的数据直接创建，也可以在已有的数据透视表的基础上创建。

利用【插入】选项卡【表格】功能组中的【插入数据透视图】命令按钮可以完成该功能的操作。

3. 项目实现

任务1　排序

要求：对“排序”工作表中的数据清单以“部门”为主要关键字，“基本工资”为次要关键字降序排序。

操作步骤如下：

步骤 1　打开“项目 4.4.xlsx”工作簿，在“排序”工作表中选中 A2：G17 单元格区域，选择【数据】选项卡，在【排序和筛选】功能组中单击【排序】按钮，打开【排序】对话框。

步骤 2　在【列】区域的【主要关键字】下拉列表框中选择【部门】选项，【排序依据】为【单元格值】,【次序】为【降序】。

步骤 3　单击【添加条件】按钮，出现【次关键字】条件，在【次关键字】下拉列表框中选择【基本工资】,【次序】为【降序】。设置结果如图 4-69 所示。

步骤 4　单击【确定】按钮，排序结果如图 4-70 所示。

自动筛选

要求：在“自动筛选”工作表中筛选出职称为“讲师”且基本工资大于3000的记录。

操作步骤如下：

步骤 1　在“自动筛选”工作表中选中 A2：I17 单元格区域，选择【数据】选项卡，在【排序和筛选】功能组中单击【排序】按钮，进入筛选状态，各字段右侧显示筛选按钮。

步骤 2　单击“职称”字段的筛选按钮，在弹出的筛选菜单中取消【全选】复选框，然后选中【讲师】复选框。单击【确定】按钮。

排序

添加条件(A)　删除条件(D)　复制条件(C)　选项(O)...　☑ 数据包含标题(H)

列		排序依据	次序
主要关键字	部门	单元格值	降序
次要关键字	基本工资	单元格值	降序

确定　取消

图 4–69 【排序】对话框

	A	B	C	D	E	F	G
1	教师工资情况表						
2	姓名	部门	职称	基本工资	津贴	奖金	扣款
3	王斯蕾	英语系	教授	5010	320	500	300
4	申旺林	英语系	讲师	2750	170	300	250
5	吴雨	英语系	助教	1850	130	150	200
6	高展翔	数学系	教授	4980	310	500	360
7	钟成梦	数学系	副教授	4100	230	400	200
8	古琴	数学系	讲师	2800	200	300	245
9	李文如	计算机	副教授	4250	220	400	108
10	夏雪	计算机	讲师	3500	200	300	145
11	伍宁	计算机	助教	1400	120	150	190
12	李柏仁	管理系	副教授	4650	230	400	200
13	吴林	管理系	讲师	3500	200	300	185
14	王永红	管理系	助教	1200	100	150	100
15	王晓宁	财经系	教授	4880	300	500	400
16	马小文	财经系	讲师	3300	180	300	120
17	魏文鼎	财经系	助教	1480	100	150	50

图 4–70　排序结果

任务 2　筛选

步骤 1　单击“基本工资”字段的筛选按钮，在弹出的筛选菜单中选择【数字筛选】的【自定义筛选】命令，打开【自定义自动筛选方式】对话框。

步骤 2　在对话框中输入如图 4–71 所示的条件。

步骤 3　单击【确定】按钮，最终筛选结果如图 4–72 所示。

图 4–71 【自定义自动筛选方式】对话框

	A	B	C	D	E	F	G	H	I
1	教师工资情况表								
2	姓名	部门	职称	性别	年龄	基本工资	津贴	奖金	扣款
4	吴林	管理系	讲师	女	40	3500	200	300	185
6	马小文	财经系	讲师	男	39	3300	180	300	120
11	夏雪	计算机	讲师	女	41	3500	200	300	145

图 4–72 自动筛选结果

高级筛选

要求：在“高级筛选”工作表中筛选出职称为“教授”或者年龄大于等于 50 的记录，将筛选结果复制到当前工作表的其他位置。

操作步骤如下：

步骤 1 在“高级筛选”工作表中 L2：M4 的单元格区域输入如图 4–73 所示的筛选条件。

步骤 2 选择【数据】选项卡，在【排序和筛选】功能组中单击【高级】按钮，打开【高级筛选】对话框。

步骤 3 在【高级筛选】对话框中设置筛选方式如图 4–74 所示。

L	M
职称	年龄
教授	
	>=50

图 4–73 高级筛选条件

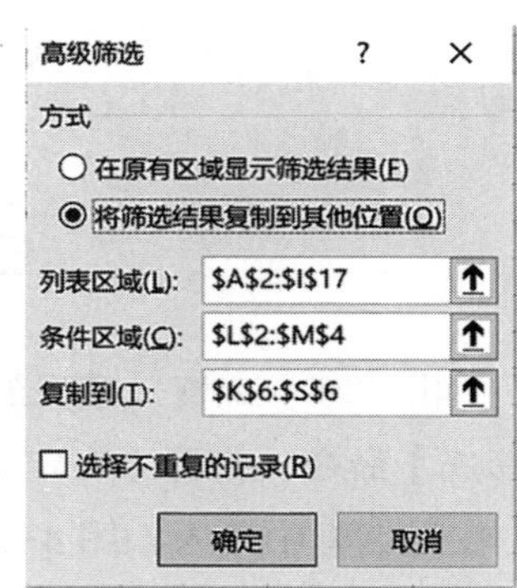

图 4–74 【高级筛选】对话框

步骤 4　单击【确定】按钮，高级筛选结果如图 4–75 所示。

姓名	部门	职称	性别	年龄	基本工资	津贴	奖金	扣款
李柏仁	管理系	副教授	男	50	4650	230	400	200
王晓宁	财经系	教授	男	48	4880	300	500	400
钟成梦	数学系	副教授	女	53	4100	230	400	200
高展翔	数学系	教授	男	55	4980	310	500	360
王斯蕾	英语系	教授	男	57	5010	320	500	300

图 4–75　高级筛选结果

任务 3　合并计算

要求：使用“合并计算”工作表中的数据，在“教师第一季度平均工资表”中进行求“平均值”的合并计算操作，并设置所有数值均显示两位小数。

步骤 1　选中“数据合并”工作表中的 B21 单元格，单击【数据】选项卡，在【数据工具】功能组中单击【合并计算】按钮，打开【合并计算】对话框。

步骤 2　在【函数】下拉列表框中选择【平均值】选项，单击【引用位置】列表右侧折叠按钮，选择“一月份教师工资表”B3：C17 单元格区域，单击【添加】按钮添加至【所有引用位置】列表；单击【引用位置】列表右侧折叠按钮，选择“二月份教师工资表”F3：G17 单元格区域，单击【添加】按钮添加至【所有引用位置】；再次将“三月份教师工资表”J3：K17 单元格区域，添加至【所有引用位置】。在【标签位置】区域中选择【最左列】复选框，如图 4–76 所示。

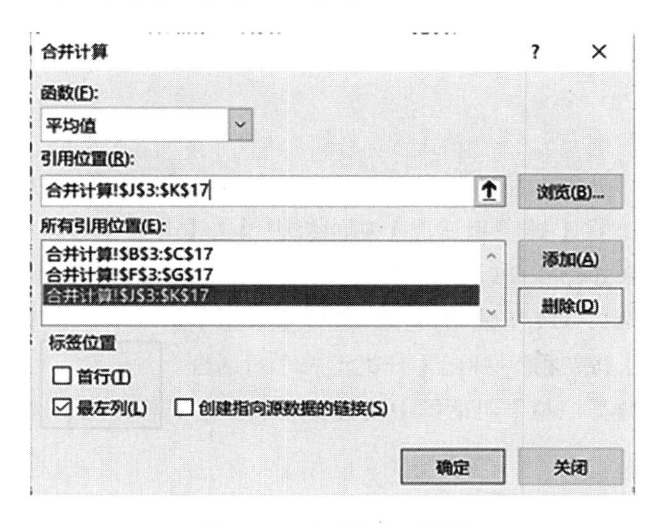

图 4–76　合并计算对话框

步骤 3　单击【确定】按钮，完成合并计算。效果如图 4-77 所示。

	A	B	C
18			
19	教师第一季度平均工资表		
20	部门	姓名	工资
21	管理系	李柏仁	4576.6667
22	管理系	吴林	3523.3333
23	管理系	王永红	1440
24	财经系	马小文	3323.3333
25	财经系	王晓宁	4866.6667
26	财经系	魏文鼎	1630
27	计算机	李文如	4110
28	计算机	伍宁	1550
29	计算机	夏雪	3413.3333
30	数学系	钟成梦	4133.3333
31	数学系	古琴	2696.6667
32	数学系	高展翔	4893.3333
33	英语系	王斯蕾	5030
34	英语系	申旺林	2823.3333
35	英语系	吴雨	1883.3333

图 4-77　合并计算效果

步骤 4　选中 C21：C35，单击两次【开始】选项卡【数字】功能组中的【减少小数位数】按钮，显示两位小数位数。

任务 4　分类汇总

要求：对“分类汇总”工作表中的数据清单统计各“部门”“基本工资”和“扣款”的平均值。

操作步骤如下：

步骤 1　选中“分类汇总”工作表，单击数据清单“部门”列中的任一单元格，选择【数据】选项卡，在【排序和筛选】功能组中单击【升序】按钮，记录按“部门”升序分类排列，结果如图 4-78 所示。

步骤 2　选中 A1：I17 单元格区域，选择【数据】选项卡，在【分组显示】功能组中单击【分类汇总】按钮，弹出【分类汇总】对话框。

步骤 3　在【分类汇总】对话框中设置分类字段、汇总方式、选定汇总项如图 4-79 所示。

	A	B	C	D	E	F	G	H	I
1	教师工资情况表								
2	姓名	部门	职称	性别	年龄	基本工资	津贴	奖金	扣款
3	马小文	财经系	讲师	男	39	3300	180	300	120
4	王晓宁	财经系	教授	男	50	4880	300	500	400
5	魏文鼎	财经系	助教	男	26	1480	100	150	50
6	李柏仁	管理系	副教授	男	50	4650	230	400	200
7	王永红	管理系	助教	女	24	1200	100	150	100
8	吴林	管理系	讲师	女	40	3500	200	300	185
9	李文如	计算机	副教授	女	49	4250	220	400	108
10	伍宁	计算机	助教	女	36	1400	120	150	190
11	夏雪	计算机	讲师	女	41	3500	200	300	145
12	高展翔	数学系	教授	男	55	4980	310	500	360
13	古琴	数学系	讲师	女	35	2800	200	300	245
14	钟成梦	数学系	副教授	女	53	4100	230	400	200
15	申旺林	英语系	讲师	男	32	2750	170	300	250
16	王斯雷	英语系	教授	男	57	5010	320	500	300
17	吴雨	英语系	助教	男	28	1850	130	150	200

图 4–78　按“部门”排序后的数据清单

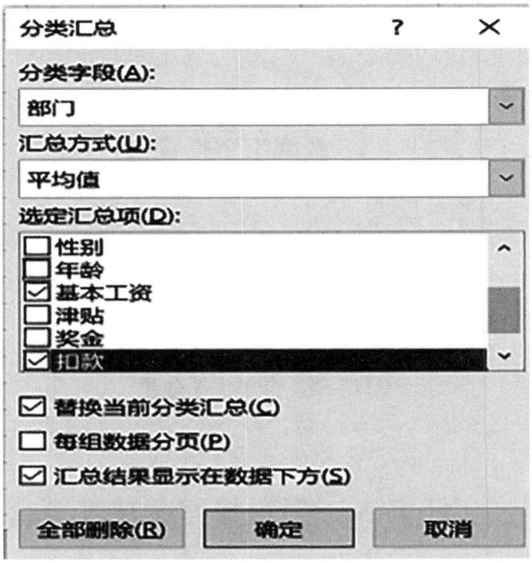

分类汇总　?　×

分类字段(A):

部门

汇总方式(U):

平均值

选定汇总项(D):

☐ 性别
☐ 年龄
☑ 基本工资
☐ 津贴
☐ 奖金
☑ 扣款

☑ 替换当前分类汇总(C)

☐ 每组数据分页(P)

☑ 汇总结果显示在数据下方(S)

全部删除(R)　确定　取消

图 4–79　设置分类汇总对话框

步骤 4　单击【确定】按钮，完成分类汇总效果如图 4–80 所示。

姓名	部门	职称	性别	年龄	基本工资	津贴	奖金	扣款
马小文	财经系	讲师	男	39	3300	180	300	120
王晓宁	财经系	教授	男	50	4880	300	500	400
魏文鼎	财经系	助教	男	26	1480	100	150	50
	财经系 平均值				3220			190
李柏仁	管理系	副教授	男	50	4650	230	400	200
王永红	管理系	助教	女	24	1200	100	150	100
吴林	管理系	讲师	女	40	3500	200	300	185
	管理系 平均值				3116.667			161.67
李文如	计算机	副教授	女	49	4250	220	400	108
伍宁	计算机	助教	女	36	1400	120	150	190
夏雪	计算机	讲师	女	41	3500	200	300	145
	计算机 平均值				3050			147.67
高展翔	数学系	教授	男	55	4980	310	500	360
古琴	数学系	讲师	女	35	2800	200	300	245
钟成梦	数学系	副教授	女	53	4100	230	400	200
	数学系 平均值				3960			268.33
申旺林	英语系	讲师	男	32	2750	170	300	250
王斯蕾	英语系	教授	男	57	5010	320	500	300
吴雨	英语系	助教	男	28	1850	130	150	200
	英语系 平均值				3203.333			250
	总计平均值				3310			203.53

图 4-80　分类汇总效果

步骤 5　在“分类汇总”工作表中单击左上角分组显示符号 2，隐藏分类汇总表中的明细数据行。结果如图 4-81 所示。

1 2 3		A	B	C	D	E	F	G	H	I
	1	**教师工资情况表**								
	2	姓名	部门	职称	性别	年龄	基本工资	津贴	奖金	扣款
+	6		**财经系 平均值**				3220			190
+	10		**管理系 平均值**				3116.667			161.67
+	14		**计算机 平均值**				3050			147.67
+	18		**数学系 平均值**				3960			268.33
+	22		**英语系 平均值**				3203.333			250
−	23		**总计平均值**				3310			203.53
	24									

图 4-81　分类汇总效果

任务 5　创建数据透视表

要求：根据“数据源”工作表中的数据，以“姓名”为报表筛选项，以“部门”为行标签，以“职称”为列标签，以“基本工资”“津贴”“奖金”为求最大值项，在【数据透视表】工作表的 A1 单元格起建立数据透视表，效果如图 4-82 所示。

操作步骤如下：

步骤 1　选中“数据透视表”工作表 A1 单元格，单击【插入】选项卡【表格】功能组中的【数据透视表】按钮，打开【创建数据透视表】对话框。

	A	B	C	D	E	F
1	姓名	(全部)				
2						
3		列标签				
4	行标签	教授	副教授	讲师	助教	总计
5	财经系					
6	最大值项:基本工资		4250	3500	1480	4250
7	最大值项:津贴		230	200	120	230
8	最大值项:奖金		400	300	150	400
9	管理系					
10	最大值项:基本工资	4880	4650	3500	1200	4880
11	最大值项:津贴	300	230	200	100	300
12	最大值项:奖金	500	400	300	150	500
13	计算机					
14	最大值项:基本工资	5010		2800	1850	5010
15	最大值项:津贴	320		200	130	320
16	最大值项:奖金	500		300	150	500
17	数学系					
18	最大值项:基本工资	5000	4880	3460		5000
19	最大值项:津贴	200	300	310		310
20	最大值项:奖金	400	150	400		400
21	英语系					
22	最大值项:基本工资	4750	4000	2670	2030	4750
23	最大值项:津贴	300	310	100	200	310
24	最大值项:奖金	300	500	150	300	500
25	最大值项:基本工资汇总	5010	4880	3500	2030	5010
26	最大值项:津贴汇总	320	310	310	200	320
27	最大值项:奖金汇总	500	500	400	300	500
28						

图 4-82 数据透视表效果

步骤 2 在【请选择要分析的数据】部分选择当前工作表的 A2：H27 单元格区域，在【选择放置数据透视表的位置】部分的选择【现有工作表】选项，【位置】设置为“数据透视表”工作表的 A1 单元格。如图 4-83 所示。

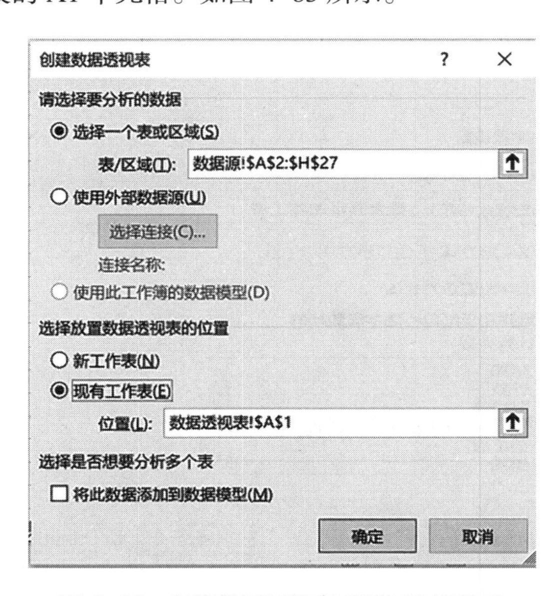

图 4-83 创建数据透视表对话框设置效果

步骤 3　单击【确定】按钮，Excel 自动打开“数据透视表”工作表，并打开【数据透视表字段】对话框，将“姓名”字段拖至【筛选】窗格，将“部门”字段拖至【行】窗格，将“职称”字段拖至【列】窗格，将“基本工资”“津贴”“奖金”字段分别拖至【值】空格，默认统计方式为“求和项”，如图 4-84 所示。

步骤 4　单击【求和项：基本工资】右侧的下拉按钮▼，在下拉列表中选择【值字段设置】命令，如图 4-85 所示。打开【值字段设置】对话框，【计算类型】选择“最大值”。如图 4-86 所示。

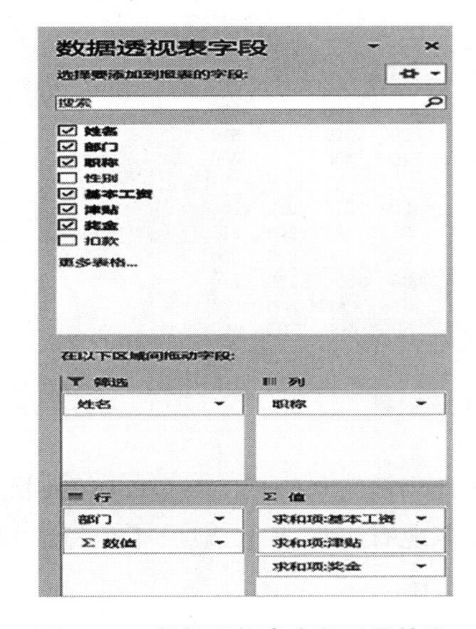

图 4-84　数据透视表字段设置效果

图 4-85　设置值字段统计方式

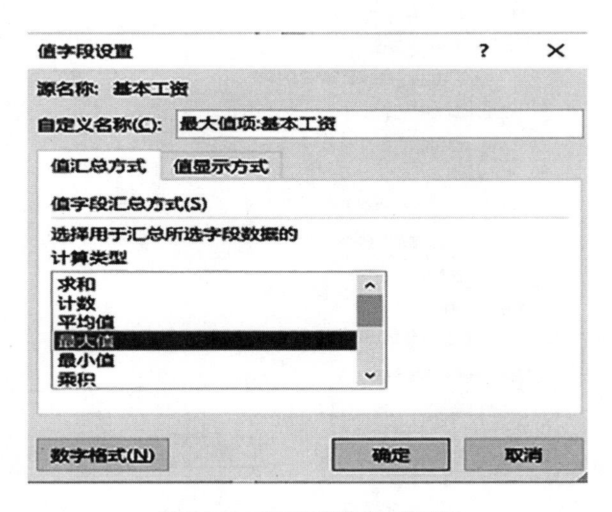

图 4-86　值字段设置对话框

步骤 5　依次设置“津贴”和“资金”字段统计方式为“最大值”项，具体步骤略。

步骤 6　在【数据透视表字段】对话框中将【列】窗格中的“数值”拖至【行】窗格中，如图 4-87 所示。

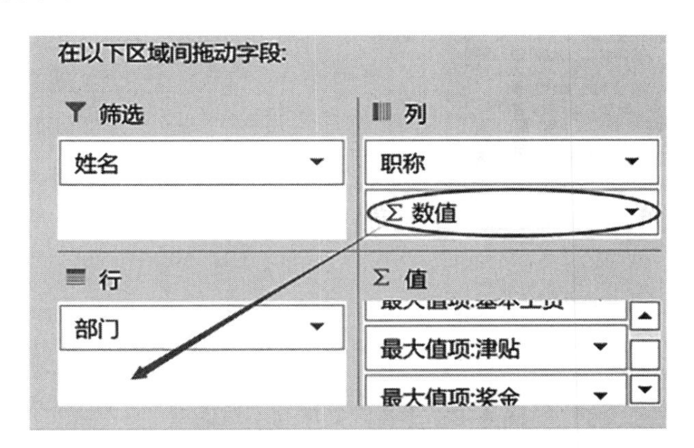

图 4-87　将“数值”从【列】窗格拖至【行】窗格中

4. 拓展学习

自定义序列排序

将“自定义序列排序”工作表中的数据清单以职称为主要关键字，按教授、副教授、讲师、助教顺序排列；基本工资为次关键字降序排列。

步骤 1　选中“自定义序列排序”工作表 A1：G 17 单元格区域，单击【数据】选项卡【排序和筛选】功能组中的【排序】按钮，打开【排序】对话框。

步骤 2　在【列】区域的【主要关键字】下拉列表框中选择【职称】选项，【排序依据】为【单元格值】，【次序】为【自定义序列】，打开【自定义序列】对话框。

步骤 3　在【自定义序列】对话框中的【输入序列】窗格中按顺序输入“教授”“副教授”“讲师”“助教”，每输入一个排序项，必须按回车换行。

步骤 4　输入完所有排序项后单击【添加】按钮，在自定义序列列表尾部添加了新的排序序列，如图 4-88 所示。单击【确定】按钮。

步骤 5　在【排序】对话框单击【添加条件】按钮，出现【次关键字】条件，在【次关键字】下拉列表框中选择【基本工资】，【排序依据】为【单元格值】，【次序】为【降序】。

步骤 6　单击【确定】按钮，排序结果如图 4-89 所示。

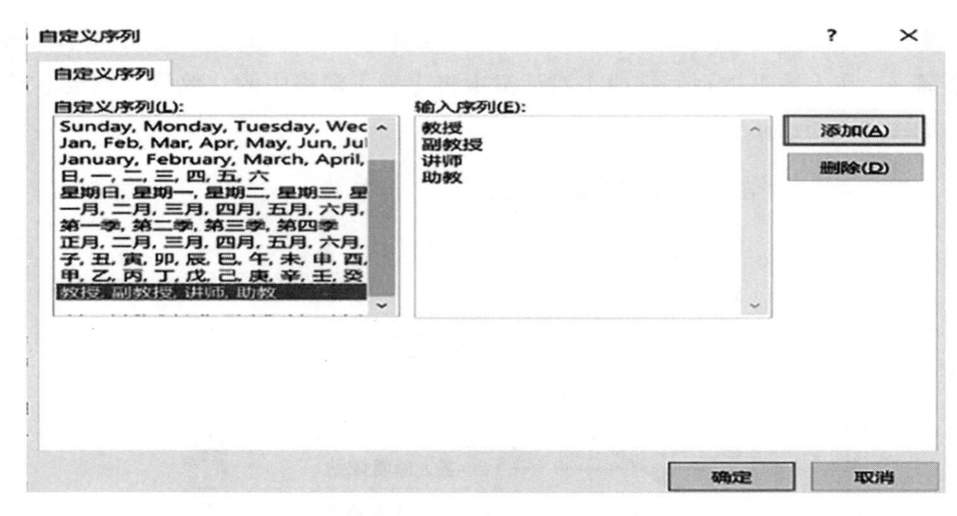

图 4–88 【自定义序列】对话框

	A	B	C	D	E	F	G
1	教师工资情况表						
2	姓名	部门	职称	基本工资	津贴	奖金	扣款
3	王斯蕾	英语系	教授	5010	320	500	300
4	高展翔	数学系	教授	4980	310	500	360
5	王晓宁	财经系	教授	4880	300	500	400
6	李柏仁	管理系	副教授	4650	230	400	200
7	李文如	计算机	副教授	4250	220	400	108
8	钟成梦	数学系	副教授	4100	230	400	200
9	吴林	管理系	讲师	3500	200	300	185
10	夏雪	计算机	讲师	3500	200	300	145
11	马小文	财经系	讲师	3300	180	300	120
12	古琴	数学系	讲师	2800	200	300	245
13	申旺林	英语系	讲师	2750	170	300	250
14	吴雨	英语系	助教	1850	130	150	200
15	魏文鼎	财经系	助教	1480	100	150	50
16	伍宁	计算机	助教	1400	120	150	190
17	王永红	管理系	助教	1200	100	150	100

图 4–89　自定义序列排序结果

课后练习

操作题

素材：“第 4 单元课后练习题 .xlsx”。

1. 在“数据录入”工作表中输入数据如图 4–90 所示，要求如下：

（1）用填充序列的方式在 A3:A17 单元格中输入日期。

	A	B	C	D	E
1	建筑产品进货情况一览表				
2	日期	产品名称	进货地区	进货数量	进货单价
3	2010/5/10	沙石	华北	643	¥3.20
4	2010/5/11	水泥	西北	700	¥5.00
5	2010/5/12	钢材	西北	520	¥11.50
6	2010/5/13	水泥	华北	620	¥5.40
7	2010/5/14	钢材	华南	673	¥10.70
8	2010/5/15	塑料	西北	590	¥15.00
9	2010/5/16	木材	华北	640	¥6.00
10	2010/5/17	钢材	华北	730	¥12.00
11	2010/5/18	塑料	华北	590	¥16.80
12	2010/5/19	水泥	华南	650	¥6.00
13	2010/5/20	木材	西北	590	¥6.20
14	2010/5/21	沙石	西北	720	¥3.00
15	2010/5/22	塑料	华南	590	¥15.30
16	2010/5/23	木材	华南	630	¥5.80
17	2010/5/24	沙石	华南	570	¥3.80

图 4–90　“数据录入”工作表

（2）用数据验证的方式限定输入 B3:B17 单元格中的产品名称（沙石、水泥、钢材、塑料、木材）。

（3）用数据验证的方式限定输入 C3:C17 单元格中的进货地区（华北、西北、华南）。

（4）在 D3:D17 单元格中填入进货数量，并设置数据验证条件为“整数，范围为 500 至 800”，出错警告样式为“停止”，标题为“数据超出范围”，错误信息为“请输入 500 至 800 的整数”。

（5）在 E3:E17 单元格中填入进货单价，设置为货币类型，保留 2 位小数。

（6）表头行格式设置为字体“加粗”，颜色“白色，背景 1”，底纹“深红色”。

（7）偶数行底纹“红色，个性色 2，60%”。

（8）表格外框线为“深红色粗实线”，内框水平方向为“红色细实线”，垂直方向无线条。

2. 在“计算”工作表（如图 4–91 所示）中进行计算，要求如下：

（1）计算总分：SUM 函数或公式。

（2）计算平均分：AVERAGE 函数或公式（四舍五入到整数）。

（3）判断是否及格：IF 函数。

（4）排名：RANK 函数。

（5）最高分：MAX 函数。

	A	B	C	D	E	F	G	H	I
1	恒大中学高二考试成绩表								
2	姓名	班级	语文	数学	英语	总分	平均分	是否及格	名次
3	李平	高二（一）班	72	75	52				
4	麦孜	高二（二）班	85	88	73				
5	张江	高二（一）班	97	83	89				
6	王硕	高二（三）班	76	88	84				
7	刘梅	高二（三）班	72	75	69				
8	江海	高二（一）班	92	86	74				
9	李朝	高二（三）班	76	55	42				
10	许如润	高二（一）班	87	83	90				
11	张玲铃	高二（三）班	89	67	92				
12	赵丽娟	高二（二）班	76	67	78				
13	高峰	高二（二）班	92	87	74				
14	刘小丽	高二（三）班	76	67	90				
15	最高分					一班平均分			
16	最低分								
17	考试人数					二班平均分			
18	及格人数								
19	及格率					三班平均分			

图 4–91 “计算”工作表

（6）最低分：MIN 函数。

（7）考试人数：COUNT 函数。

（8）及格人数：COUNTIF 函数。

（9）及格率：公式，格式为百分数，保留 1 位小数。

（10）一班、二班、三班平均分：AVERAGEIF 函数，保留 1 位小数。

3. 在“图表 1”工作表中创建“部门销售业绩表”，如图 4–92 所示，要求如下：

（1）创建图表：选取“图表 1”工作表中的适当数据，在该工作表中创建一个三维簇状柱形图。

（2）将图表区的布局设置为“布局 3”（图表工具“设计”快速布局），图表样式设置为“样式 11”（图表工具“设计”图表样式），将图表调整大小并放置在本工作表 H2：N12 单元格区域，并为图表区套用“彩色轮廓 – 橄榄色，强调颜色 3”（图表工具“格式”形状样式）的形状样式。

（3）图表标题为“部门销售业绩表”，字体设置为华文新魏、20 磅、深红色；将图例区中的文字设置为微软雅黑、10 磅。

（4）将坐标轴主要刻度设置为 20000。

（5）将工作表中四月份“吴佳”销售业绩的数据更改为“75000”，从而改变图表中的数据，并在图表中以紫色、12 磅字体在相应位置显示出来。

（6）从“图表 2”工作表中添加“五月份”和“六月份”的销售业绩至图表中。

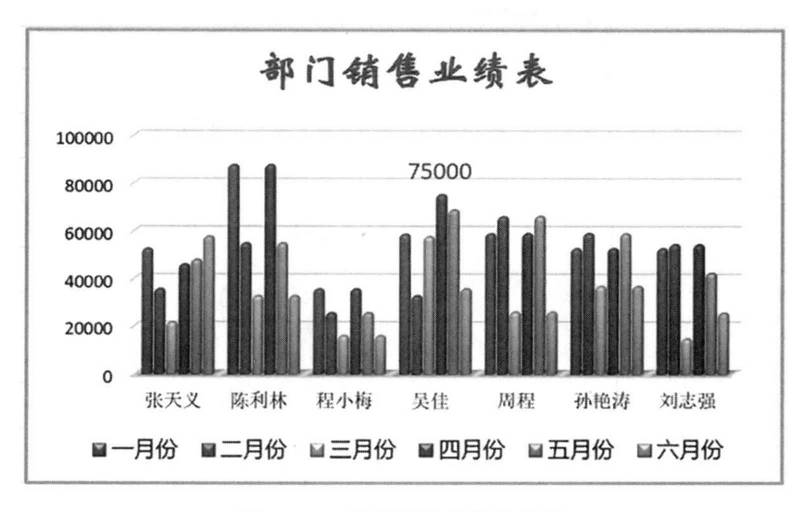

图 4–92　部门销售业绩表效果

4. 对“排序”工作表中的数据清单以“部门”为主要关键字升序，以“工资”为次要关键字降序排序。

5. 对“筛选”工作表中的数据按要求进行筛选。

（1）对“筛选”工作表中“水果店进货情况统计表”数据进行筛选，筛选出进货地区为“北京市”且进货产量大于 100 的记录。结果如图 4–93 所示。

品种	进货地	进货产量(公斤	进货单价(元
荔枝	北京市	114	3

图 4–93　自动筛选效果

（2）对“筛选”工作表中“市场部全年销售额”中的数据进行筛选，筛选出至少有一季度销售额大于等于 10000 的记录，筛选结果放置在 A36 为左上角的单元格区域。结果如图 4–94 所示。

35	季度销售额大于10000的产品统计					
36	产品型号	类别	第一季度	第二季度	第三季度	第四季度
37	A8	电子类	11200	8200	7700	9100
38	C3	电子类	35000	40000	45000	11700
39	F7	玻璃类	5600	7800	10000	10000
40	I6	塑料类	7800	6500	14700	13200
41	H4	五金类	8200	3500	12300	11800
42	Y5	五金类	6800	11800	13600	8200
43	M7	玻璃类	7800	15300	7600	3700

图 4–94　高级筛选效果

6. 在“合并计算”工作表中对华北、西北、华南三个地区进货数量和进货单价的最高值进行统计，结果放在“建筑产品进货最高值”表格中，结果如图 4–95 所示。

7. 将“分类汇总”工作表中数据按“产品名称”对“进货数量”进行求和统计，结果如图 4–96 所示。

建筑产品进货最高值

产品名称	进货数量	进货单价
沙石	720	3.8
水泥	700	6
木材	640	6.2
钢材	730	12
塑料	580	16.8

图 4–95　合并计算效果

日期	产品名称	进货地区	进货数量	进货单价
	钢材 汇总		1923	
	木材 汇总		1850	
	沙石 汇总		1933	
	水泥 汇总		1970	
	塑料 汇总		1740	
	总计		9416	

图 4–96　分类汇总效果

8. 使用“数据源”工作表中的数据，以“产品规格”为报表筛选项，以“季度”为行标签，以“车间”为列标签，以“不合格产品（个）”“合格产品（个）”“总数（个）”为求和统计项，从“数据透视表”工作表的 A1 单元格起建立数据透视表，并筛选出“五车间”的统计数据。结果如图 4–97 所示。

	A	B	C
1	产品规格	(全部)	
2			
3		列标签	
4	行标签	第五车间	总计
5	第二季度		
6	求和项:不合格产品(个)	172	172
7	求和项:合格产品(个)	3000	3000
8	求和项:总数(个)	3172	3172
9	第三季度		
10	求和项:不合格产品(个)	122	122
11	求和项:合格产品(个)	2945	2945
12	求和项:总数(个)	3067	3067
13	第四季度		
14	求和项:不合格产品(个)	120	120
15	求和项:合格产品(个)	2900	2900
16	求和项:总数(个)	3020	3020
17	第一季度		
18	求和项:不合格产品(个)	170	170
19	求和项:合格产品(个)	3245	3245
20	求和项:总数(个)	3415	3415
21	求和项:不合格产品(个)汇总	584	584
22	求和项:合格产品(个)汇总	12090	12090
23	求和项:总数(个)汇总	12674	12674

图 4–97　数据透视表效果

单元 5　PowerPoint 2016 演示文稿

PowerPoint 2016 是一款由微软公司于 2015 年 9 月 22 日发布的演示文稿制作软件，和 Word 2016、Excel 2016 等应用软件一样都属于办公软件集合 Microsoft Office 2016 中的一个重要组成部分。PowerPoint 2016 主要用于设计和制作各种类型的演示文稿，进行公开演讲、广告宣传、教育培训、产品演示等信息共享与交流。制作的演示文稿可以通过电脑或者投影仪播放；利用 PowerPoint 2016，不但可以创建演示文稿，还可以利用网络对对方远程展示演示文稿。随着办公自动化的普及，PowerPoint 的应用越来越广泛。

本章主要通过制作一个知党史感党恩跟党走专题党课演示文稿及流金岁月模板，从而学习 PowerPoint 2016 演示文稿的基本操作、幻灯片母版的制作、动画效果设计与制作、放映与打印以及排版技巧等技能。

项目 5.1　制作知党史感党恩跟党走专题党课演示文稿

1. 项目要求

制作知党史感党恩跟党走专题党课演示文稿，制作效果如图 5-1 所示。要求如下：

①将知党史感党恩跟党走专题党课 Word 文档导入演示文稿。

②按照演示文稿结构制作封面页、目录页、转场页、内容页、总结页和结束页。

③使用流金岁月模板美化知党史感党恩跟党走专题党课演示文稿。

④用 SmartArt 图形和图表美化幻灯片页面。

⑤演示文稿动画效果、切换效果设计与制作。

⑥演示文稿多媒体插入。

⑦演示文稿放映设置与放映。

⑧演示文稿的打印与导出。

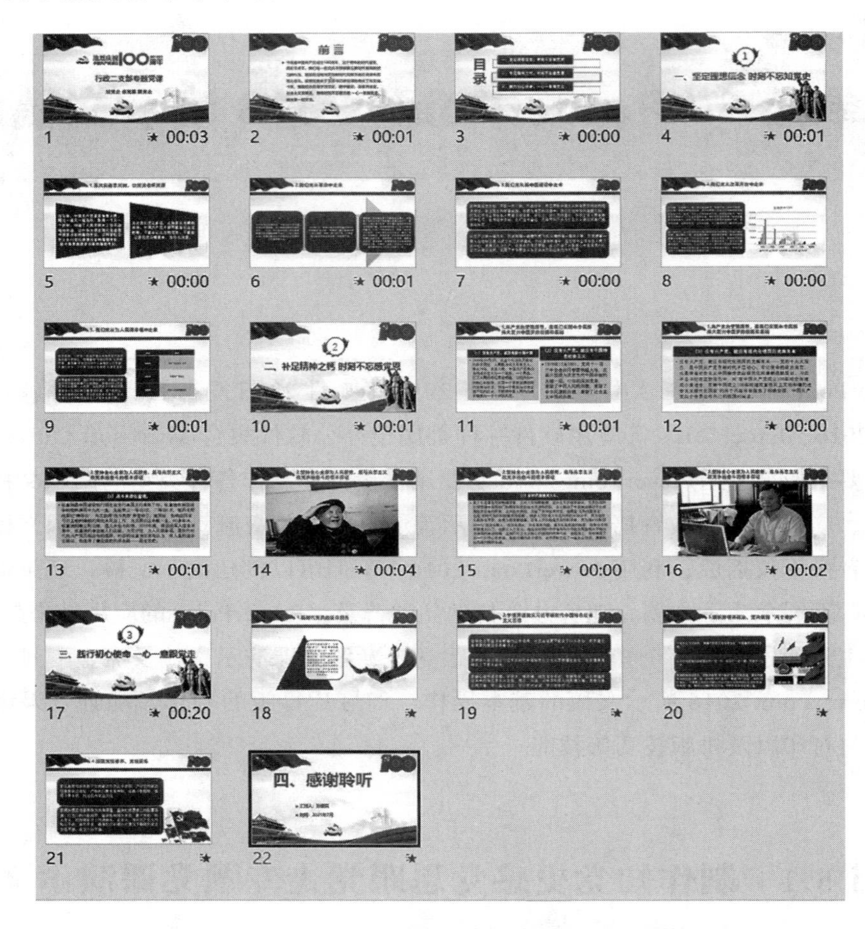

图 5–1　知党史感党恩跟党走专题党课演示文稿效果图

2. 相关知识

（1）PowerPoint 2016 的启动、创建、保存和关闭

①启动 PowerPoint 2016

PowerPoint 2016 是在 Windows 环境下开发的应用程序，和启动 Microsoft Office 2016 软件包其他应用程序一样，可以采用以下几种方法来启动 PowerPoint 2016：

方法 1：单击左下角的【开始】按钮，依次选择【所有程序】→【Microsoft Office】→ Microsoft PowerPoint 2016 命令，启动 PowerPoint 2016。

方法 2：单击左下角的【开始】按钮，依次选择【所有程序】→【Microsoft Office】，在 PowerPoint 2016 上右键选择【打开文件位置】，打开 PowerPoint 2016 所在位置之后，通过右键将 PowerPoint 2016 快捷方式发送到桌面，双击桌面上的快捷方式即可启动 PowerPoint 2016。

方法 3：在资源管理器中，选择任意一个已有的 PowerPoint 2016 文件，双击该文件后系统自动启动与之关联的 PowerPoint 2016 应用程序，并同时打开此文件。

②创建演示文稿

启动 PowerPoint 2016 之后，单击【文件】选项卡的【新建】命令，打开【新建】对话框，双击【空白演示文稿】，创建新的演示文稿。

③保存演示文稿

方法 1：单击【文件】选项卡里的【保存】命令。如果是新建的演示文稿，此时会弹出【另存为】对话框，在【文件名】文本框中输入演示文稿名称，在【保存类型】下拉列表中选择保存类型，默认的保存类型是【PowerPoint 演示文稿】，单击【保存】按钮。

方法 2：通过 Ctrl+S 快捷方式来快速保存，或者直接点击右上角快速访问工具栏的保存按钮。

方法 3：单击【文件】选项卡的【另存为】命令可以改变已有文件的保存路径。

④关闭演示文稿

方法 1：单击【文件】选项卡里的【关闭】命令。

方法 2：单击窗口右上角的关闭按钮。

（2）PowerPoint 2016 的窗口界面

启动 PowerPoint 2016 后，打开如图 5-2 所示的工作窗口，该窗口包括标题栏、快速访问工具栏、窗口控制按钮、窗口控制图标、功能区、大纲视图区、幻灯片视图区、备注区、状态栏等部分。

快速访问工具栏位于标题栏左侧，提供了常用的【保存】、【撤销】和【恢复】按钮。我们还可以通过单击快速访问工具栏后边的按钮添加其他所需的按钮，并且通过单击下拉菜单中的【在功能区下方显示】命令将快速访问工具栏调整到功能区的下方。

PowerPoint 2016 几乎所有的操作命令都集中在功能区，通过点击不同的功能区选项卡可以切换至不同的功能区。

大纲视图区与幻灯片视图区以及备注区是三个可编辑的区域，是 PowerPoint 2016 的工作环境。大纲视图区可以显示幻灯片的数量、编号以及结构效果。幻灯片视图区也称为编辑区，是制作演示文稿的基本操作平台，在大纲视图区中选择某张幻灯片之后，此幻灯片的内容将会显示在编辑区内，在编辑区内可以对每页幻灯片的内容进行编辑与显示，如输入文本、插入图片以及设置动画效果等。备注区内可以对每页幻灯片分别进行备注，如涉及当前幻灯片相关的注释等信息，在打印的时候可以将备注信息与幻灯片一起打印出来。

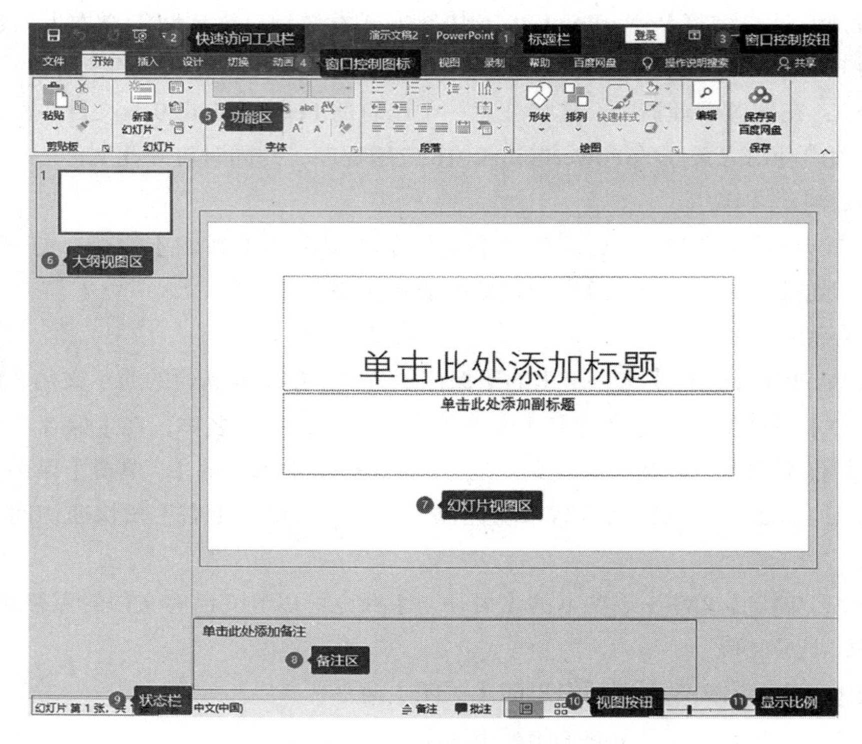

图 5–2　PowerPoint 2016 窗口界面

状态栏位于窗口左下角，主要用于显示当前演示文稿的编辑状态和显示模式。

视图按钮位于窗口右下角，可以方便地进行视图切换。视图是在屏幕上显示演示文稿的方式，在 PowerPoint 2016 中，共有普通视图、幻灯片浏览、阅读视图、幻灯片放映这四种视图。

①普通视图。演示文稿打开之后默认的视图模式就是普通视图。普通视图由大纲窗格、幻灯片窗格和备注窗格这 3 种窗格组成，窗格大小可以根据需要通过拖动窗格边框进行调整。在此视图下可以对演示文稿的内容进行编辑。

②幻灯片浏览视图。单击【幻灯片浏览】按钮可以切换到幻灯片浏览视图，在此视图下可以从整体上浏览所有幻灯片，并可对幻灯片进行移动、复制、删除，调整背景、主题等操作。但是在此视图下无法对幻灯片的内容进行编辑，如果需要修改幻灯片的内容可以通过点击普通视图按钮或者双击某个幻灯片切换到普通视图后再进行编辑。

③幻灯片阅读视图。单击【幻灯片阅读视图】按钮可以切换到幻灯片阅读视图，在此视图下可以查看幻灯片的放映效果，通过点击状态栏中的上一张、菜

单、下一张按钮可以切换幻灯片以及在菜单中选择相应的命令对幻灯片进行浏览阅读等操作。

④幻灯片放映视图。点击【幻灯片放映】按钮可以切换到幻灯片放映视图，在此视图下可以全屏展示幻灯片，依次放映幻灯片内容，体验图像、影片、动画等对象的动画效果以及幻灯片的切换效果。

（3）演示文稿结构

演示文稿的结构一般分为【封面页】、【目录页】、【转场页】、【内容页】、【总结页】、【结束页】。

封面页：是演示文稿的首页，一般显示封面的标题、副标题、作者、日期等信息。

目录页：显示演示文稿的内容提要。

转场页：衔接目录页与内容页之间的页面，起到承上启下的作用，提示后面即将要进行展示的内容。

内容页：展示演示文稿的主要内容。

总结页：对整个演示文稿内容的总结。

结束页：致谢词放置于此。

演示文稿结构如图 5-3 所示。

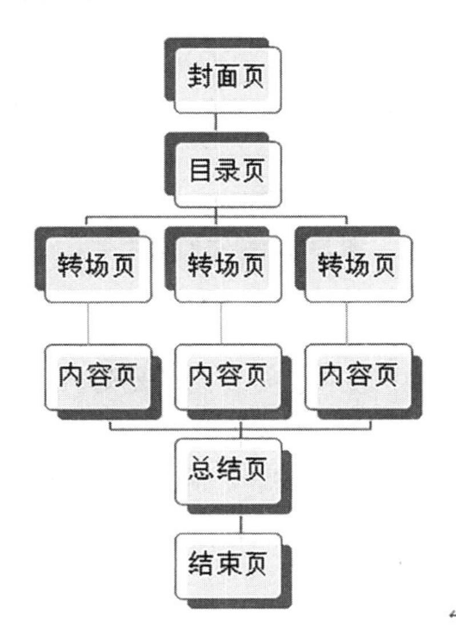

图 5-3　演示文稿结构

（4）添加新的幻灯片

创建演示文稿后，下一步工作就是向演示文稿中添加新的幻灯片，有如下几种方法。

①新建幻灯片

方法 1：启动 PowerPoint 2016，选择【开始】选项卡，单击【幻灯片】功能组中的【新建幻灯片】下拉按钮，在弹出的列表中选择【Office 主题】-【标题和内容】版式，也可以根据需要选择其他类型的幻灯片，如【两栏内容】、【竖排标题与文本】等。

方法 2：在左侧大纲视图区中选中任意一张幻灯片，在幻灯片上单击右键并选择【新建幻灯片】命令。如图 5-4 所示。

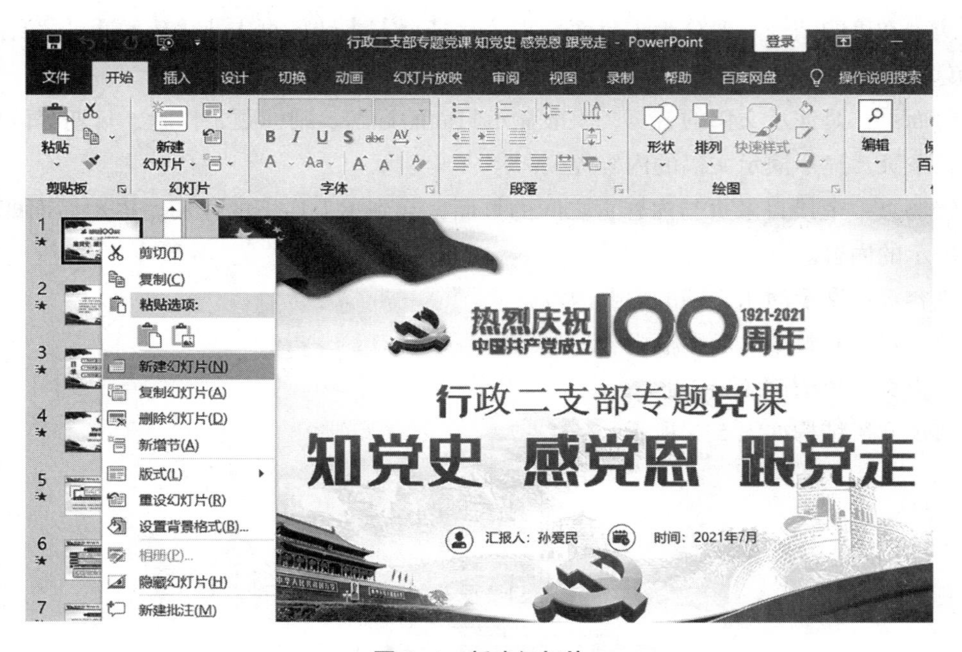

图 5-4　新建幻灯片

②复制幻灯片

方法 1：在左侧大纲视图区中选中想要复制的幻灯片，在幻灯片上单击右键并选择【复制幻灯片】命令。

方法 2：在左侧大纲视图区中选中想要复制的幻灯片，选择【开始】选项卡，单击【幻灯片】功能组中的【新建幻灯片】下拉按钮，在弹出的列表中选择【复制选定幻灯片】命令。

③从大纲中导入幻灯片

这是一种高效的添加幻灯片的方法。需要先做好 Word 文档排版，然后从 Word 文档中导入文字，生成新的幻灯片。步骤如下：

步骤 1　对 Word 文档进行精简，提炼出标题，删除不必要的文字。

步骤 2　为了方便将 Word 导入演示文稿中，高效美化排版，需要为所有段落设置好大纲级别，大纲级别与将要导入幻灯片中的标题和文字具有一一对应关系，具体对应关系如下：

- 大纲级别 1 级→幻灯片标题
- 大纲级别 2 级→幻灯片正文的一级文字
- 大纲级别 3 级→幻灯片正文的二级文字

其他段落以此类推。

步骤 3　将处理好的 Word 导入演示文稿中。选择【开始】选项卡，单击【幻灯片】功能组中的【新建幻灯片】下拉按钮，在弹出的列表中选择【幻灯片（从大纲）】命令，打开的【插入大纲】对话框，浏览查找选择相应的 Word 文档。

④重用幻灯片。选择【开始】选项卡，单击【幻灯片】功能组中的【新建幻灯片】下拉按钮，在弹出的列表中选择【重用幻灯片】命令，此时在演示文稿的右侧会出现【重用幻灯片】对话框，点击【浏览】按钮并在电脑中选择所重用的演示文稿，即可将此文稿里所有的幻灯片都导入【重用幻灯片】对话框下方。在【重用幻灯片】对话框下方点击想要重用的幻灯片即可在左侧大纲视图区出现此幻灯片。如图 5-5 所示。

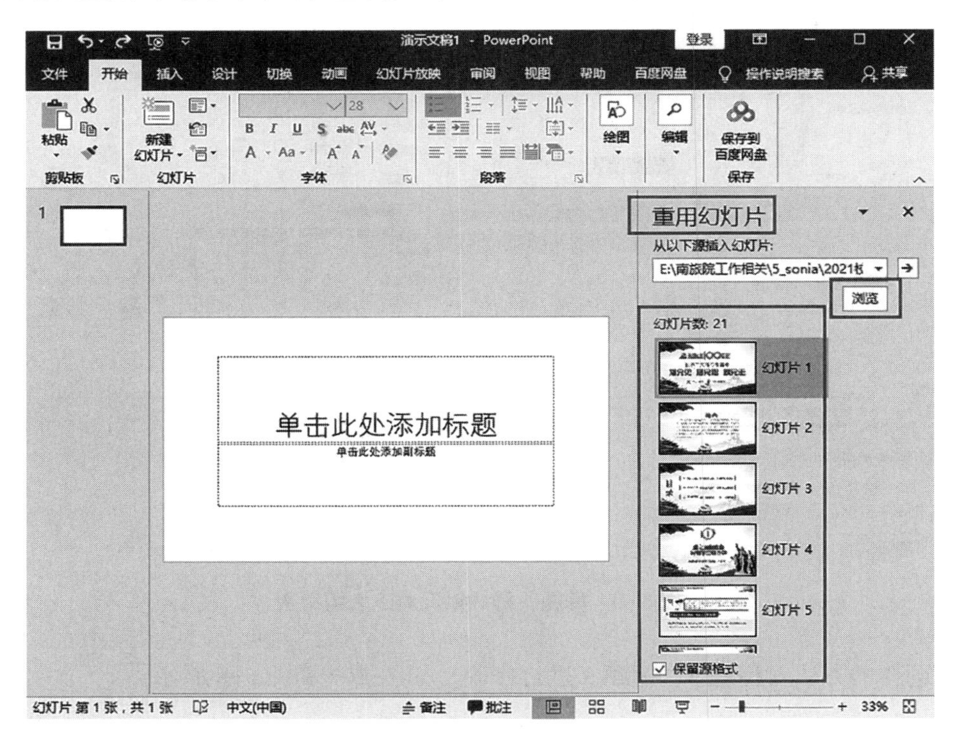

图 5-5　重用幻灯片

3. 项目实现

任务 1　基于 Word 创建演示文稿

步骤 1　对 Word 文档“行政二支部知党史感党恩跟党走专题党课 – 原稿 .docx”进行精简，提炼 1 级、2 级、3 级等标题。

步骤 2　设置标题 1、2、3 的样式以及对应大纲级别。选择【开始】选项卡，单击【样式】功能组中的窗格启动器按钮 ，在弹出的窗格中，找到【标题 1】样式，单击【标题 1】旁边的下拉按钮，在下拉列表中选择【修改】命令，对字体、格式、段落等进行修改，具体修改方法如图 5–6 所示。

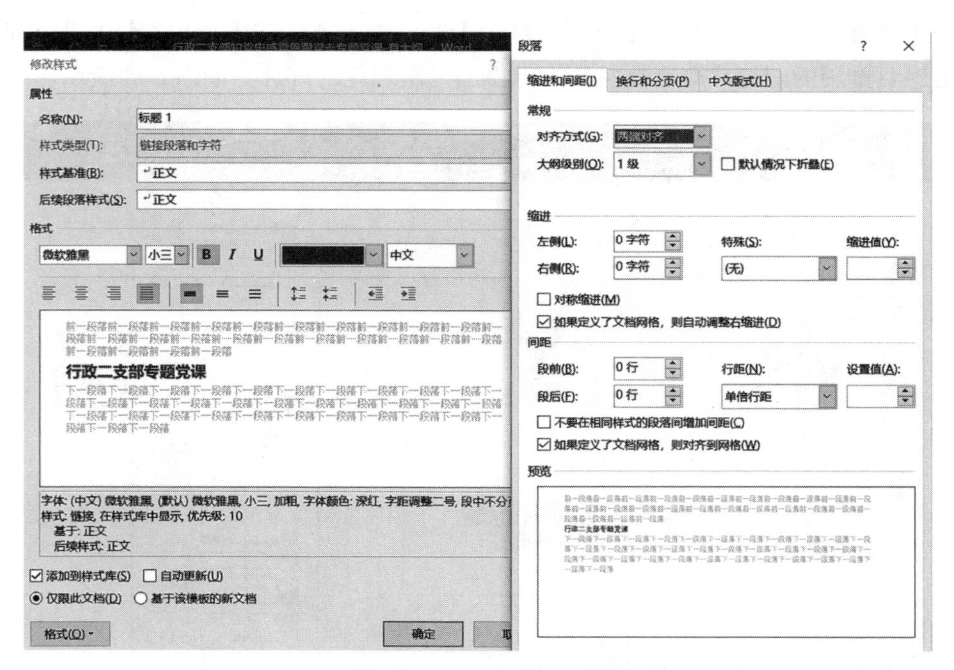

图 5–6　标题 1 样式以及对应大纲级别

用同样的方法对标题 2、标题 3 进行修改，如图 5–7 和图 5–8 所示。

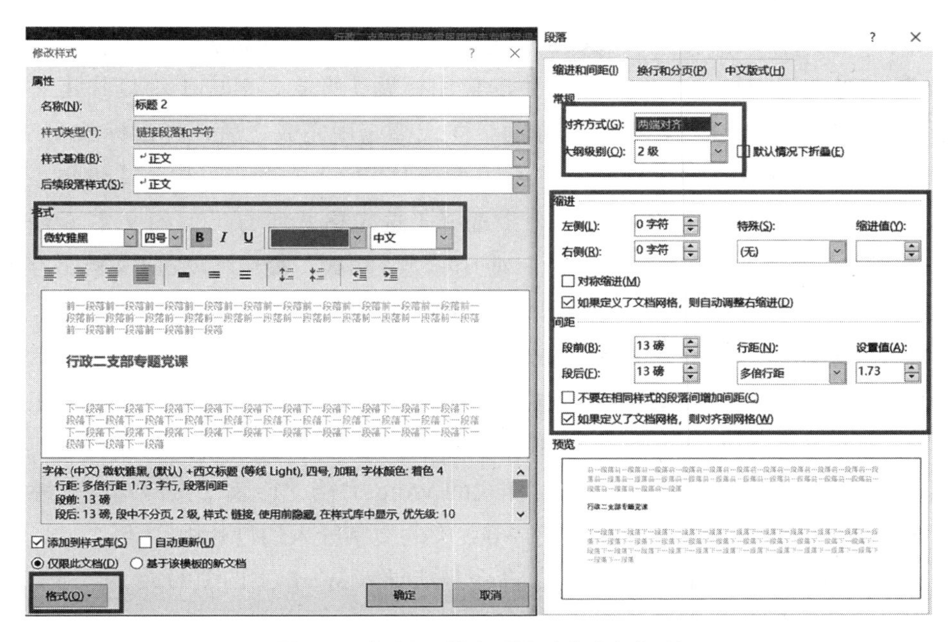

图 5–7　标题 2 样式以及对应大纲级别

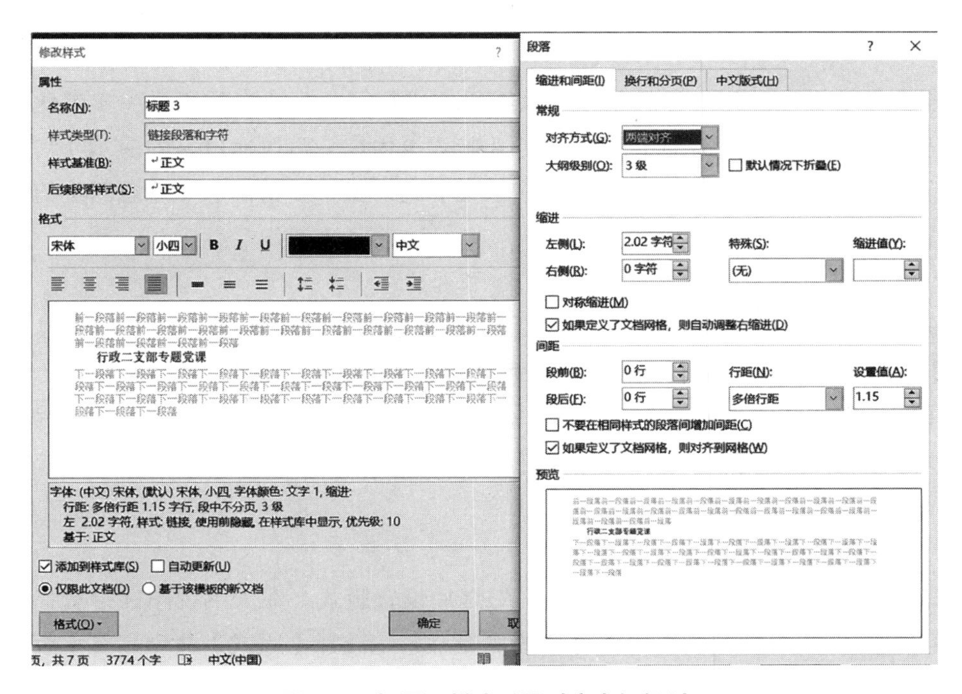

图 5–8　标题 3 样式以及对应大纲级别

步骤 3　应用样式。将 Word 文档“行政二支部知党史感党恩跟党走专题党课 - 原稿 .docx”中对应于幻灯片标题的文字手动应用标题 1 样式，对应于幻灯片正文的一级文字手动应用标题 2 样式。标题 1 和标题 2 样式都应用完成之后，将光标放在 Word 文档中对应于幻灯片正文二级文字任意一处，选择【开始】选项卡，单击【编辑】功能组中的【选择】下拉按钮，在弹出的列表中选择【选定格式所有类似的文本（无数据）】命令，选中所有剩余未应用样式的文字，应用标题 3 样式。最后将 Word 文档另存为“行政二支部知党史感党恩跟党走专题党课 - 有大纲 .docx”。

步骤 4　创建演示文稿并导入 Word 文字。启动 PowerPoint 2016，创建演示文稿后删除新建演示文稿中的空白幻灯片，选择【开始】选项卡，在【幻灯片】功能组中单击【新建幻灯片】下拉按钮，在弹出的下拉列表中选择【幻灯片（从大纲）】命令打开【插入大纲】对话框，在电脑中找到应用过样式的 Word 文档“行政二支部知党史感党恩跟党走专题党课 - 有大纲 .docx”，即可将 Word 中的文字导入幻灯片中。

步骤 5　通过【幻灯片（从大纲）】命令只能导入 Word 文档中的文字，还需要手动将文档中的表格、图片复制到相应的幻灯片中。

任务 2　通过模板美化幻灯片页面

导入 Word 文档的幻灯片只是按照大纲级别进行了分页，还需要进一步美化。而演示文稿模板包含了特定主题颜色以及幻灯片版式等内容，可以通过好的演示文稿模板快速美化图表、文字、图片等内容，提升演示文稿的形象，使得演示文稿思路更清晰、逻辑更严谨。

（1）套用流金岁月模板

步骤 1　套用演示文稿模板。选择【设计】选项卡，单击【主题】功能组右下角【其他】按钮，在弹出的【主题】列表中选择【浏览主题】命令。

步骤 2　在【选择主题或主题文档】对话框中，找到模板文件“流金岁月模板 .potx”所在路径，点击【应用】，这样流金岁月模板所包含的主题就应用到了演示文稿中，如图 5-9 所示。

（2）设置幻灯片版式

步骤 1　模板导入之后，需要为每张幻灯片设置版式。在大纲视图区中选择“行政二支部专题党课”页面，右击，在弹出的快捷菜单中选择【版式】命令，在【版式】列表中单击【封面页版式】选项。

步骤 2　选择【开始】选项卡，在【幻灯片】功能组单击【重置】按钮，这样模板中的封面页版式就应用到了幻灯片中，如图 5-10 所示。

图 5-9 套用流金岁月模板

图 5-10 应用模板中的封面页版式

步骤 3 选择模板中的目录页版式、转场页版式、内容页版式等其他版式，重复步骤 1 与步骤 2，对其他幻灯片进行初步美化。幻灯片与版式的对应关系如下：

- 将标题为“前言”的幻灯片页面应用模板中的“总结页版式”。
- 将标题为“目录”的幻灯片页面应用模板中的“目录页版式”。
- 将标题为“一、坚定理想信念时刻不忘知党史”“二、补足精神之钙时刻不忘感党恩”“三、践行初心使命一心一意跟党走”的 3 个幻灯片应用模板中的“转场页版式”。
- 将标题为“1. 共产党的坚强领导，是我们实现中华民族伟大复兴中国梦的前提和基础”“5. 我们党从为人民谋幸福中走来”的幻灯片页面应用模板中的“双栏内容页版式”。

- 将标题为“四、感谢聆听”的幻灯片页面应用模板中的“结束页版式”。
- 其余均应用模板中的“单栏内容页版式”。

设置完成后效果如图 5-11 所示。

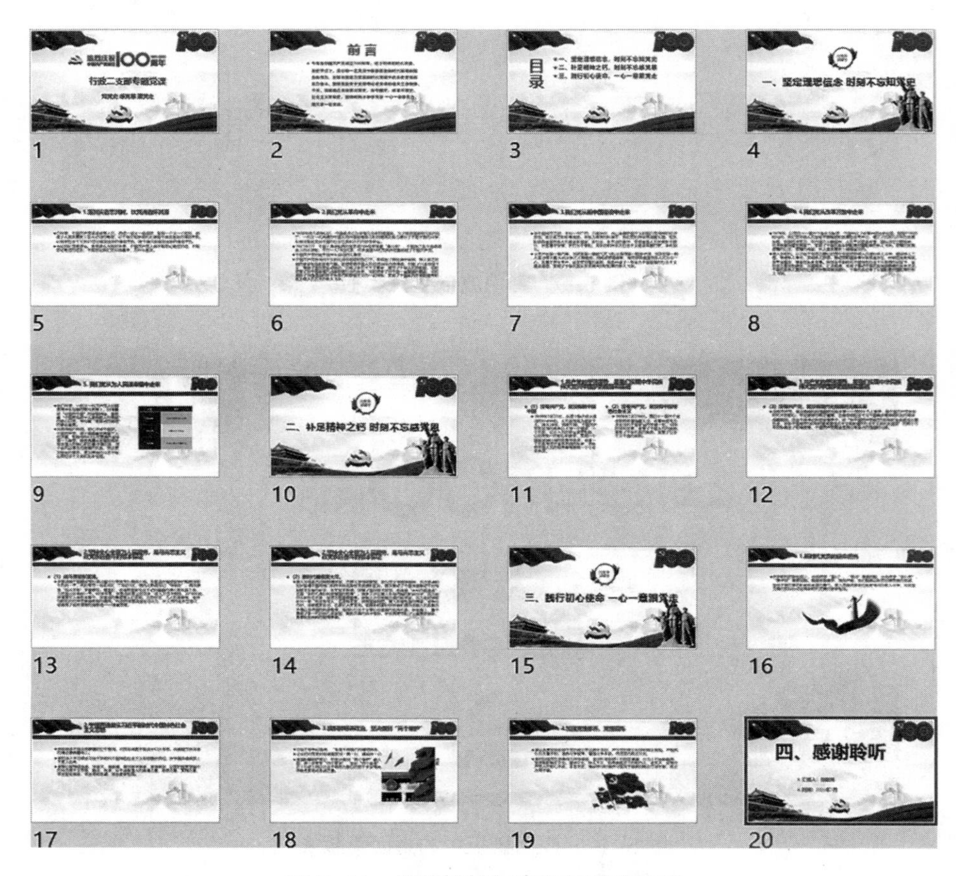

图 5-11　使用模板初步美化后效果图

任务 3　美化幻灯片

幻灯片页面的美化主要采用以下几种方法：

方法 1：精简幻灯片的文字、提炼标题。

方法 2：对幻灯片中的文字设置合适的字体、字号改变字体颜色，添加下画线、加粗等。

方法 3：调整文本框中文本的对齐方式、缩进、行距和段落间距等。

方法 4：设置项目符号和艺术字等。

方法 5：通过图表、图片、声音、视频等对象来美化幻灯片。

本任务主要是通过添加 SmartArt 图形和图表来美化幻灯片。

（1）用 SmartArt 图形来美化幻灯片

SmartArt 图形是信息和观点的视觉表示形式。SmartArt 可以方便快速地将幻灯片中的文字创建成各种图形图表，从而快速、有效地传达信息。

步骤 1　选择“目录”幻灯片，选中目录文字，选择【开始】选项卡，单击【段落】功能组中的【转换为 SmartArt 图形】下拉按钮，在弹出的 SmartArt 图形列表中选择【其他 SmartArt 图形】命令。如图 5-12 所示。

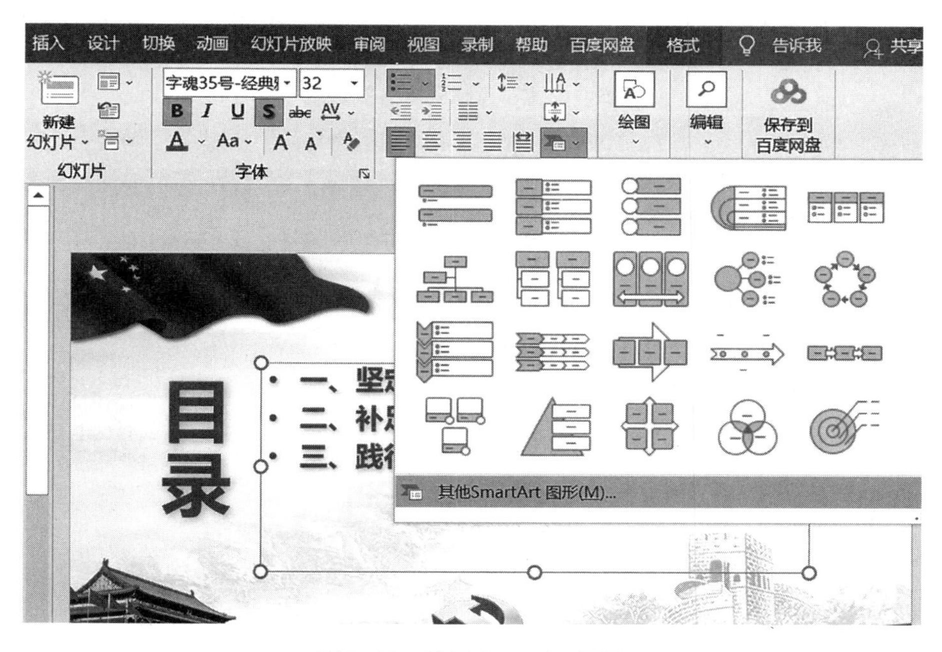

图 5-12　选择 SmartArt 图形

在打开的【选择 SmartArt 图形】对话框中，选择并应用【列表】-【垂直框列表】图表类型，效果如图 5-13 所示。

步骤 2　选择目录页中的 SmartArt 图形，此时会出现 SmartArt 工具浮动选项卡【格式】和【设计】，选择【设计】选项卡，单击【SmartArt 样式】功能组下拉按钮，在弹出的下拉列表中选择【三维】-【嵌入】。选择【格式】选项卡，在【形状样式】功能组中单击【形状效果】下拉按钮，在弹出的下拉列表中选择【发光】-【发光：11 磅；橙色，主题色 3】。如图 5-14、图 5-15 所示。

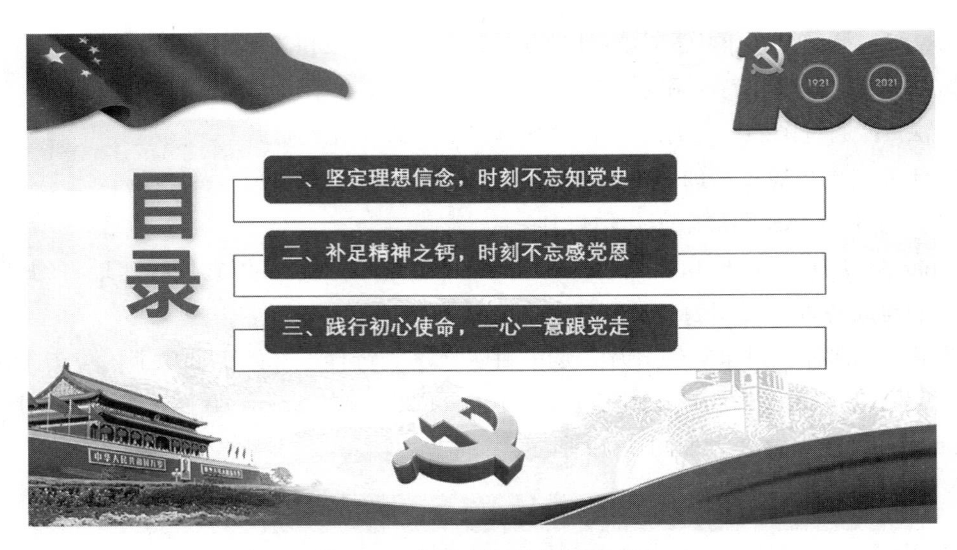

图 5-13 【垂直框列表】效果图

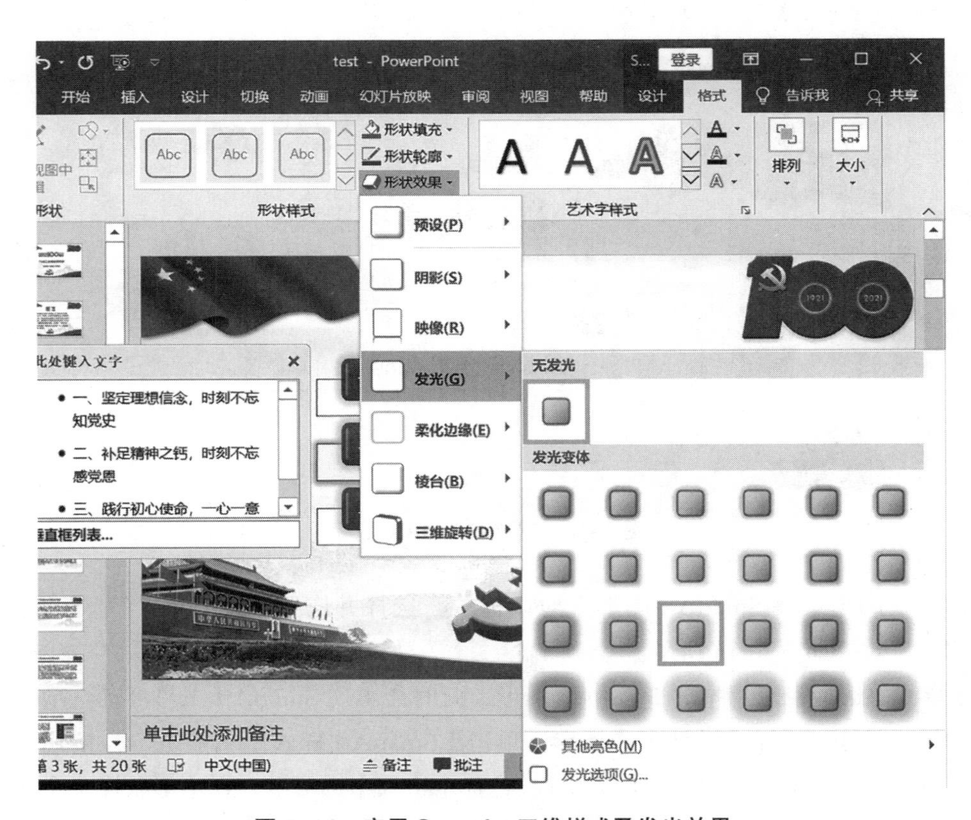

图 5-14 应用 SmartArt 三维样式及发光效果

完成后效果如图 5-97 所示。

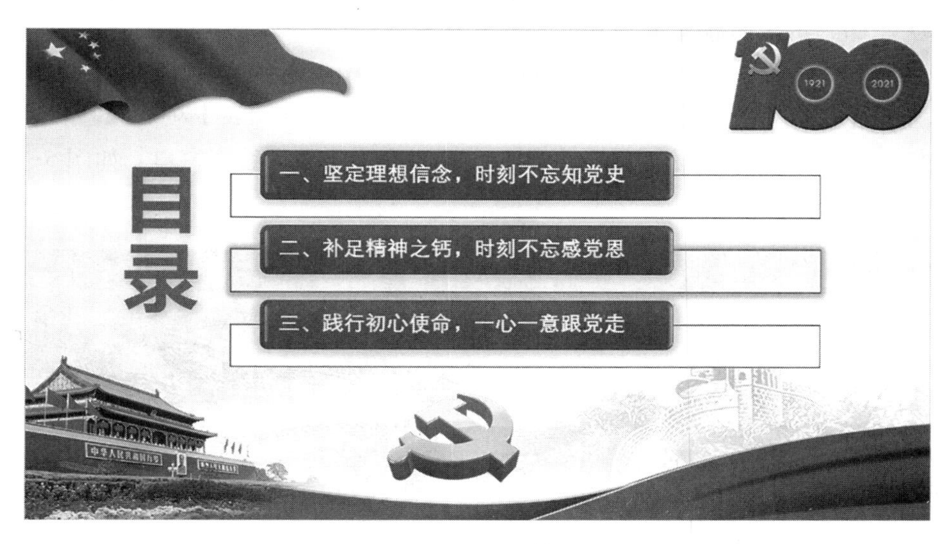

图 5-15　目录页效果图

步骤 3　选择“1. 落其实者思其树，饮其流者怀其源”幻灯片，选中内容文字，选择【开始】选项卡，单击【段落】功能组中的【转换为 SmartArt 图形】下拉按钮，在弹出的下拉列表中选择【其他 SmartArt 图形】命令，在打开的对话框中选择【列表】-【梯形列表】图表类型，完成后效果如图 5-16 所示。

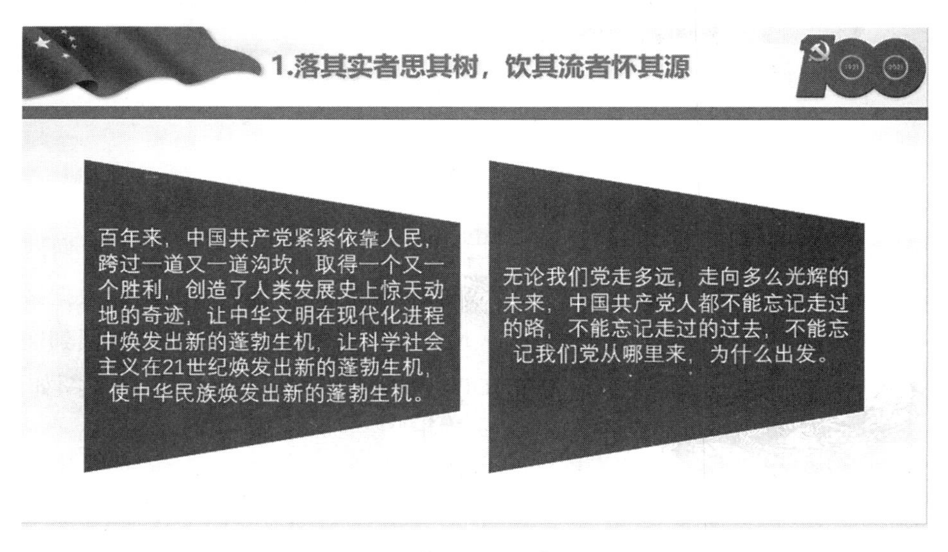

图 5-16　【梯形列表】效果图

步骤 4　用同样的方法对其他的幻灯片进行 SmartArt 图形美化。

（2）用图表来美化幻灯片

步骤 1　插入图表。选择“4. 我们党从改革开放中走来”幻灯片，选择【插入】选项卡，单击【插图】功能组中的【图表】按钮，打开【插入图表】对话框，选择【柱形图】-【簇状柱形图】，单击【确定】按钮，此时会弹出数据编辑窗口。如图 5-17 所示的 Excel 表格。

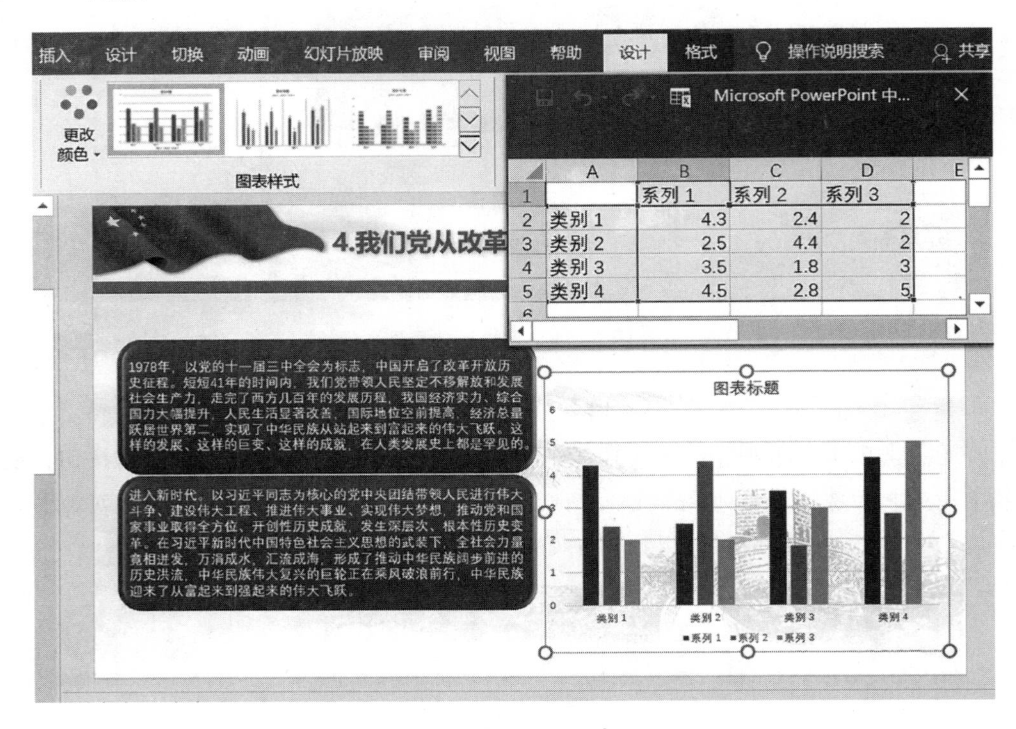

图 5-17　插入图表

步骤 2　更新数据区域。打开“行政二支部知党史感党恩跟党走专题党课 - 有大纲 .docx”文档，将“部分国家历年 GDP”表中的数据复制到上图的图表数据区中，通过 Excel 表格中右下角的调整柄调整数据区域大小以适配数据区域，最后回到图表区域修改标题，调整格式，这样“各国历年 GDP”簇状柱形图就完成了，效果图如图 5-18 所示。

至此，美化工作就完成了，通过 SmartArt 图形和图表美化后效果如图 5-19 所示。

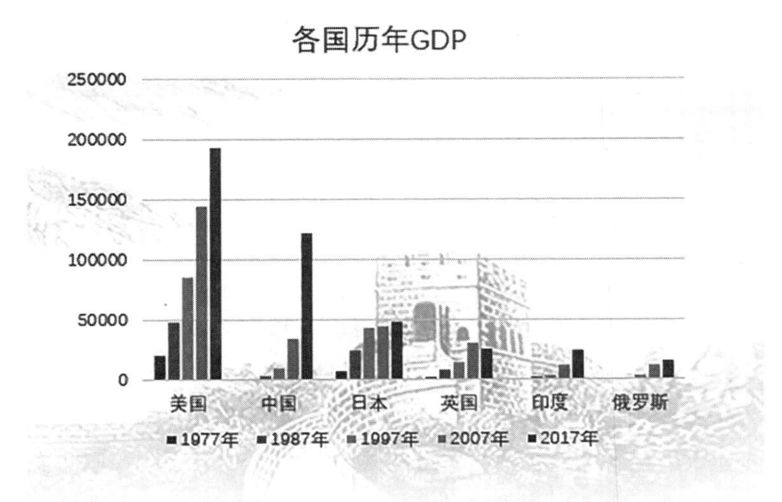

图 5-18　插入图表效果图

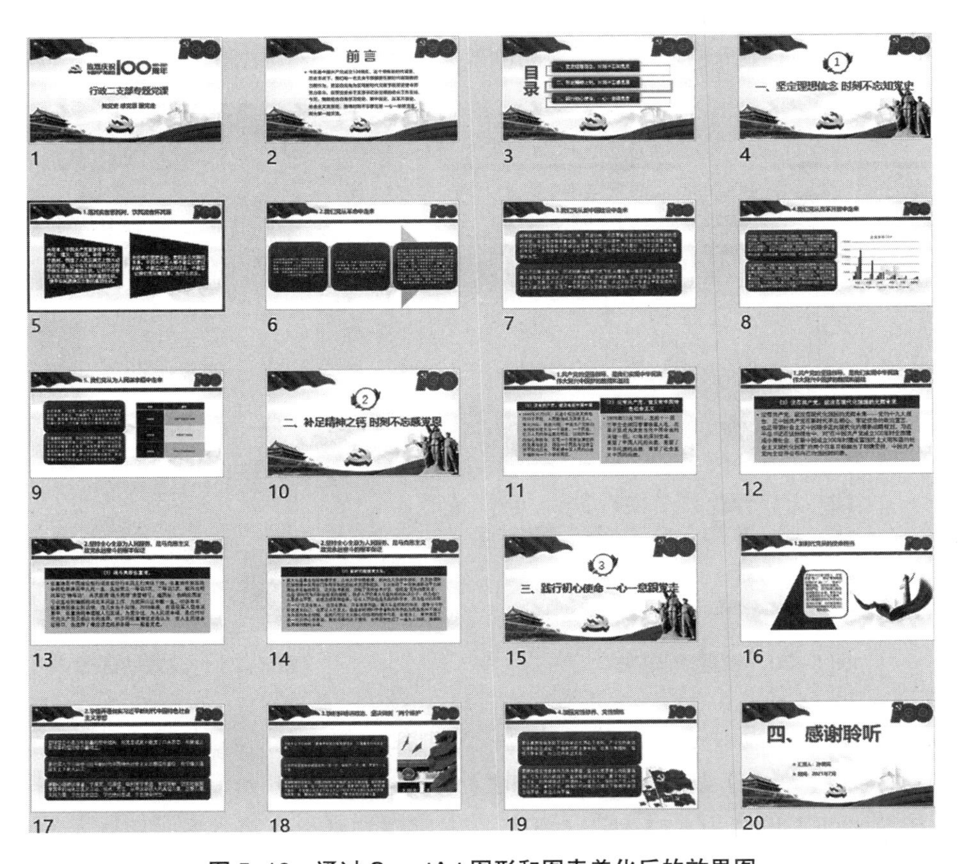

图 5-19　通过 SmartArt 图形和图表美化后的效果图

任务 4　演示文稿动画效果、切换效果设计与制作

演示文稿美化之后，为了增强演示效果，接下来可以对幻灯片中的对象设置动画效果和幻灯片切换效果。

（1）设计与制作幻灯片对象动画效果

幻灯片对象是指幻灯片中的文字、图片、表格、图表以及图形等内容，可以对这些对象设置动画效果以增强演示效果，一个对象可以设置多个动画效果。

步骤 1　为封面页对象选择动画样式。选择第一页封面页中的标题文字“行政二支部专题党课”，选择【动画】选项卡，单击【动画】功能组中的【其他】按钮，在弹出的下拉列表选择【进入】-【劈裂】动画样式，如图 5-20 所示。用同样的方法对副标题文字“知党史感党恩跟党走”设置【进入】-【翻转式由远及近】动画样式。

步骤 2　为封面页标题设置动画效果。选中封面页中的标题文字“行政二支部专题党课”，选择【动画】选项卡，单击【动画】功能组中的【效果选项】下拉按钮，在弹出的下拉列表选择【中央向左右展开】动画效果。如图 5-21 所示。

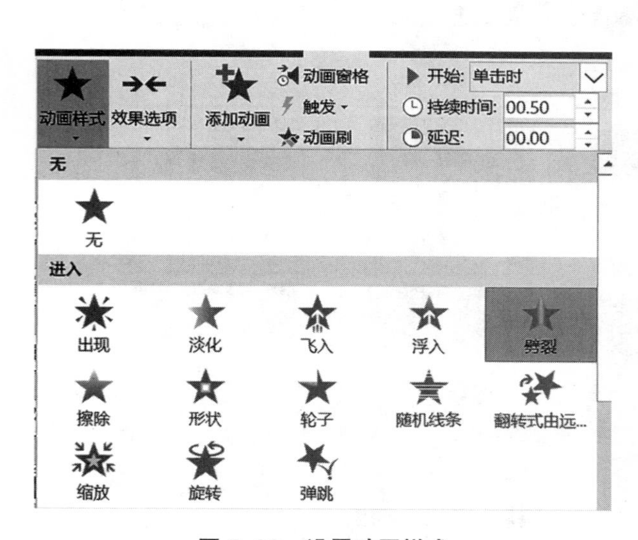

图 5-20　设置动画样式

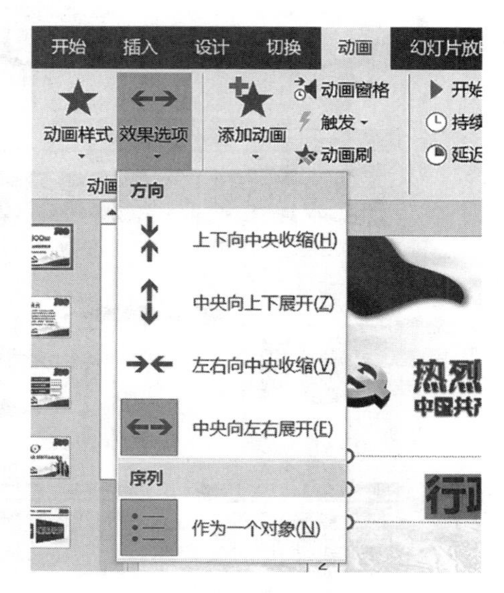

图 5-21　设置动画效果

步骤 3　为封面页对象设置动画计时。选中封面页中的标题文字“行政二支部专题党课”，选择【动画】选项卡，在【计时】功能组中将【开始】设置为【上一动画之后】，【持续时间】设置为 0.75 秒。对副标题文字“知党史　感党恩　跟党走”进行同

样的动画计时设置。如图 5-22 所示。

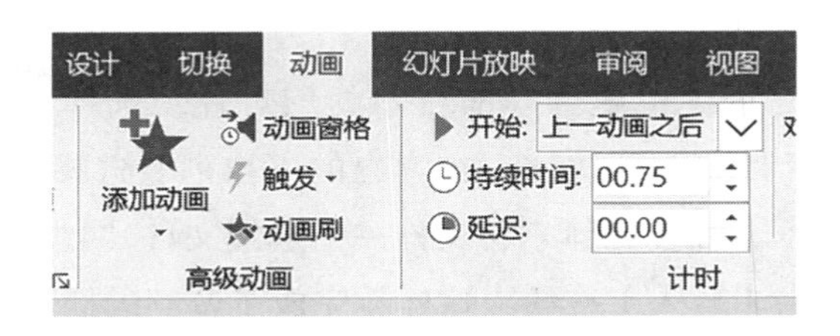

图 5-22　设置动画计时

参考以上三个步骤的方法依次对其他幻灯片对象动画效果进行设计与制作。

（2）设计与制作幻灯片切换效果

步骤 1　为封面页设置切换效果。选中封面页幻灯片，选择【切换】选项卡，单击【切换到此幻灯片】功能组中的【其他】按钮，在弹出的下拉列表选择【细微】-【形状】切换效果。

步骤 2　为封面页设置切换的效果选项。选中封面页幻灯片，选择【切换】选项卡，单击【切换到此幻灯片】功能组中的【效果选项】下拉按钮，在弹出的下拉列表选择【放大】效果。

步骤 3　为封面页设置切换计时。选中封面页幻灯片，选择【切换】选项卡，在【计时】功能组中勾选【换片方式】-【单击鼠标时】复选框，如图 5-23 所示。

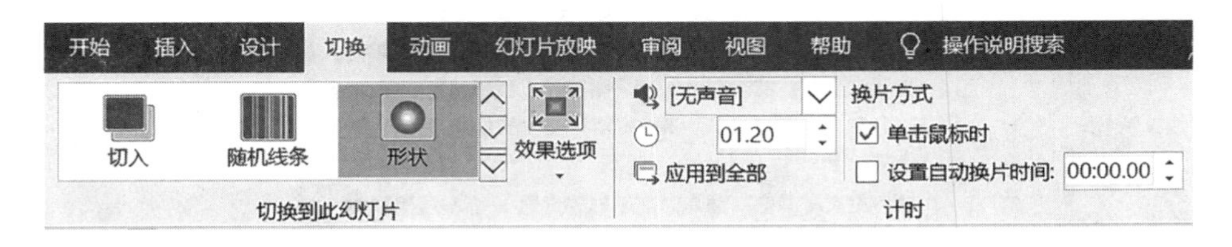

图 5-23　设置幻灯片切换效果

步骤 4　用类似的方法为第 2 页至第 20 页幻灯片进行设置。首先点击演示文稿窗口右下角按钮切换到【幻灯片浏览】视图，连续选中第 2 页至第 20 页幻灯片后，选择【切换】选项卡，单击【切换到此幻灯片】功能组中的【其他】按钮，在弹出的下拉列表选择【华丽】→【切换】切换效果。并选择【切换】选项卡，在【计时】功能组中勾选【换片方式】-【单击鼠标时】复选框。这样所有幻灯片的切换效果就设置好了。

任务 5　演示文稿多媒体插入

演示文稿在进行演示的时候可能会用到音频和视频，可以将音频和视频插入幻灯片

中，这样就可以直接在演示文稿里播放该音频和视频文件。

（1）插入音频文件

步骤 1　插入音频。选中标题为“前言”的幻灯片，选择【插入】选项卡，单击【媒体】功能组中的【音频】下拉按钮，在弹出的下拉列表选择【PC 上的音频】命令，打开【插入音频】对话框，在多媒体素材文件夹中选择文件“《中华人民共和国国歌》—管乐合奏版 .wav”，单击【插入】按钮，这样就完成了音频的插入。

步骤 2　调整音频播放参数。选中插入的音频对象，会出现【音频工具】浮动选项卡，选择【音频工具】-【播放】选项卡，单击【音频选项】功能组中的【开始】下拉列表按钮，在下拉列表中选择【自动】选项。并同时选中【音频选项】功能组中的【跨幻灯片播放】、【循环播放，直到停止】和【放映时隐藏】复选框，如图 5-24 所示。

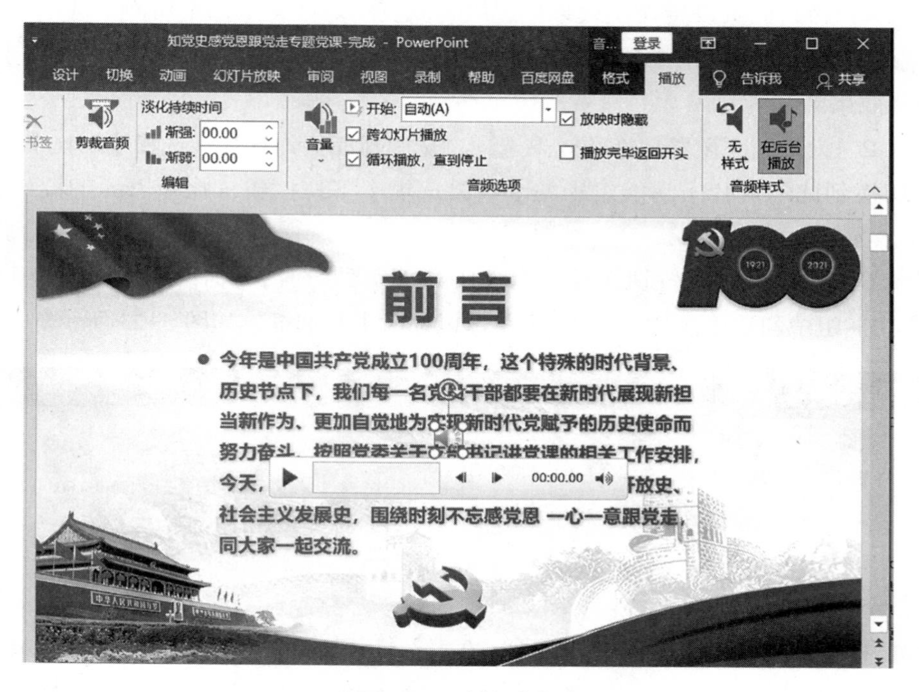

图 5-24　插入音频

（2）插入视频文件

步骤 1　插入视频。在大纲视图区选中内容为“战斗英雄张富清”第 13 页幻灯片，右键选择【复制幻灯片】，如图 5-25 所示。

步骤 2　编辑复制的幻灯片。删除介绍内容，选择【插入】选项卡，单击【媒体】功能组中的【视频】下拉按钮，在弹出的下拉列表选择【PC 上的视频】命令，打开【插入视频文件】对话框，在多媒体素材文件夹中选择文件“张富清 .mp4”，单击【插入】按钮，调整视频框架大小，这样就完成了视频的插入。

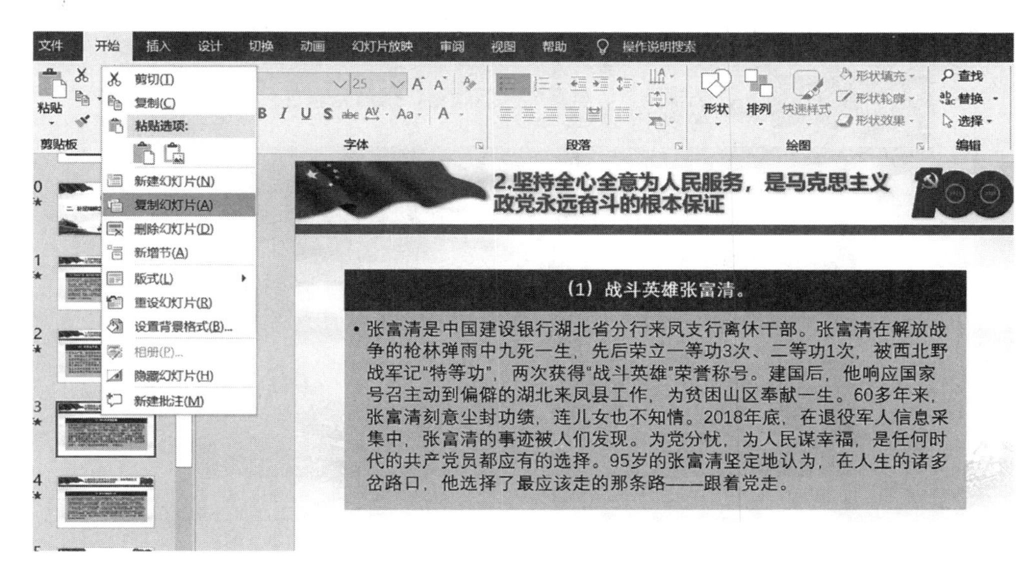

图 5-25　复制幻灯片

步骤 3　设置标牌框架图片。选中插入的视频对象，会出现【视频工具】浮动选项卡，选择【视频工具】-【格式】选项卡，单击【调整】功能组中的【海报框架】下拉按钮，在下拉列表中选择【文件中的图像】选项，在弹出的【插入图片】对话框中点击【从文件】-【浏览】按钮，从多媒体素材文件夹中选择图片“张富清 .jpg”，完成后效果如图 5-26 所示。

图 5-26　插入视频及标牌框架效果图 1

用同样的方法为包含内容“新时代楷模黄大年”的幻灯片添加视频“黄大年 .mp4”，完成后效果如图 5-27 所示。这样就可以在演示文稿放映的时候播放视频文件。

图 5-27　插入视频及标牌框架效果图 2

任务 6　演示文稿放映设置与放映

演示文稿的放映有以下几种方法：

方法 1：按 F5 快捷键可以从头放映幻灯片。

方法 2：按 Shift+F5 组合键可以从当前位置开始放映幻灯片。

方法 3：也可以选择【幻灯片放映】选项卡，单击【开始放映幻灯片】功能组中的【从头开始】按钮或者【从当前幻灯片开始】按钮放映。

步骤 1　设置幻灯片放映。选择【幻灯片放映】选项卡，单击【设置】功能组中的【设置幻灯片放映】按钮，在弹出的【设置放映方式】对话框中进行设置，将【放映类型】设置为【演讲者放映（全屏幕）】，【推进幻灯片】选为【如果出现计时，则使用它】，还可以根据实际情况在【多监视器】-【幻灯片放映监视器】里选择相应的监视器进行放映，如图 5-28 中就是选择的【监视器 2】进行放映的。

步骤 2　设置计时排练。选择【幻灯片放映】选项卡，单击【设置】功能组中的【排练计时】按钮，演示文稿将进入放映状态并开始计时，我们可以进行实际演讲或者通过估计来设置每张幻灯片的切换时间，如图 5-29 所示。

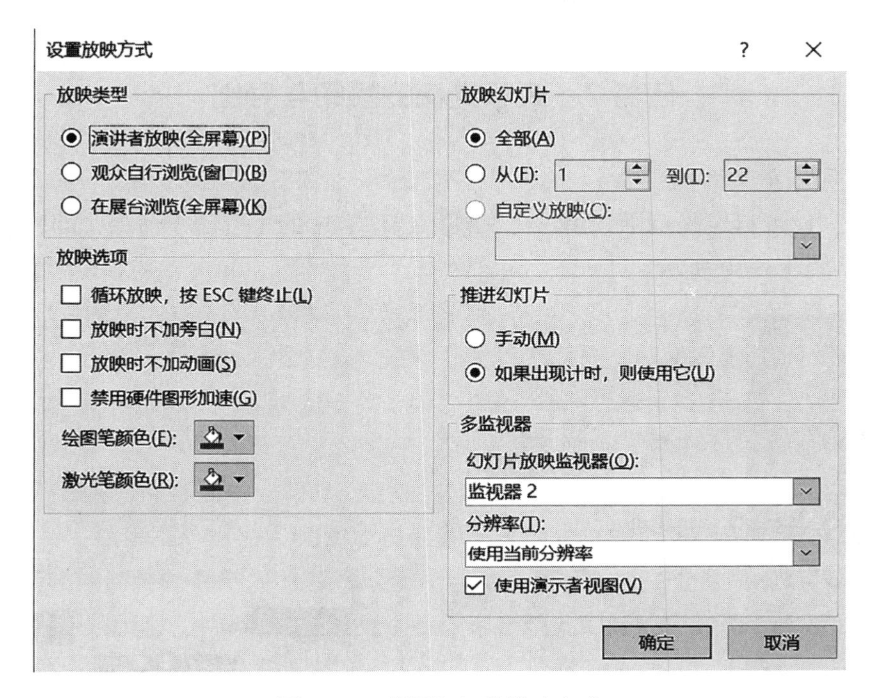

图 5-28 设置幻灯片放映方式

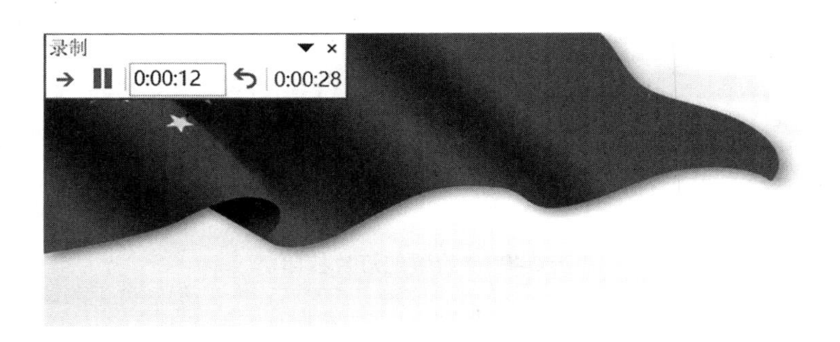

图 5-29 设置计时排练

步骤 3 退出放映。演示结束时单击上图中【录制】工具栏 -【关闭】按钮，或者按 Esc 键退出演示，演示文稿会询问是否保存排练计时，单击【是】按钮，即可保存计时。

步骤 4 播放演示。按 F5 快捷键或者选择【幻灯片放映】选项卡，单击【开始放映幻灯片】功能组中的【从头开始】按钮开始按排练计时自动全屏播放演示文稿。

至此，知党史感党恩跟党走专题党课演示文稿的制作就完成了。

任务 7　演示文稿的打印与导出

（1）打印演示文稿

步骤 1　设置自定义范围。单击【文件】选项卡中的【打印】命令，即弹出打印设置对话框，如图 5-30 所示。

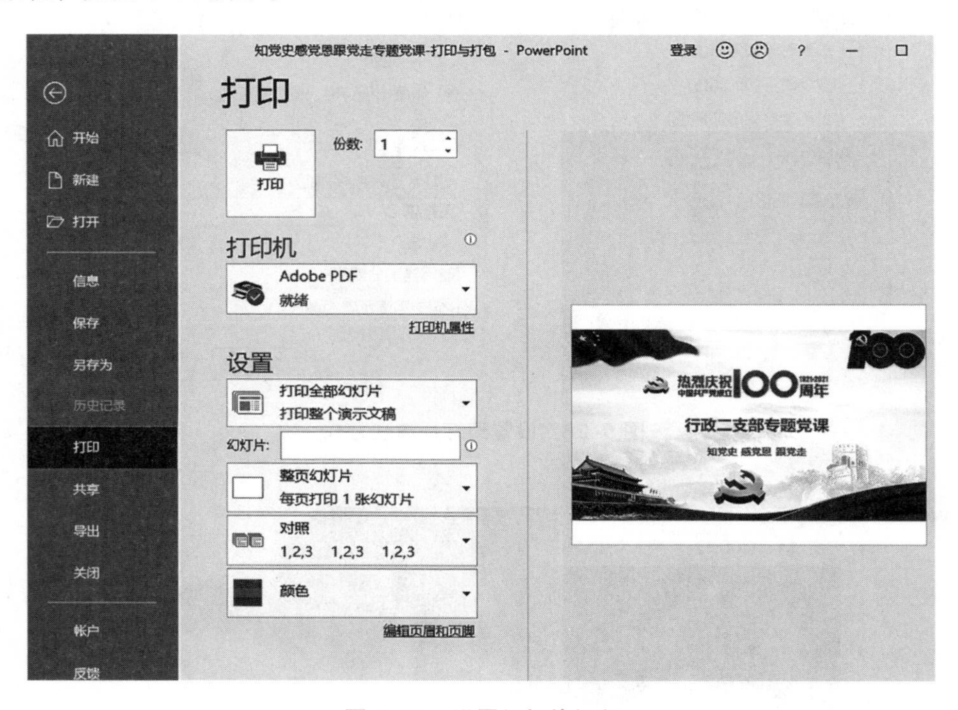

图 5-30　设置幻灯片打印

点击【设置】-【打印全部幻灯片】旁边的下拉按钮，可以看到如下四个选项，【打印全部幻灯片】、【打印选定区域】、【打印当前幻灯片】、【自定义范围】。如图 5-31 所示。

这里选择【自定义范围】，选择【自定义范围】之后需要在下方的方框中输入幻灯片编号或者范围，例如 1，3，5-12（注意这里使用英文逗号，否则会提示打印范围无效）。

步骤 2　设置打印版式。点击【整页幻灯片】旁边的下拉按钮，在弹出的对话框中可以选择不同的打印版式，例如打印【整页幻灯片】、【备注页】，或者只打印【大纲】，这里选择【整页幻灯片】。在【讲义】中选择【6 张水平放置的幻灯片】。在对话框下方还可以根据需要勾选【幻灯片加框】、【根据纸张调整大小】以及【高质量】选项。如图

5-32 所示。

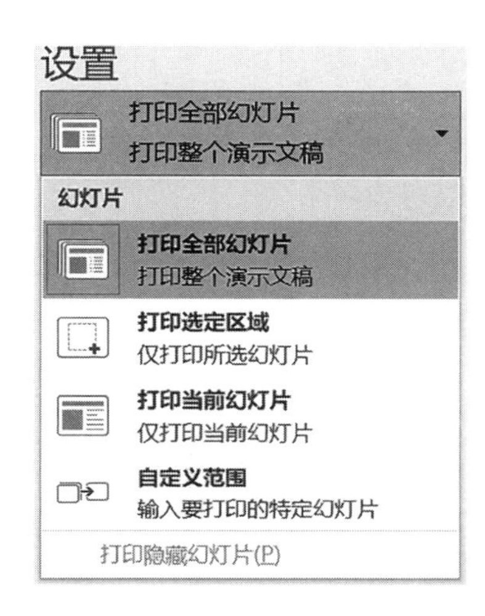

图 5-31 设置打印范围

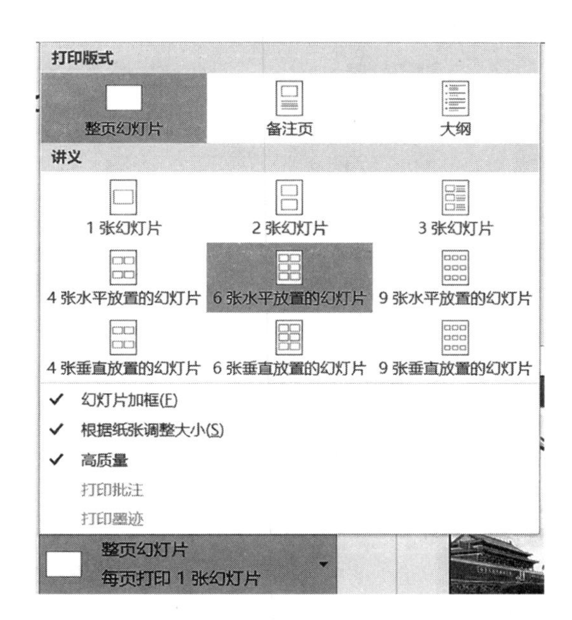

图 5-32 设置打印版式

步骤 3 编辑页眉和页脚。点击打印设置对话框下方的【编辑页眉和页脚】即弹出【页眉和页脚】对话框，进行如图 5-33 和图 5-34 设置：

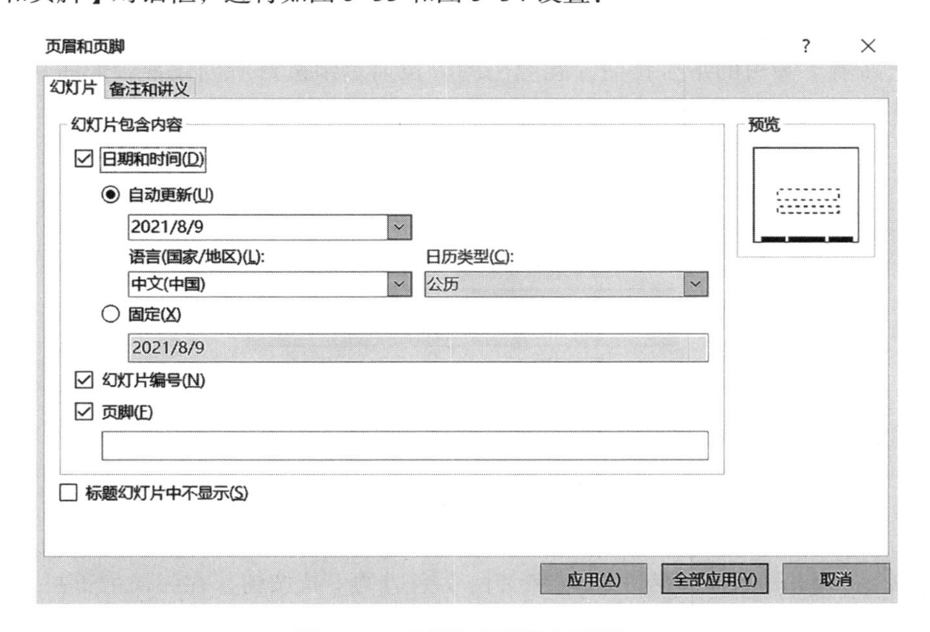

图 5-33 编辑打印页眉和页脚 1

页眉和页脚 ? ×
幻灯片 备注和讲义
页面包含内容
☑ 日期和时间(D)
◉ 自动更新(U)
2021/8/9
语言(国家/地区)(L): 日历类型(C):
中文(中国) 公历
○ 固定(X)
2021/8/9
☑ 页码(P)
☑ 页眉(H)
知党史 感党恩 跟党走
☑ 页脚(F)
专题党课
预览
全部应用(Y) 取消

图 5-34 编辑打印页眉和页脚 2

设置完成后，点击全部应用，至此打印设置已全部完成，点击 打印 即可进行演示文稿的打印。

（2）导出演示文稿

步骤 1 单击【文件】选项卡里的【导出】命令，单击【创建视频】按钮，在左侧单击【全高清】旁边的下拉按钮，在弹出的下拉列表中选择所创建视频的质量：标准、高清、全高清、全高清，如图 5-35 所示。

图 5-35 选择导出视频质量

步骤 2 单击【使用录制的计时和旁白】旁边的下拉按钮，在弹出的下拉列表中单击【录制计时和旁白】按钮打开【录制幻灯片演示】对话框，勾选【幻灯片和动画计时】和【旁白、墨迹和激光笔】复选框，单击【开始录制】，如图 5-36 和图 5-37 所示。

录制完成后按 ESC 键退出。

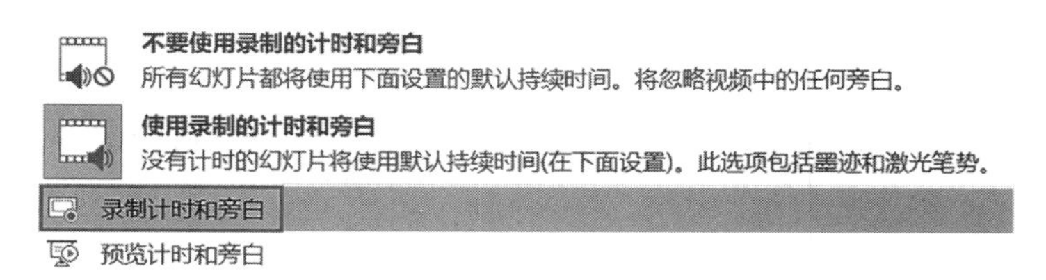

图 5-36　使用录制的计时和旁白

图 5-37　开始录制

步骤 3　设置【放映每张幻灯片的秒数：06.00】。单击【创建视频】按钮，选择视频的文件名、保存类型以及存放路径，点击【保存】按钮即可开始创建，如图 5-38 所示，在状态栏可以看到视频创建进度。完成后在存放的路径即可看到所创建的视频文件，可以打开并预览效果。

图 5-38　创建视频

4. 拓展学习

PowerPoint 2016 新增和强化了部分功能，如图形合并等，可以使制作演示文稿更方便。通过制作“我的幸运数字”演示文稿可以让我们了解 PowerPoint 2016 中艺术字的插入、图形图像的处理方法等。

任务 1　插入艺术字

步骤 1　启动 PowerPoint 2016 并新建演示文稿。选择【开始】→【PowerPoint 2016】命令，双击【新建】下方的【空白演示文稿】，在新建的演示文稿中删除第一页幻灯片中的标题以及副标题文本框。

步骤 2　选择【插入】选项卡，单击【文本】功能组中的【艺术字】下拉按钮，在弹出的下拉列表中选择第一行第三列的艺术字【填充：橙色，主题色 2；边框：橙色，主题色 2】。在艺术字中输入文字【我的幸运数字是：1】（注意数字【1】需要换行）。

步骤 3　选中艺术字文字，此时会出现浮动选项卡【绘图工具】，选择【绘图工具】-【格式】选项卡，单击【艺术字样式】功能组中的【文本填充】下拉按钮，在弹出的下拉列表中选择【标准色】-【红色】。

步骤 4　选中艺术字文字，选择【绘图工具】-【格式】选项卡，单击【艺术字样式】功能组中的【文本效果】下拉按钮，在弹出的下拉列表中选择【发光】-【发光变体】中的【发光：18 磅；金色，主题色 4】。同时在下拉列表中选择【转换】-【弯曲】-【停止】。

任务 2　图形合并

步骤 1　选择【插入】选项卡，单击【插图】功能组中的【形状】下拉按钮，在弹出的下拉列表中选择【流程图：磁盘】，调整大小，放置于合适位置。

步骤 2　选中插入的【磁盘】图形，选择【绘图工具】-【格式】选项卡，单击【形状样式】功能组中的【形状填充】下拉按钮，选择【标准色】-【橙色】。在同一功能组中单击【形状填充】下拉按钮，选择【发光】-【发光变体】-【发光：11 磅；橙色，主题色 2】。

步骤 3　复制一个磁盘图形，调整大小，放置于第一个磁盘图形上方，效果如图 5-39 所示。

图 5-39　插入磁盘

步骤 4　同时选中这两个磁盘图形，选择【绘图工具】-【格式】选项卡，单击【插入形状】功能组中的【合并形状】下拉按钮，在弹出的下拉列表中选择【结合】命令，即可将两个磁盘图形结合成一个图形。

任务 3　设置背景格式

步骤 1　选中第一页幻灯片，选择【设计】选项卡，单击【自定义】功能组中的【设置背景格式】按钮，打开【设置背景格式】窗格。

步骤 2　在【设置背景格式】窗格中，单击【填充】左边的扩展按钮，将填充选项设置为【渐变填充】，预设渐变设置为【浅色渐变 - 个性色 4】。其他参数设置如图 5-40 所示。设置效果如图 5-41 所示。

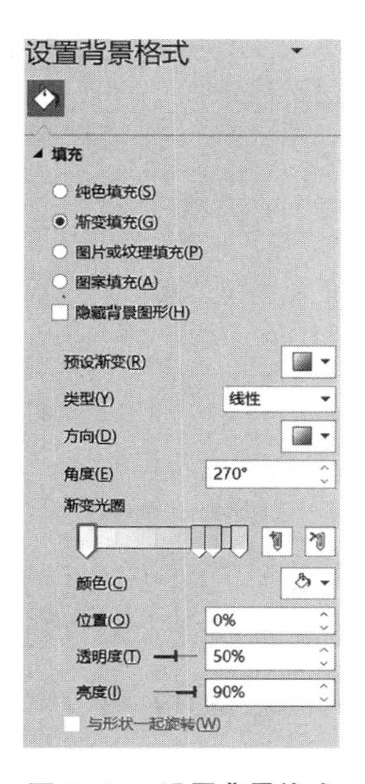

图 5-40　设置背景格式

图 5-41　设置背景格式效果

步骤 3　复制 9 张幻灯片，分别修改每一页的数字为 0，2，3，4，5，6，7，8，9。

步骤 4　选中第一页幻灯片，按步骤 1 打开【设置背景格式】窗格，点击窗格下方的【应用到全部】按钮。完成后的效果如图 5-42 所示。

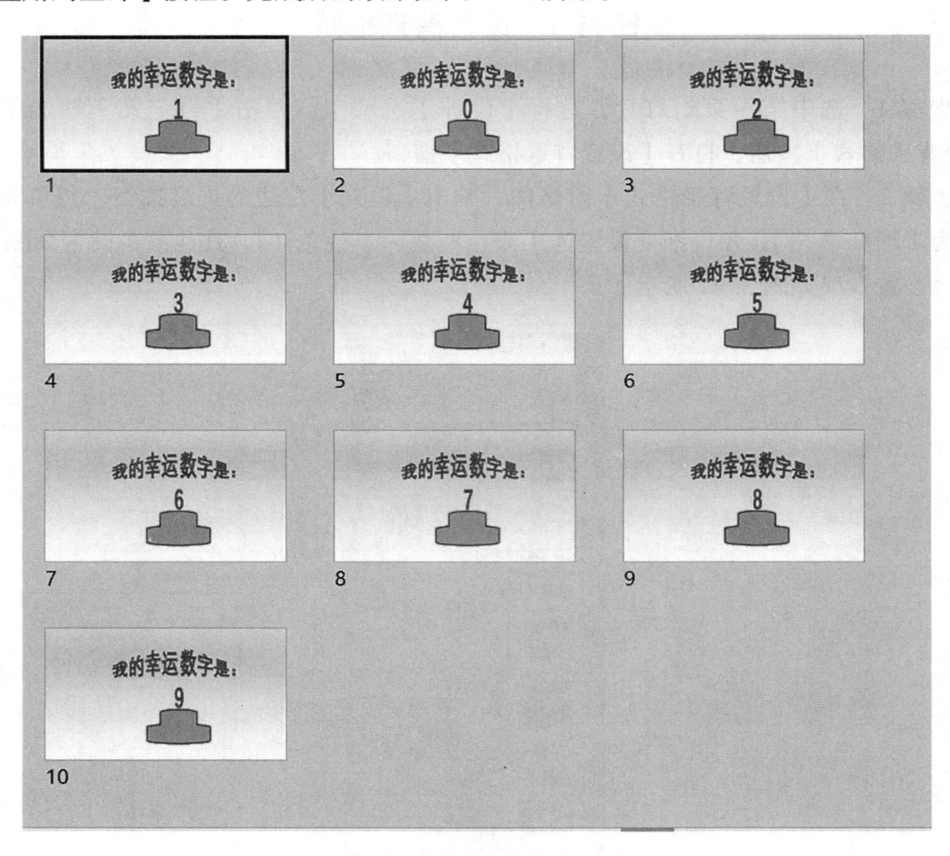

图 5-42　我的幸运数字效果

任务 4 设置放映方式

步骤 1 选中第一页幻灯片，选择【幻灯片放映】选项卡，单击【设置】功能组中的【设置幻灯片放映】按钮，打开【设置放映方式】对话框，勾选【放映选项】-【循环放映，按 ESC 键终止】，单击【确定】按钮。

步骤 2 选中第一页幻灯片，选择【切换】选项卡，在【计时】功能组中勾选【设置自动换片时间】复选框，换片时间保持为默认值 00：00：00 不变。并单击【计时】功能组中的【应用到全部】按钮。

步骤 3 按【F5】键即可开始抽取我的幸运数字。在放映过程中，按任意 0~9 数字键，可停止放映并获得幸运数字。按下【空格键】即可继续抽取，按【Esc】则退出放映。

项目 5.2 设计与制作流金岁月模板

PowerPoint 2016 可以根据自定义模板、现有内容和内置模板来创建演示文稿。模板是一种具有特定风格的以特殊格式保存的演示文稿，应用模板可以统一整个演示文稿的背景、配色方案等。所以使用模板可以提高演示文稿的制作效率。

1. 项目要求

利用提供的素材图片设计与制作流金岁月演示文稿模板，具体要求如下：

（1）主题颜色：红色。

（2）利用提供的素材图片，在母版中制作封面页、目录页、转场页、单栏内容页、双栏内容页、总结页、结束页等幻灯片版式。

完成后效果如图 5-43 所示。

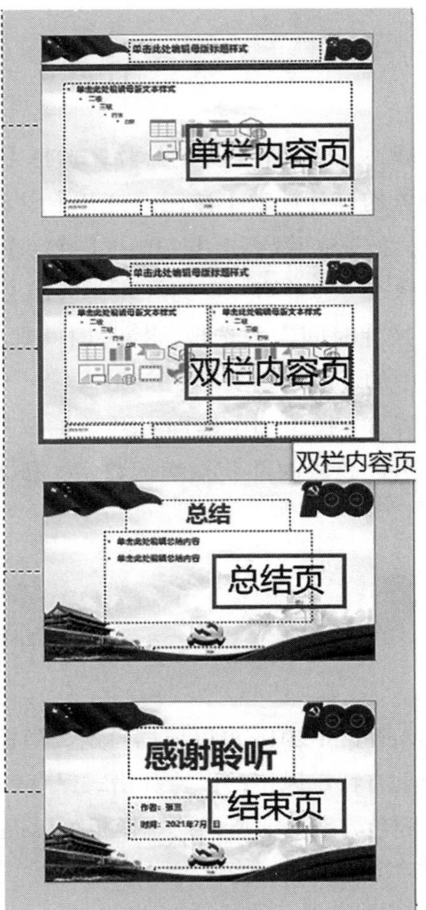

图 5-43　流金岁月模板

2. 相关知识

（1）幻灯片母版与版式

母版：在 PowerPoint 2016 中，有 3 种母版，它们是幻灯片母版、讲义母版以及备注母版。母版可以为所有幻灯片设置默认版式和格式，可以统一制作标志和背景、设置标题和主要文字格式等。例如，每个幻灯片上都需要出现国旗和百年庆标志，就可以将它们设置在母版中，只需要编辑一次即可。

版式：是母版的子视图，位于母版下方，定义演示文稿中幻灯片的格式和视图，如封面页版式、目录页版式、内容页版式等，修改母版中的版式会影响各个版式中的格式。

（2）图片格式

常见的图片格式有 BMP 格式、PNG 格式、JPG 格式等。

① BMP 格式，是 Windows 标准的点阵式图像文件格式，支持 24 位颜色深度，兼容性好，但是不支持压缩，容量大，一般适合做桌面墙纸。

② JPG 格式，体积小，比较清晰，但是压缩会造成画面失真，通常用于网页图片。

③ PNG 格式，是专门用于网页制作而优化压缩图像设计的文件图像格式。PNG 格式逐渐替代 GIF 格式、JPEG 格式，成为网络图像的流行格式，具有压缩比高，体积小特点。并且此格式可以制作透明图片，如果用于幻灯片具备透明效果，建议使用 PNG 格式的图片。

3. 任务实现

任务 1　设计模板及准备素材

首先准备好用于模板的图片，其次设计幻灯片的主要版式，然后确定设计模板的主题颜色。

步骤 1　流金岁月整体设计。

- 主题颜色：红色。
- 幻灯片版式结构：封面页、目录页、转场页、内容页、总结页、结束页。

步骤 2　搜索图片素材。

为了制作方便，本教材提供了制作流金岁月模板的所有图片素材。

任务 2　制作母版页

步骤 1　创建新演示文稿。启动 PowerPoint 2016，选择【文件】选项卡，单击【新建】命令打开【新建】对话框，双击【空白演示文稿】，创建新的演示文稿。

步骤 2　选择【视图】选项卡，单击【母版视图】功能组中的【幻灯片母版】按钮，在左侧大纲视图区的母版版式列表中，选择最上方的母版，如图 5-44 所示。

步骤 3　选择主题颜色。选择【幻灯片母版】选项卡，单击【背景】功能组中的【颜色】下拉按钮，在弹出的【颜色】列表中选择【红色】选项，如图 5-45 所示。

步骤 4　设计并绘制母版元素。选择【插入】选项卡，单击【插图】功能组中的【形状】下拉按钮，在弹出的下拉列表中选择【矩形】选项，并在幻灯片编辑窗口绘制合适的矩形，这样就在母版中插入【矩形】。同样方法可以根据设计需要插入其他的形状。

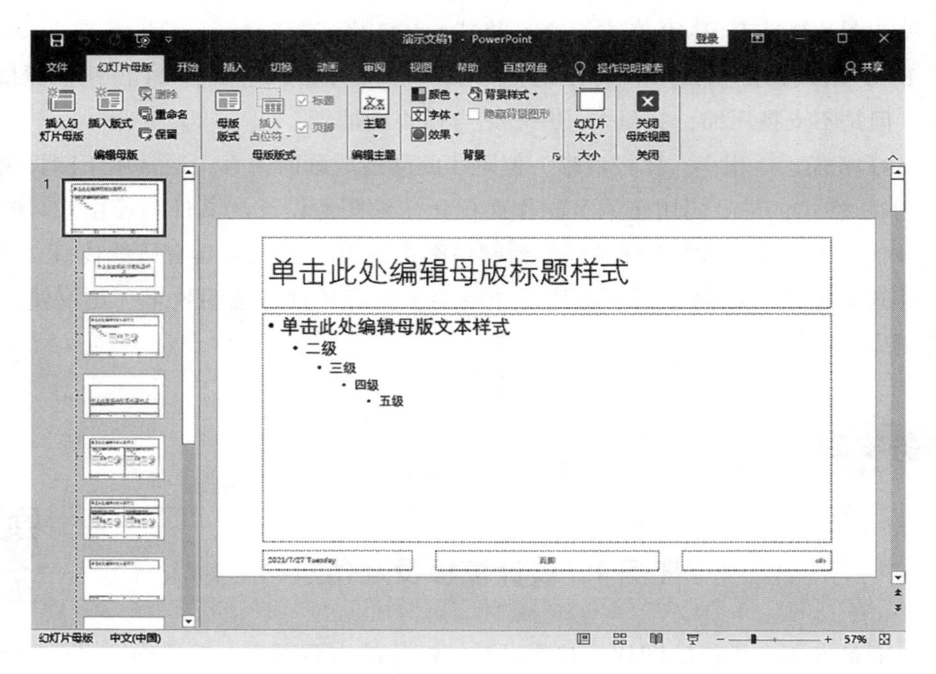

图 5-44　母版视图

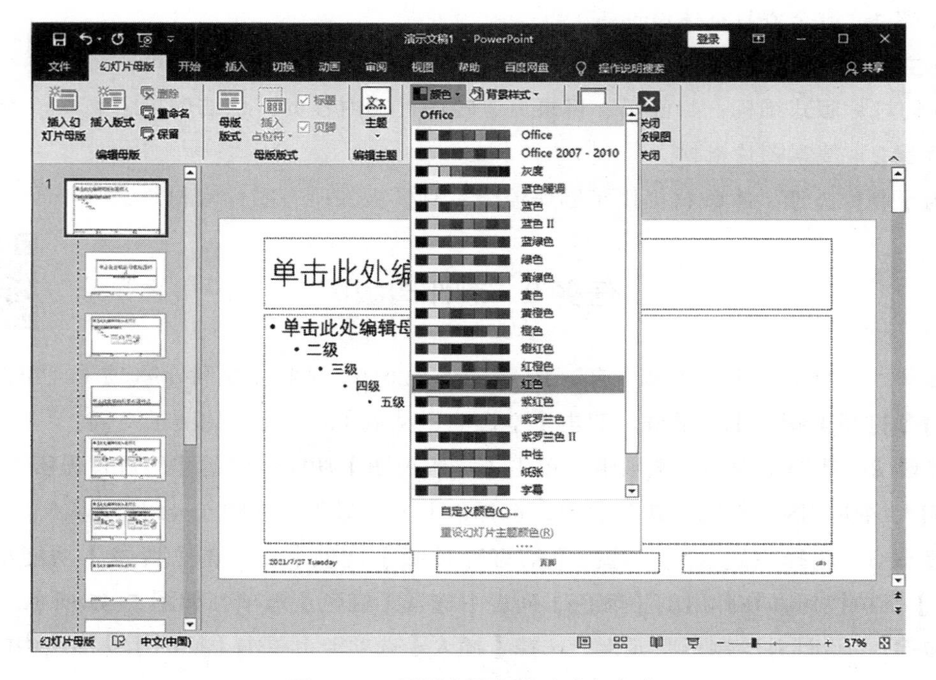

图 5-45　设置主题颜色为【红色】

步骤 5 为母版添加图片。选择【插入】选项卡，单击【图像】功能组中的【图片】按钮，在打开的对话框中选择提供的素材图片“流金岁月背景 .png”。选中插入的“幻灯片背景 .png”图片，此时会出现【图片工具】-【格式】浮动选项卡，选择此选项卡，单击【排列】功能组中的【下移一层】下拉按钮，选择【置于底层】命令。同样插入其他所需要的图片“国旗 .png”与“百年庆标识 .png”，调整“国旗 .png”大小以及位置。

步骤 6 裁剪“百年庆标志 .png”。选中“百年庆标志 .png”图片，选择【图片工具】-【格式】浮动选项卡，单击【大小】功能组中的【裁剪】按钮，拖动边框进行裁剪，裁剪完成后点击【裁剪】完成，调整大小并放置于合适的位置。

步骤 7 调整字体颜色及大小，完成后母版页样式效果见图 5-46。

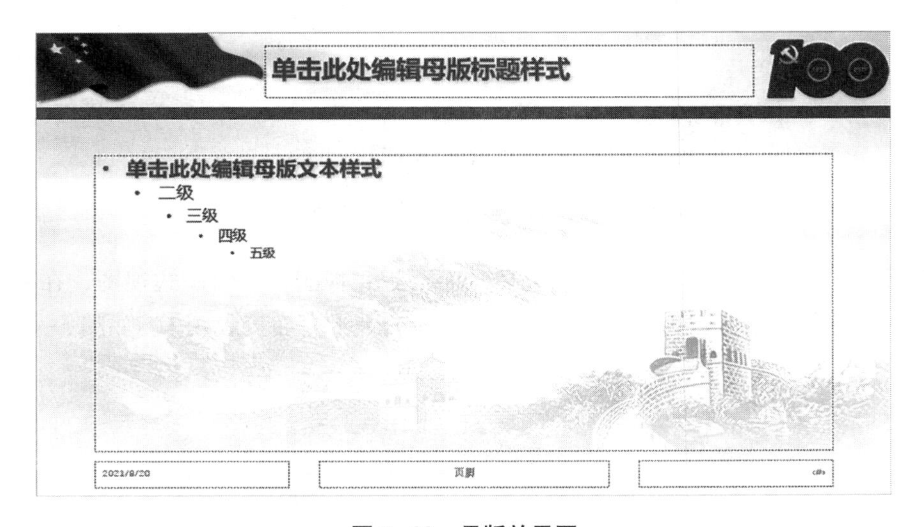

图 5-46 母版效果图

任务 3 制作封面页版式

步骤 1 隐藏背景。如果不希望母版页的背景显示在封面页中，可以在封面页的版式中隐藏母版页的背景，点击母版页下方第一个幻灯片版式，选择【幻灯片母版】选项卡，勾选【背景】功能组中的【隐藏背景图形】复选框。

步骤 2 选择【插入】选项卡，单击【图像】功能组中的【图片】按钮，在打开的对话框中选择提供的素材图片“流金岁月背景 .png”“国旗 .png”“党徽 .png”“花坛 .png”“天安门 .png”“百年庆标志 .png”“热烈庆祝中国共产党成立 100 周年 .png”，调整大小并放于合适的位置，同样“流金岁月背景 .png”要置于底层，并且要对“百年庆标志 .png”进行裁剪。

步骤 3　设置标题和副标题文字大小和字体，完成后封面页版式效果如图 5-47 所示。

图 5-47　封面页版式效果图

步骤 4　重命名版式名。在左侧选择封面页版式视图，右击版式视图，在弹出的快捷菜单中选择【重命名版式】命令，将版式重命名为【封面页版式】。如图 5-48 所示。

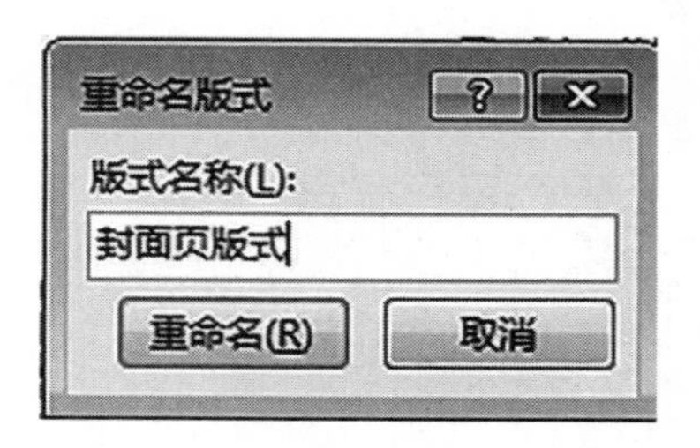

图 5-48　重命名封面页版式

任务 4　制作目录页版式

目录页版式的制作与封面页类似，我们可以直接复制封面页版式，在此基础上进行修改。

步骤 1　选中左边母版版式列表中的【封面页版式】，右击版式视图，在弹出的快捷菜单中选择【复制版式】命令。

步骤 2　在刚刚复制的版式上进行修改，删除图片“热烈庆祝中国共产党成立 100 周年 .png”以及左边的图片“党徽 .png”。将目录标题调整后放于幻灯片左侧，内容文本框调整后放置于中间，效果如图 5-49 所示。

图 5-49　目录页效果图

步骤 3　重命名版式为【目录页版式】。

任务 5　制作转场页版式

转场页版式一般只有标题和副标题，其制作与封面页类似，可以通过复制【封面页版式】来实现。

步骤 1　选中左边母版版式列表中的【封面页版式】，右击版式视图，在弹出的快捷菜单中选择【复制版式】命令。选中刚刚复制的版式，通过【右键】→【剪切】命令，将其剪切并粘贴到目录页版式下方。

步骤 2　对刚刚粘贴过来的版式进行修改，删除图片“热烈庆祝中国共产党成立 100 周年 .png”以及此图片前面的“党徽 .png”。设置副标题“热烈庆祝中国共产党成立 100 周年”，调整标题以及副标题字体大小及位置。

步骤 3　选择【插入】选项卡，单击【图像】功能组中的【图片】按钮，在打开的对话框中选择提供的素材图片“转场页图片 1.png”“转场页图片 2.png”，放置于合适的位置并调整大小。

步骤 4　在“转场页图片 1.png”上添加文本框，选择【插入】选项卡，单击【文本】功能组中的【文本框】下拉按钮，在下拉列表中选择【绘制横排文本框】按钮，放置于合适的位置。

步骤 5　重命名版式为【转场页版式】，完成后效果如图 5-50 所示。

图 5-50　转场页效果图

任务 6　制作内容页版式

内容页版式基本与母版保持一致，也可以根据实际需求添加内容占位符，修改字体及大小等。

步骤 1　单栏占位符。如果内容页中没有占位符，可以插入占位符。选择【幻灯片母版】选项卡，单击【母版版式】功能组中的【插入占位符】下拉按钮，在下拉列表中选择【内容】占位符，如图 5-51 所示，并调整占位符位置及字体大小。重命名版式为【单栏内容页版式】。

图 5-51　插入单栏占位符

步骤 2　双栏占位符。如果内容页中已有一个占位符，但是需要双栏占位符的内容页版式，可以再添加一个占位符，添加方法参考步骤 1，并调整占位符位置及字体大小。重命名版式为【双栏内容页版式】，完成后效果如图 5-52 所示。

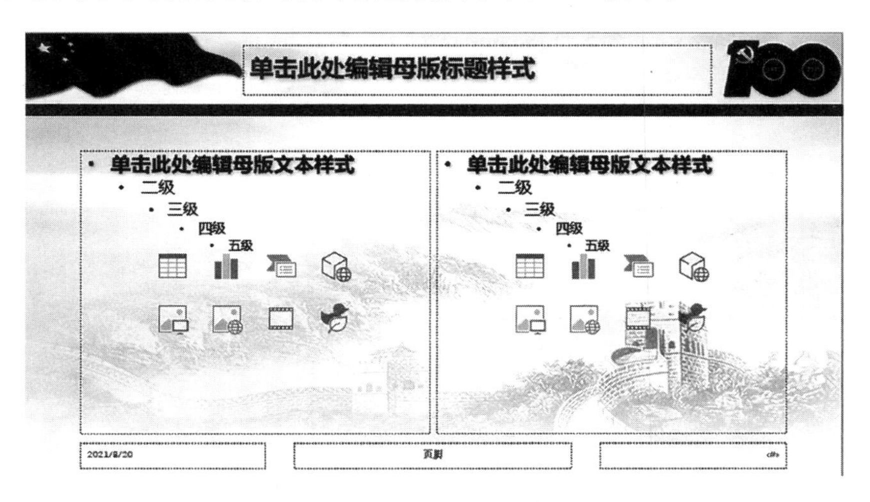

图 5-52　双栏内容页版式效果图

任务 7　制作总结页、结束页版式

总结页与结束页版式与转场页版式的制作方法类似，可以复制转场页版式，基于复制的版式进行调整，完成后效果如图 5-53 和图 5-54 所示。

图 5-53　总结页版式效果图

图 5-54　结束页版式效果图

任务 8　保存模板文件

将设计好的演示文稿另存为 PowerPoint 模板文件后，可以共享该模板。

选择【文件】选项卡，单击【另存为】命令，在打开的【另存为】对话框中，选择【保存类型】为【PowerPoint 模板】类型，设置文件名为【流金岁月模板】，并选择合适的路径后单击【保存】按钮。

至此，流金岁月模板制作完成。

课后练习

操作题

1. 打开“课后练习素材”文件夹中的“希望的灯火 .pptx”演示文稿，根据提供的素材，完成如下操作：

（1）在第 2 页幻灯片中添加音频“追光者 .mp3”，并设置【跨幻灯片播放】、【循环播放，直到停止】、【放映时隐藏】。

（2）在第 3 页幻灯片中添加视频“中国共产党为什么能 .mp4”，调整大小放置于合适的位置，并为视频添加标牌框架图片“毛泽东 .png”。

2. 利用联机模板创建“旅行主题报告 .pptx”演讲稿：

（1）启动 PowerPoint 2016，选择【文件】-【新建】命令，在【搜索联机模板和主题】框中输入【旅行】并搜索。

（2）在搜索结果中选择一个相关的模板，如【旅行演示文稿】，用鼠标单击，在弹出的窗口中单击【创建】按钮。

（3）对创建好的演示文稿根据实际情况进行修改并保存。

3. 打开“课后练习素材”文件夹中的“抗击疫情 .pptx”演示文稿，完成以下操作：

（1）为第一张幻灯片中添加副标题：宣传防护手册。并将主标题字体设置为华文细黑、字号 72、字体颜色蓝色、加粗。将副标题字体设置为华文细黑、字号 40、字体颜色浅蓝。

（2）选择第 1 张幻灯片，选择【设计】选项卡，单击【自定义】功能组中的【设置背景格式】按钮，在弹出的【设置背景格式对话框中】，选择【图片或纹理填充】,【图片源】从电脑插入“抗击疫情你我在一起 .jpg”，并将【透明度】设置为 80%。完成后单击【应用到全部】按钮。

（3）将第 2 张幻灯片目录文字设置为 SmartArt 版式中的：列表 – 垂直项目符号列表。并将样式设置为：三维 – 嵌入。

（4）在第 3 张幻灯片插入图片“德尔塔毒株 .jpg”，并将图片裁剪为椭圆形，调整大小放置于右上角。

（5）将第 3 张和第 5 张幻灯片内容设置为 SmartArt 版式中的：列表 – 梯形列表。

（6）将第 4 张幻灯片的表格样式设置为：主题样式 1– 强调 1。

（7）在第 7 张幻灯片中添加图表中的：柱形图 – 簇状柱形图，图表的数据源为第 6 张幻灯片表格的第 1、2、3、5 列数据：现有确诊、累计确诊、累计治愈、累计死亡。将图表标题设置为：各国疫情最新动态 2021.08.19。

（8）设置第 1 张幻灯片切换方式为：擦除，效果选项为：自顶部；设置其他页切换方式为：华丽 – 立方体，效果选项为：自右侧；持续时间为 01.00 并应用到全部。

（9）设置第 1 张幻灯片主标题动画效果为：进入 – 飞入，副标题动画效果为：进入 – 劈裂。

（10）设置第 9 张和第 12 张幻灯片左侧图片动画效果为：进入 – 出现，右侧图片动画效果为：进入 – 形状。

（11）设置第 10 张、第 11 张、第 13 张、第 14 张图片动画效果为：进入 – 翻转式由远及近。

（12）为第 6 张幻灯片文字“各国疫情最新动态”设置如下超链接：

https://voice.baidu.com/act/newpneumonia/newpneumonia/?from=osari_aladin_banner&city=%E6%B1%9F%E8%8B%8F-%E5%8D%97%E4%BA%AC。

（13）在第 8 张幻灯片中，分别选中“公众日常生活时”等文本，通过【插入】选项卡 –【链接】功能组中的【动作】设置按钮，将这些文本链接到第 9~15 页相应的幻灯片。

（14）在第 9~15 张幻灯片的右下角，分别插入【矩形】形状，并添加文字“返回”。选中【矩形】形状，通过【插入】选项卡中【链接】功能组中的动作设置将其链接到第 8 张幻灯片。

（15）在【幻灯片放映】选项卡【开始放映幻灯片】功能组中单击【自定义幻灯片放映】按钮，在弹出的下拉列表中选择【自定义放映】命令，创建自定义放映，放映名称为“防控疫情”，添加第 8~15 张幻灯片，并点击【确定】、【放映】按钮进行演示。

（16）在【幻灯片放映】选项卡【设置】功能组中单击【设置幻灯片放映】按钮，在打开的对话框中设置幻灯片放映的方式:【放映类型】为【演讲中放映（全屏幕）】，选中【循环放映，按 ESC 键终止】。

单元6　计算机网络基础

项目 6.1　计算机网络基础知识

1. 项目要求

了解计算机网络的基本概念和因特网的基础知识，主要包括计算机网络的形成与发展、计算机网络的组成、分类及拓扑结构、网络硬件与软件、TCP/IP 协议的工作原理，以及网络应用中常见的概念，如域名、IP 地址、DNS 服务等。

2. 项目实现

任务1　了解计算机网络基础

（1）计算机网络概念和组成

计算机网络是计算机技术与通信技术高度发展、紧密结合的产物，是以能够相互共享资源的方式互联起来的自治计算机系统的集合，即使用通信线路和通信设备将分布在不同地理位置上具有独立功能的多个计算机系统互相连接起来，在网络软件的支持下实现彼此之间的数据通信和资源共享的系统。计算机网络主要构成要素如图 6-1 所示。

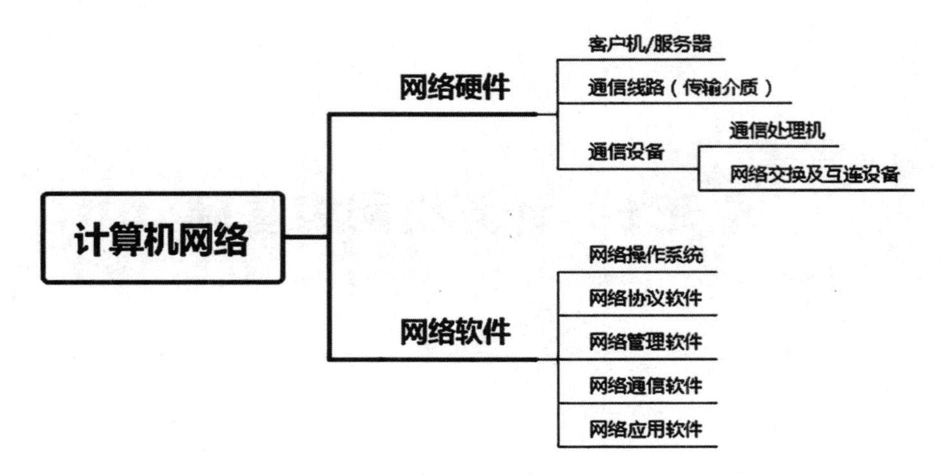

图 6–1　计算机网络组成

（2）计算机网络功能

①资源共享。所谓共享，是指网络中的计算机能够使用网络中的其他资源，如计算机的部分硬件或软件、数据。资源共享让资源摆脱了地理位置的束缚。资源包括硬件资源、软件资源、数据资源及信道资源。硬件资源包括各种处理器、存储设备、输入 / 输出设备等，如打印机、扫描仪等。软件资源包括操作系统、应用软件和驱动程序等。

②数据通信。数据通信是计算机网络最基本的功能，用来快速传递计算机与终端、计算机与计算机之间的各种信息，包括文字信件、程序和数据（如新闻信息）、多媒体信息（如图形、图像、音视频）等，具体应用如电子邮件、远程登录等。

③分布处理。把要处理的任务分散到各个计算机上处理，而不是集中在某一台大型计算机上。尤其是当某台计算机负担过重时，或该计算机正在处理某项工作时，通过网络可将新任务转交给空闲的计算机来完成，这样能均衡各计算机的负载，提高处理问题的实时性；对大型综合性问题，可将问题各部分交给不同的计算机处理，充分利用网络资源，扩大计算机的处理能力。

④网络服务。网络中的计算机可以使用其他计算机或设备所提供的服务，也可以为网络中的其他计算机提供服务。

（3）计算机网络的形成和发展

计算机网络经历了从简单到复杂、从低级到高级、从地区到全球的发展过程。纵观计算机网络的形成和发展历史，大致经历了面向终端的计算机网络、多台计算机互联的计算机网络、面向标准化的计算机网络、面向全球互联的计算机网络 4 个阶段。

第一阶段 20 世纪 50—60 年代，面向终端的计算机网络阶段。这个阶段人们将独立的计算机技术与通信技术结合起来，为计算机网络的产生奠定基础。通过数据通信系统将地理位置分散的多个终端，通过通信线路连接到一台中心计算机上，由这台中心计算机以集中方式处理地理位置不同的终端的用户数据，终端设备仅能完成输入与输出功能。由于数据处理和通信处理都由中心计算机完成，因此，中心计算机的负担较重。

第二阶段 20 世纪 60—70 年代，多台计算机互联的计算机网络阶段。这一阶段从 ARPANET 与分组交换技术开始。ARPANET 是计算机网络发展中的里程碑，它使网络中的用户可以通过本地终端使用本地计算机的软件、硬件和数据资源，也可以使用网络中其他地方的计算机的硬件、软件和数据资源，从而达到计算机资源共享的目的。ARPANET 的研究成果对计算机网络发展具有深远意义。同时，分组交换技术的出现使计算机网络的概念、结构和网络设计方面都发生了根本性的变化，为后来的计算机网络打下了坚实的基础。

第三阶段 20 世纪 70—80 年代，面向标准化的计算机网络阶段。此时国际上各种广域网、局域网与分组交换网发展十分迅速。各计算机厂商和研究机构纷纷发展起自己的计算机网络系统，制定自己的网络技术标准。随之而来的问题就是网络体系结构和网络协议的标准化工作。在这样的背景下，国际标准化组织（International Organization for Standardization，ISO）提出了著名的 ISO/OSI 参考模型，对计算机网络体系的形成和网络技术的发展起到重要作用。如今，我们所用的因特网，其中所有计算机都遵循同一种 TCP/IP 协议。

第四阶段从 20 世纪 90 年代开始，面向全球互联的计算机网络阶段。这个阶段随着 Internet、无线网络与网络安全等迅速发展，进入信息时代。因特网作为国际性网际网与大型信息系统，在经济、文化、科学研究、教育与社会生活等各方面发挥着越来越重要的作用。宽带网络技术的发展为社会信息化提供了技术基础，网络安全技术为网络应用提供了重要的安全保障。

（4）计算机网络的分类

计算机网络的分类标准有很多种，通常的分类标准有根据网络覆盖的地理范围和规模、根据传输介质、根据网络拓扑结构等进行分类。

①局域网、城域网、广域网

根据网络覆盖的地理范围和规模，可以将计算机网络分为局域网、城域网、广域网。

局域网（Local Area Network，LAN）是一种在有限区域内使用的网络，在该区城内的各种计算机、终端与外部设备互联成网，其覆盖的范围较小，传送距离一般在几千米之内，最大距离不超过 10 千米，因此适用于小范围空间的组网，如一个部门或一个单位。局域网在计算机数量配置上没有太多的限制，少的可以只有两台，多的可达上千台。这种网络一般不对外提供公共服务，管理方便，安全保密性好。典型的局域网，如办公室网络、企业与学校的主干局域网等有限范围内的计算机网络。局域网具有高数据传输速率、低误码率、成本低、组网容易、易管理、易维护、使用方便灵活等优点，是计算机网络中发展最快、应用最普遍的计算机网络。随着各种短距离无线通信技术的发展，一个新的概念被提出：个人局域网（Personal Area Network，PAN），从计算机网络的角度来看，PAN 也是一个局域网。

城域网（Metropolitan Area Network，MAN）覆盖范围介于广域网与局域网之间，它通常用于满足几十千米范围内的大量企业、学校、公司等多个局域网的互联需求。

广域网（Wide Area Network，WAN）又称为远程网、公网，所覆盖的地理范围从几十千米到几千千米，传输速率比较低。广域网可以覆盖多个城市、国家、地区，甚至横跨几个洲，形成国际性的远程计算机网络。

局域网、城域网、广域网之间的连接关系示意如图 6-2 所示。

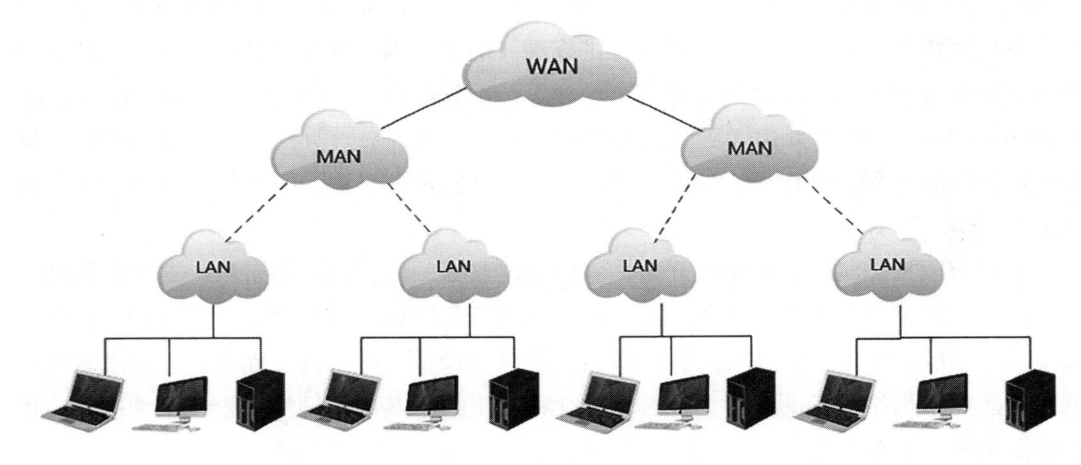

图 6-2　局域网、城域网、广域网之间的连接关系示意

②有线网和无线网

根据传输介质分类，可以将网络分为有线网和无线网，有线网使用有线传输介质，无线网使用无线传输介质。

任务 2　了解计算机网络拓扑结构

计算机网络拓扑是将构成网络的结点和连接结点之间的线路抽象成点和线，用几何关系来表示网络结构，从而反映网络中各实体之间的结构关系。常见的网络拓扑结构主要有星形、环形、总线形、树形和网状形等几种，如图 6-3 所示。

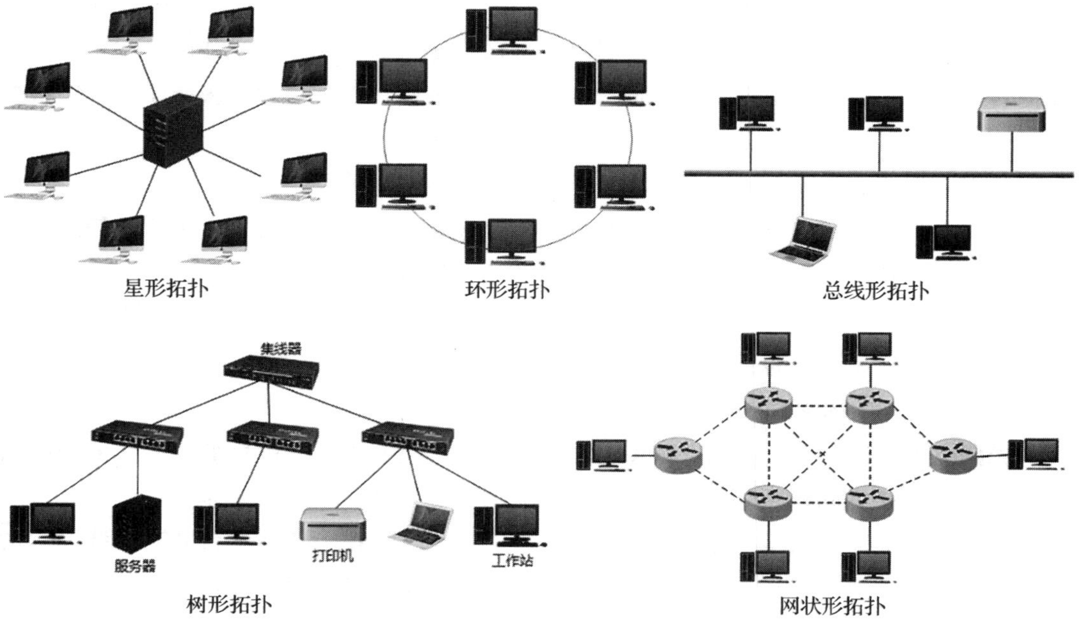

星形拓扑　环形拓扑　总线形拓扑

集线器

服务器　打印机　工作站

树形拓扑　网状形拓扑

图 6-3 计算机网络拓扑结构

任务 3 了解计算机网络硬件和软件

（1）网络硬件

常见的网络硬件有网络传输介质、网络接口卡、路由器、交换机、无线 AP、集线器等。

①传输介质（Media）

传输介质是网络中发送方和接收方之间的物理通路。常用的传输介质分为有线传输介质和无线传输介质。有线传输介质通常有双绞线、同轴电缆、光纤等。无线传输介质通常有无线电波、微波、红外线、激光等，还可以使用卫星实现无线通信。

②网络接口卡（NIC）

网络接口卡又称网络适配器，简称网卡，是构成网络最基本的设备，用于将计算机和通信线缆连接，实现计算机之间进行高速数据传输。每台连接网络的计算机都需要安装一块网卡，通常情况下，网卡都是安装在计算机主板的扩展槽上。网卡通常分有线网卡和无线网卡，两者的区别在于传输媒介的不同。有线网卡需要通过网线连接到网络，无线网卡用于连接无线网络。

③路由器（Router）

路由器是连接局域网和广域网的主要设备，工作在网络层，在网络间起网关的作用，它能够理解不同的协议，如以太网协议、TCP/IP 协议。路由器工作时，它自动分析检测数据的目的地址，根据目的地址选择数据的传输路径。如果存在多条路径，则根据路径的工作状态和忙闲情况，选择一条合适的路径进行数据传输。

④交换机（Switch）

交换机是一种用于电（光）信号转发的网络设备。它可以为接入交换机的任意两个网络节点提供独享的电信号通路。将一台计算机直接连接到交换机端口，则该交换机独享该端口提供的带宽；将一个网段连接到交换机端口，则该网段上的所有结点共享该端口提供的带宽。最常见的交换机是以太网交换机，其他的还有光纤交换机等。

⑤无线 AP（Access Point）

无线 AP 也称为无线访问点（Wireless Access Point）或无线桥接器，有线局域网络与无线局域网络之间的桥梁，也是无线网络的核心。无线 AP 可以是单纯性的无线接入点，也可以是兼具路由等功能的无线路由器，通过无线 AP，任何一台装有无线网卡的主机都可以去连接有线局域网络。无线 AP 通常用在不便于架设有线局域网的地方组建无线局域网。

⑥集线器（HUB）

集线器工作于 OSI（开放系统互联参考模型）参考模型的物理层，属于局域网中的基础设备，它的主要功能是对接收到的信号进行再生整形放大，以扩大网络的传输距离，同时把所有节点集中在以它为中心的节点上，实现所连接的节点之间的相互通信和信息共享。

集线器发送数据时没有针对性，而是采用广播方式发送，即当它向某节点发送数据时，不是直接把数据发送到该目标节点，而是将数据包发送到与集线器相连接的所有节点，如图 6-4 所示。

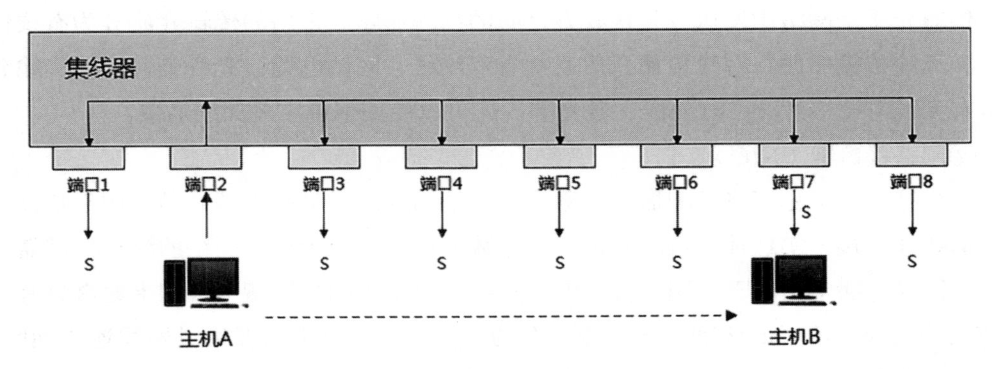

图 6-4　集线器

（2）网络软件

在计算机网络环境中，除了网络硬件外，还需要用于支持数据通信和各种网络活动的软件。网络软件通常有网络操作系统、网络通信协议软件以及应用级的提供网络服务功能的专用软件等，如网络数据库软件（Oracle、Sybase、SQL Server、Informix 等），网络应用软件（Internet Explorer 即 IE 等）。

网络操作系统用于管理网络软、硬资源，提供简单网络管理的系统软件，是网络软件中最主要的软件。常见的网络操作系统有 UNIX、Netware、Windows NT、Linux 等。

网络通信协议是网络通信的数据传输规范，是网络中的通信双方都必须遵守的通信规则。网络通信协议软件是用于实现网络通信协议功能的软件。计算机网络中的协议非常复杂，目前计算机网络大都按层次结构模型去组织计算机网络协议，TCP/IP 协议是当前最流行的商业化协议，被认为是当前的工业标准或事实标准。TCP/IP 参考模型采用分层结构，自上而下分为四层：应用层、传输层、网络层、链路层（网络接口层）。

任务 4　了解因特网基础知识

（1）什么是因特网

因特网是 Internet 的音译，也称国际互联网，因特网建立在全球网络互联的基础上，是一个全球范围的信息资源网，其信息资源极为丰富，为人们提供资源共享、数据通信和信息查询等服务，是世界上最大的计算机网络。

（2）TCP/IP 协议工作原理

TCP/IP 协议，英文全称 Transmission Control Protocol/Internet Protocol，是一个用于因特网计算机通信的协议簇，它包含了一系列构成互联网基础的网络协议，是 Internet 的核心协议，TCP/IP 参考模型自底向上依次分为网络接口层（链路层）、网络层、传输层和应用层，不同的层对应不同的协议。

应用层：面向用户，提供了常用的应用协议，主要包括 HTTP（超文本传输协议）、SMTP（简单邮件传送协议）、FTP（文件传输协议）、TELNET（远程登录协议）、SNMP（简单网络管理协议）、DNS（域名解析服务），这些协议支持着不同的应用。

传输层：该层功能主要是为通信双方主机提供端到端的服务。提供传输协议，主要包括 TCP（传输控制协议）、UDP（用户数据报协议）。

网络层：主要功能网络互联，定义 IP 格式，根据网间报文 IP 地址，将数据按选择的路径从源结点传输到目的结点。主要包括 IP（Internet 协议）、ICMP（因特网控制报文协议）、IGMP（因特网组管理协议）、ARP（地址解析协议）、RARP（逆地址解析协议）。该层标志性设备是路由器。

网络接口层（链路层）：处于 TCP/IP 参考模型最底层，主要负责将数据包通过物理网络接收或发送，面向硬件，包括各种硬件协议。该层标志性设备是交换机。

其中，传输层的 TCP 协议和网络层的 IP 协议是众多协议中最重要的两个核心协议。

（3）IP 地址、域名及 DNS 原理

作为超大规模的网络，因特网中有成千上万的结点（主机、路由器等），每一个结点都拥有全局唯一的地址标识，通过 IP 地址和域名，可唯一确定因特网中的某个结点。

① IP 地址

IP 地址（Internet Protocol Address）是指互联网协议地址，又称网际协议地址，是 TCP/IP 协议中网络层地址标识。IP 协议目前主要有两个版本：IPv4 协议和 IPv6 协议，两者最大的区别是地址位数和地址表示方式不同。目前因特网广泛使用的是 IPv4，即 IP 协议第四版本。

IPv4 地址使用 32 位二进制数字表示，由网络号和主机号两部分组成。为方便使用，通常使用点分十进制来表示 IPv4 地址，即将这 32 位数字每 8 位为一组，分别转换为十进制数字，数字之间使用“.”分隔，每组十进制数的范围是 0~255，如图 6-5 所示。

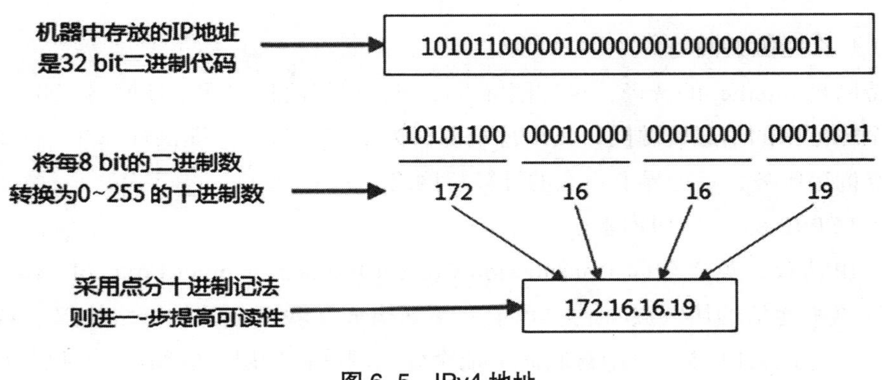

图 6-5　IPv4 地址

IP 地址由各级因特网管理组织进行分配，根据地址的最左侧一组，IP 地址被分为 5 类：A 类、B 类、C 类三类和特殊地址 D 类和 E 类。其中，A 类地址一般用于大型网络，B 类地址一般用于中等规模网络，C 类地址一般用于小型网络，D 类地址是多播地址，E 类地址是保留地址，如图 6-6 所示。

回送地址：127.0.0.1，也是本机地址，等效于 localhost 或本机 IP。一般用于测试使用。例如，ping 127.0.0.1 来测试本机 TCP/IP 是否正常。

192.168.1.1 属于 IP 地址的 C 类地址，属于保留 IP，专门用于路由器设置，还有部分路由器的 IP 地址为 192.168.0.0 和 192.168.0.1。

					7位	24位
A类	0				网络号	主机号
					14位	16位
B类	1	0			网络号	主机号
					21位	8位
C类	1	1	0		网络号	主机号
					28位	
D类	1	1	1	0	多播组号	
					27位	
E类	1	1	1	1	0	留待后用

图 6–6　5 类 IP 地址

在实际使用中，为了提高 IP 地址的分配效率，减少 IP 地址浪费，引入子网掩码概念，通过子网掩码可以将 A、B、C 三类地址划分为若干子网。

子网掩码也使用 32 位二进制数表示，左边是网络位，使用二进制数“1”表示，1 的数量等于网络位的长度；右侧是主机位，用二进制数“0”表示，0 的数量等于主机位的长度。实际表示中，与 IP 地址类似，每 8 位二进制为一组，使用点分十进制表示，如 255.255.255.0 是常见的子网掩码。

IP 地址与子网掩码进行“与运算”，即可得知该 IP 地址所在的网络号。

随着互联网的迅速发展，IPv4 定义的有限地址空间将被耗尽，而地址空间的不足必将妨碍互联网的进一步发展。为了扩大地址空间，新的协议和标准 IPv6 应运而生。IPv6 具有新的协议格式，它的地址长度长达 128。IPv6 地址空间是 IPv4 的 296 倍，能提供超过 3.4*1038 个地址。可以说，有了 IPv6，因特网的发展就不必再担心地址短缺的问题了。

IPv6 使用 128 位二进制数字表示。它的表示有两种方法，一种是冒分十六进制，一种是 0 位压缩表示。冒分十六进制：格式为 X:X:X:X:X:X:X:X，其中每个 X 表示地址中的 16 比特，以十六进制表示，例如，ABCD:EF01:2345:6789:ABCD:EF01:2345:6789，这种表示法中，每个 X 的前导 0 是可以省略的，例如，2001:0DB8:0000:0023:0008:0800:200C:417A 可表示为：2001:DB8:0:23:8:800:200C:417A。

0 位压缩表示法：在某些情况下，一个 IPv6 地址中间可能包含很长的一段 0，可以把连续的一段 0 压缩为“::”。但为了保证地址解析的唯一性，地址中“::”只能出现一次，例如：

FF01:0:0:0:0:0:0:1101 → FF01::1101

使用 cmd 命令可以查看本机 IP 地址：

按键盘 Windows 键 +R 键，输入 cmd，按 enter 键。在 cmd 窗口中输入：ipconfig 命令可以查看本机的 IP 地址，包括 IPv4 地址和 IPv6 地址，以及子网掩码和默认网关，如

图 6-7 所示。

输入 ipconfig /all 命令，还可进一步查看相关的物理地址。另外，使用 explorer 命令可以打开资源管理器。

②域名

因特网上使用 IP 地址标识某结点，这种标识方式非常不便于人们理解和记忆。为此，引入域名（Domain Name）的概念，这是一种字符型的主机命名机制。

域名是字符型的地址，是使用一组由字符组成的名字代替 IP 地址，域名地址信息存放在域名服务器（DNS，Domain Name Server）上。使用时，域名和 IP 地址是一一对应的。根据其层级，域名有一级域名（也称顶级域名）、二级域名、三级域名……

图 6-7　ipconfig 命令结果

域名采用层次结构表示，各层次的子域名之间使用“.”分隔，其结构是：

主机名 .· · · . 二级域名 . 一级域名

国际上，一级域名采用通用的标准代码，如表 6-1 所示，为常用一级域名标准代码。

表 6-1　常用一级域名标准代码

域名代码	组织类型
COM	商业组织
EDU	教育机构

续表

域名代码	组织类型
GOV	政府部门
NET	网络服务机构
ORG	其他组织
MIL	军事部门
INT	国际组织
<country code>	国家 / 地区代码（地理域名）

我国正式注册的顶级域名是 cn，二级域名分为类别域名和行政区域名两类，如 EDU 是类别域名，代表教育机构；JS 是行政区域名，代表江苏省。一个完整的域名，如 nith.edu.cn 是南京旅游职业学院的一个域名，nith 是南京旅游职业学院的英文缩写，edu 表示教育机构，cn 表示中国。

③域名服务器 DNS 工作原理

IP 地址和域名都表示主机的地址，实际上是同一事物的不同表示。用户访问时可以使用主机的 IP 地址，也可以使用它的域名。把域名解析为 IP 地址（正向域名解析）或者把 IP 地址解析为域名（反向域名解析）均由 DNS 完成。DNS 就是这样的一位“翻译官”，它的基本工作原理如图 6-8 所示。

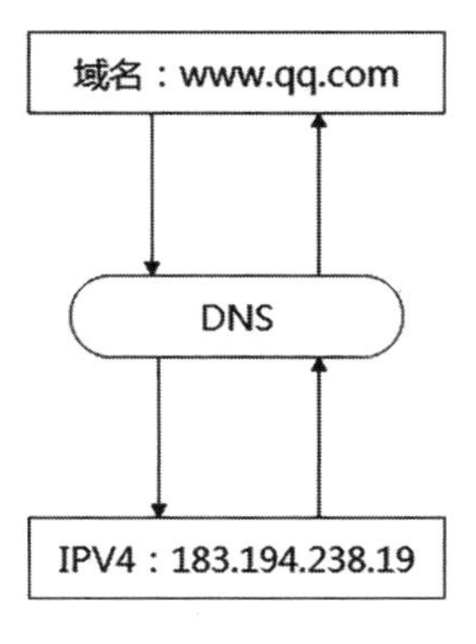

图 6-8　DNS 工作原理

当用户使用域名访问网络上的某个资源时，最终需要通过 IP 地址找到对应的资源。此时，将请求的域名放在 DNS 请求信息中，向 DNS 服务器请求 DNS 查询。DNS 服务器从请求中取出域名，进行域名解析将对应的域名转换为对应的 IP 地址，并将结果地址反馈给用户。

因特网中的整个域名系统是一个层次结构和大型的分布式数据库，DNS 数据库中的名称形成一个分层树状结构称为域名空间，它并不只有一个或几个 DNS 服务器。大多数具有因特网连接的组织都有一个域名服务器，每个服务器包含连向其他域名服务器的信息，这些域名服务器形成一个大的协同工作的域名数据库。在第一个处理 DNS 请求的 DNS 服务器没有查询到对应的域名和 IP 地址的映射信息时，它可以向其他域名服务器发出请求，直到查询到正确的域名解析结果，除非这个域名不存在。

Internet 接入方式通常有电话拨号连接、局域网连接、无线连楼和专线连接 4 种，普通用户接入 Internet 主要采用局域网接入和无线接入两种方式。

①电话拨号连接

目前电话拨号接入因特网的一种常见技术是非对称数字用户线路 ADSL（Asymmetrical Digital Subscriber Line）这是一种能够通过普通电话线提供宽带数据业务的技术。

采用 ADSL 的方式接入因特网，需要向电信部门申请 ADSL 业务。由其负责安装话音分离器、ADSL 调制解调器和拨号软件。完成安装后，用户可以根据提供的账号拨号上网了。

②局域网连接

通过局域网接入 Internet 主要是借助与 Internet 连接的某一组织机构的网络（如校园网、企业网等）与 Internet 建立连接。这种接入方式的连接方法是把带有网卡的计算机先连接到局域网，通过该局域网接入 Internet。

③无线连接

随着笔记本电脑、平板电脑及手机等移动通信工具的普及，人们的无线接入需求在不断增长。无线接入网络作为有线接入网络的有效补充，具有系统容量大、覆盖范围广、系统规划简单、扩容方便、可加密、易于维护等特点，这为组网提供了极大的便捷。

无线接入方式主要有无线局域网接入和移动无线接入网接入两种。无线接入方式需要用户端必须安装无线网卡。

- 无线局域网（Wireless LAN，WLAN）接入

无线局域网是在半径为几十米的范围内建立一个无线接入点，如无线 AP（Access Point），该无线接入点与有线的 Internet 连接。目前，校园、办公大楼、候机大厅、商务酒店等公共场所基本都提供了 WLAN，用户可通过接入 WLAN 进而接入 Internet。如图 6-9 所示。

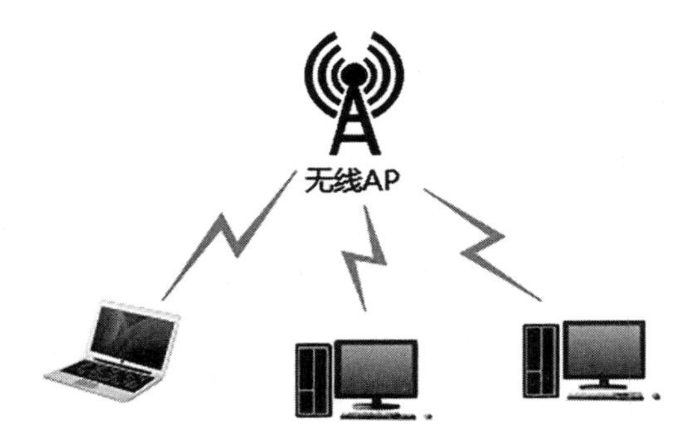

图 6-9　无线局域网

同一个地点可能安装有多个无线 AP，因此安装有无线网卡的计算机会检测到多个无线网络连接，不同的无线网络连接使用不同的服务集标识 SSID（Service SetIdentifier）来区分。如图 6-10 所示，WLAN 已连接成功。

图 6-10　无线网已连接

● 移动无线接入网接入

在移动无线接入网中，用户终端是移动的，与移动无线接入网中的无线接入点进行连接。无线接入点由移动数据提供商（中国移动、中国联通、中国电信等）管理。

提供移动无线接入的方式有 GPRS、3G、4G、5G 接入等。只要开通手机 SIM 卡上网业务，即可通过手机上网。

④专线连接

专线接入方式有多种，常见的有 Cable-MODEM（线缆调制解调器）接入和光纤接入。Cable-MODEM（线缆调制解调器）是利用现成的有线电视（CATV）网进行数据传输，已是比较成熟的一种技术。由于有线电视网采用的是模拟传输协议，因此网络需要用一个 MODEM 来协助完成模拟信号与数字信号的转换。

光纤接入是让终端设备使用光纤作为传输媒介接入因特网。光纤能提供 100Mbps~1000Mbps 的宽带接入，具有通信容量大，损耗低、不受电磁干扰的优点，能够确保通信畅通无阻。

3. 拓展学习

任务 1　修改主机 IP 地址

步骤 1　进入网络和共享中心。有两种方法：一种是单击电脑右下角网络图标（或），如图 6-11 所示，选择【打开网络和共享中心】，如图 6-12 所示；另一种是单击【开始】→【控制面板】，选择【网络和 Internet】下的【查看网络状态和任务】。

图 6-11　单击网络图标显示的结果

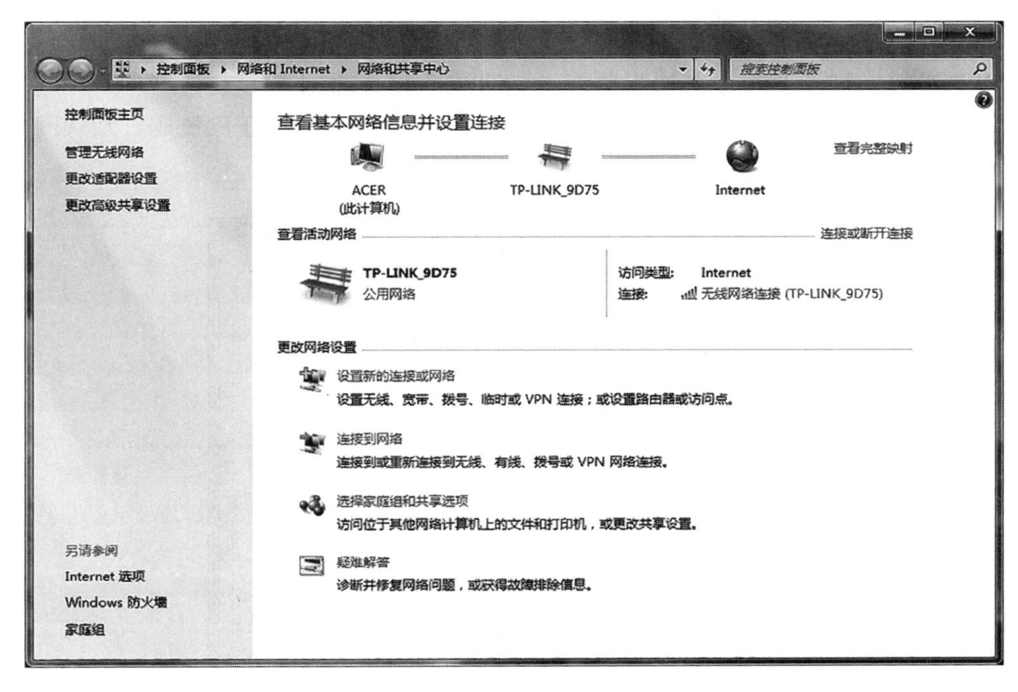

图 6–12　网络和共享中心

步骤 2　单击【更改适配器设置】，右键需要设置的网络连接（此处以无线网络连接为例），选择【属性】，如图 6–13 所示。

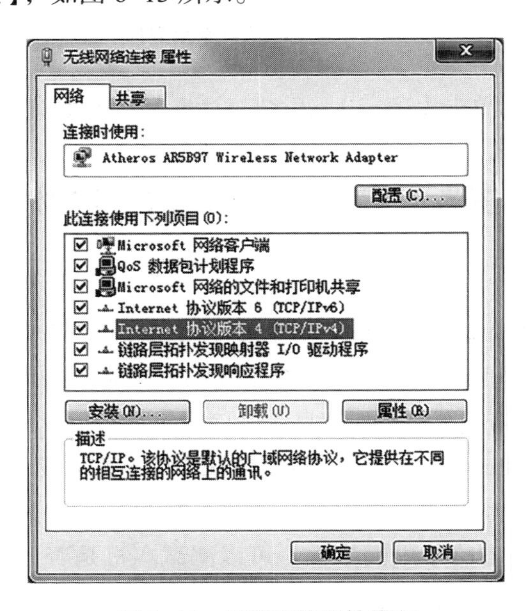

图 6–13　网络连接属性界面

步骤 3　单击【Internet 协议版本 4】，单击【属性】或双击【Internet 协议版本 4（TCP/IPv4）】，打开【Internet 协议版本 4（TCP/IPv4）属性】对话框，如图 6-14 所示，选择【使用下面的 IP 地址（S）】，并分别填写本机的 IP 地址、子网掩码、默认网关和 DNS 服务器地址。

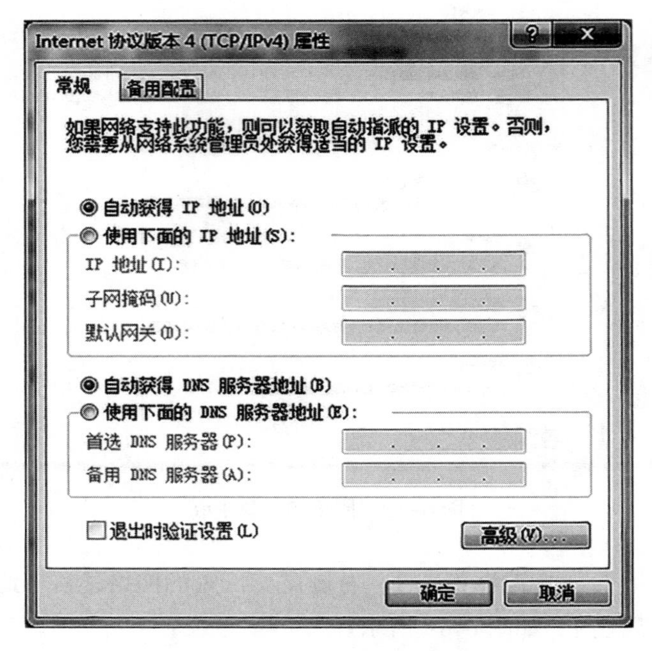

图 6-14　IP 地址设置界面

步骤 4　设置完成后单击【确定】，后续对话框都选择【确定】即可。

任务 2　了解 Ping 网络诊断技术

（1）Ping 工作原理

Ping 又称为 Packet Internet Grope，这个命令叫作因特网的包探索器，它是用来测试一台计算机是否已经接入网络，是进行网络诊断的一个非常重要的命令。其工作原理是：向网络中的某一远程主机发送一系列信息包，该主机再将信息包返回。如果本机或远程主机未与网络连通，则 Ping 命令发出的信息包就会得不到响应而无法返回。Ping 命令语法格式为：Ping+ 参数 + IP 地址或域名地。如图 6-15 所示。如 Ping　www.baidu.com，这里 Ping 的是百度网址，省略了中间参数，可以测试本机是否已经联网，如果可以 Ping 通（有字节、时间、TTL 等信息返回），则本机已经联网，反之则本机还未联网。

图 6–15 Ping 命令语法格式

（2）Ping 命令的使用

键盘同时按下 Windows 键 +R 键，在弹出的【运行】窗口中输入：cmd（如图 6–1 所示），点击【确定】或按【Enter】键。

图 6–16 运行窗口

在弹出的窗口中输入：Ping+ 参数 + IP 地址或域名，如 Ping www.baidu.com，按下回车键，如图 6–17 所示。

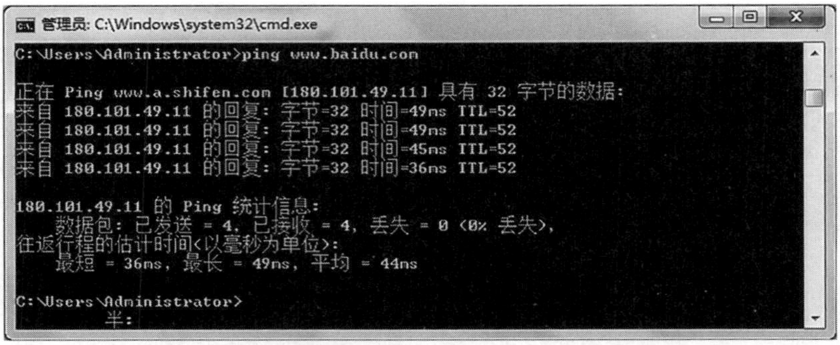

```
管理员: C:\Windows\system32\cmd.exe
C:\Users\Administrator>ping www.baidu.com

正在 Ping www.a.shifen.com [180.101.49.11] 具有 32 字节的数据:
来自 180.101.49.11 的回复: 字节=32 时间=49ms TTL=52
来自 180.101.49.11 的回复: 字节=32 时间=49ms TTL=52
来自 180.101.49.11 的回复: 字节=32 时间=45ms TTL=52
来自 180.101.49.11 的回复: 字节=32 时间=36ms TTL=52

180.101.49.11 的 Ping 统计信息:
    数据包: 已发送 = 4, 已接收 = 4, 丢失 = 0 (0% 丢失),
往返行程的估计时间(以毫秒为单位):
    最短 = 36ms, 最长 = 49ms, 平均 = 44ms

C:\Users\Administrator>
        半:
```

图 6–17　Ping 命令运行结果

查看命令运行结果，如有字节、时间、TTL 数据返回，则表明本机网络是通的，反之不通。

（3）Ping 命令结果解释

① Request Timed Out

表示在一定的时间范围内我没有收到他任何包的回馈。产生该结果的原因可能有两种：一是本机的 IP 地址不正确；二是网关设置错误。

② Destination Host Unreachable

表示目的主机不可达，说明可能由于局域网中间使用了 DHCP 分配 IP，而碰巧 DHCP 失效，这时使用 Ping 命令就会产生错误。另外，子网掩码设置错误也会出现这种错误。

还有一个比较特殊的就是路由返回错误信息，它一般都会在“Destination Host Unreachable”前加上 IP 地址说明哪个路由不能到达目的主机。这说明你的机器与外部网络连接没有问题，但与某台主机连接存在问题。

项目 6.2　Internet 应用

1. 项目要求

了解 Internet 基本概念和基本服务；能熟练掌握浏览器的使用和设置；了解无线上网接入方式，学会构建小型局域网。

2. 项目实现

任务 1　了解 Internet 基本概念

（1）万维网 WWW

万维网 WWW 是 World Wide Web 的简称，也称为 Web、3W、环球信息网。WWW 是因特网提供的一种网络服务，它基于客户机 / 服务器模式，WWW 服务器通过超文本标记语言（Hyper Text Markup Language，HTML）把信息组织成为图文并茂的超文本，利用链接可从一个站点跳转到另一个站点。

WWW 最主要的概念是超文本，并遵循超文本传输协议（Hyper Text Transmission Protocol,HTTP）。WWW 网站中包含很多网页（又称 Web 页面），网页使用 HTML 编写，并在 HTTP 协议的支持下运行。一个网站的第一个 Web 页面称为该网站的主页或首页，它主要体现这个网站的特点和服务项目。每一个 Web 页都有一个唯一的地址（URL）。

（2）超文本（Hyper Text）和超链接（Hyper Link）

超文本中既包含文本信息，还包含图形、声音、图像和视频等多媒体信息，因此称之为“超”文本，其中更包含着指向其他网页的链接，这种链接叫作超链接（当把鼠标放置到包含超链接的文字或图片时，鼠标指针会变成手型）。在一个超文本文件里可以包含多个超链接，它们把分布在本地或远程服务器中的各种形式的超文本文件链接在一起，形成一个纵横交错的链接网。用户可以打破传统阅读文本时顺序阅读的习惯，从一个网页跳转到另一个网页进行阅读。因此，可以说超文本是实现 Web 浏览的基础。

（3）统一资源定位器 URL

WWW 用统一资源定位器（Uniform Resource Locator，URL）来标识 Web 网页的位置和访问它时所用的协议。用户可通过在浏览器中输入 URL 地址实现对某个 Web 页面的访问。

URL 的格式为“协议：//IP 地址或域名：端口 / 路径 / 文件名”。其中，协议定义服务方式或获取数据的方法，常见的有 HTTP 协议、HTTPS 协议、FTP 协议等；协议后的冒号加双斜杠表示接下来是存放资源的主机 IP 地址或域名；端口指协议端口号，TCP/IP 协议中为主要的协议分配有系统端口号，如 HTTP 使用 80 端口，FTP 使用 21 端口，这时端口就可以省略不写；路径和文件名是用路径的形式表示 Web 页面在主机中的具体位置及该 Web 页面的文件名。

例如，http://www.xinhuanet.com/politics/2021-07/14/c_1127656102.htm 就是一个 Web 页

面的 URL，浏览器可以通过这个 URL 得知：使用的协议是 HTTP，资源所在主机的域名为 www.xinhuanet.com，使用默认的 80 端口，要访问的文件具体位置在 /politics/2021-07/14 文件夹下，文件名为 c_1127656102.htm。

（4）超文本传输协议 HTTP

超文本传输协议 HTTP 是 TCP/IP 协议体系中应用层协议，它定义了 Web 客户端与 Web 服务器通信的规则，是万维网数据通信的基础。它经历了 0.9、1.0、1.1 直至如今的 2.0 版本。

HTTP 协议传输信息采用明文传输，因此使用 HTTP 协议传输信息非常不安全，为了保证这信息传输更加安全，将 SSL（Secure Sockets Layer）协议用于对 HTTP 协议传输的数据进行加密，从而就诞生了 HTTPS，简单地说，HTTPS 是 HTTP 的安全版本。

（5）文件传输协议 FTP

FTP，英文全称 File Transfer Protocol，即文件传输协议，FTP 是 TCP/IP 协议体系的应用层协议。使用 FTP 协议可以将文件从一台计算机传送到网络上的另一台计算机。不管这两台计算机位置相距多远、使用的是什么操作系统，也不管它们通过什么方式接入因特网，FTP 都可以实现因特网上两个站点之间文件的传输。

任务 2　了解 Internet 基本服务

（1）信息浏览服务（万维网 WWW）

万维网 WWW 是因特网提供的一个基本的网络服务。用户使用浏览器即可方便地浏览 Internet 上的信息。

（2）电子邮件服务 E-mail

电子邮件服务（E-mail 服务）是目前最常见、应用最广泛的一种因特网服务。它是根据传统的邮政服务模型建立起来的，旨在通过网络传送信件、单据、资料等电子信息。电子邮件与传统邮件相比有传输速度快、内容和形式多样、使用方便、费用低、安全性好等特点。具体表现在：发送速度快，信息多样化，收发方便，成本低廉。

电子邮件服务涉及几个重要的 TCP/IP 协议：SMTP 协议；POP3 协议；因特网报文存取 IAMP 协议。

（3）FTP 文件传输服务

FTP 文件传输服务也是因特网提供的基本服务，它提供了在 Internet 主机之间传送文件的功能，使用的是 FTP 文件传输协议。FTP 服务采用客户机 / 服务器（C/S）模式，即用户的本地计算机称为客户机，客户机上运行 FTP 客户端软件，由该软件实现与 FTP 服务器之间的通信；提供 FTP 服务的计算机称为 FTP 服务器，在 FTP 服务器上运行

FTP 服务器程序，负责为客户机提供文件的上传、下载等服务。将文件从 FTP 服务器传输到客户机的过程称为下载（download），将文件从客户机传输到 FTP 服务器的过程称为上传（upload）。

FTP 是一种实时的联机服务，用户在访问 FTP 服务器时首先要登录，即输入其在 FTP 服务器上的合法账号和密码。只有登录成功的用户才能访问该 FTP 站点，进行授权文件的查看、下载，或上传文件。除此之外，Internet 上还有很多 FTP 站点提供匿名 FTP 服务，即 FTP 站点允许任何人访问，但是用户也必须输入公开的登录账号（通常是"anonymous"）和密码（通常是本人的电子邮件地址）进行登录，该站点称为匿名 FTP 站点。匿名 FTP 站点主要用于向用户提供文件下载服务，为安全起见，多数匿名 FTP 站点不允许用户上传文件，即使允许上传文件也只能上传到指定的目录下。

（4）远程登录服务 Telnet

远程登录是 Internet 提供的基本信息服务之一，采用客户机 / 服务器模式（C/S）。用户可以使用 Telnet 登录到 Internet 上的另一台计算机上，Telnet 能将用户的击键等操作传到远端计算机上，同时也可以将远端计算机的输出通过 TCP 连接返回到用户屏幕，同时用户也可以使用远端计算机上的资源，如打印机等。Telnet 提供了大量的命令，这些命令可用于建立终端与远程主机的交互式对话，可使本地用户执行远程主机的命令。远程桌面（RDP）就是基于 Telnet 技术发展起来的。

（5）DNS 域名解析服务

DNS 域名解析服务也是 Internet 提供的一种基本服务，通过该服务可以将域名转换为 IP 地址，使网络用户能够方便地访问域名所对应的网站。域名解析工作具体由 DNS 服务器来完成。

任务 3　掌握浏览器的使用和设置

（1）浏览器的功能

浏览器是用于浏览 Web 网页的工具，安装在用户的计算机上，属于客户端软件。它扮演着用户与 WWW 之间的桥梁，当用户使用浏览器浏览某个 Web 页面时，它能够把用户的页面请求转换成 Web 服务器能够识别的命令，同时它能够把 Web 服务器返回的响应用超文本标记语言描述的结果转换成便于用户理解的形式。

（2）常用的浏览器

浏览器有很多种，目前最常用的 Web 浏览器有 Microsoft 公司的 Internet Explorer（简称 IE）、Google 公司的 Chrome、360 浏览器、Firefox、Safari、Opera 等。

IE 浏览器。IE 浏览器是微软推出的 Windows 系统自带的浏览器，该浏览器只支持

Windows 平台。目前国内大部分的浏览器，都是在 IE 内核基础上提供了一些插件，如 360 浏览器、搜狗浏览器等。

Chrome 浏览器。Chrome 浏览器由 Google 在开源项目的基础上进行独立开发的一款浏览器，它提供了很多方便开发者使用的插件。Chrome 浏览器不仅支持 Windows 平台，还支持 Linux、Mac 系统，同时它也提供了移动端的应用（如 Android 和 iOS 平台）。

Safari 浏览器。Safari 浏览器主要是 Apple 公司为 Mac 系统量身打造的一款浏览器，主要应用在 Mac 和 IOS 系统中。

（3）浏览器的使用与设置

以下使用 Windows 7 系统上的 Internet Explorer 11（IE11）来介绍浏览器的使用和设置。本书中使用的浏览器除特别说明外，均指 IE11，如图 6-18 所示。

图 6-18　关于 Internet Explorer

① IE 的启动和关闭

使用“开始”菜单启动 IE。鼠标依次单击“开始”菜单→所有程序→Internet Explorer，即可打开 IE 浏览器。或者在桌面和任务栏上添加 IE 的快捷方式，以后操作可以直接单击快捷方式打开 IE 浏览器。

关闭 IE 有 6 种方式：

- 单击 IE 窗口右上角的关闭按钮；
- 单击 IE 选项卡右侧【关闭选项卡（Ctrl+W）】按钮 ×，关闭个选项卡页面；
- 右击任务栏的 IE 图标，选择【关闭窗口】；
- 鼠标放置到任务栏的 IE 图标上，在弹出的小窗口中单击右上角的 ×；
- 右击 IE 窗口的最上侧，在弹出的菜单中单击【关闭】；
- 选中 IE 窗口后，按组合快捷键 Alt+F4。

需要注意的是，如果在一个窗口中打开多个网页，在关闭 IE 窗口时，会跳出【关闭所有选项卡】或【关闭当前选项卡】的提示，如图 6–19 所示，可以根据需要选择对应的选项。

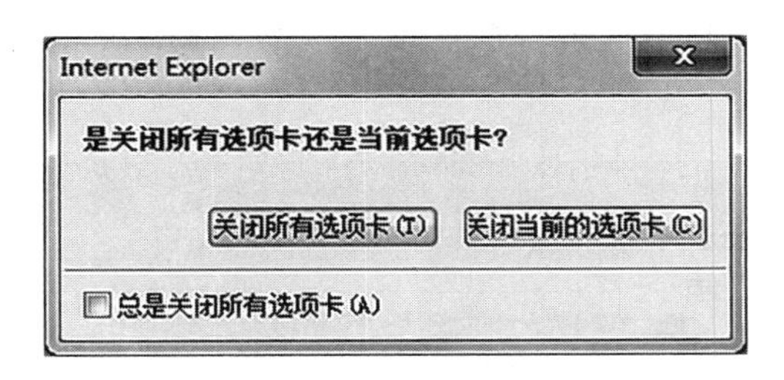

图 6–19 关闭多个选项卡提示

② IE11 的窗口

启动 IE 后，窗口会打开一个默认的选项卡，即默认主页（此处设置的默认主页是百度页面）。如图 6–20 所示。

图 6–20 默认主页

IE11 窗口上方排列了最常用功能，从左向右依次是：

前进和后退按钮。可以在浏览记录中前进和后退，可以方便地返回到之前访问过的页面或前进到最近访问的页面。

地址栏。显示当前访问的 URL 地址；右侧的“刷新”按钮提供对页面的刷新和停止刷新功能。其下方的选项卡显示了页面的名字“百度一下，你就知道”。选项卡右侧为“新建选项卡（Ctrl+T）”按钮，可通过这个按钮新建选项卡。

搜索输入框。这是必应搜索框，可以搜索想查找的内容。

IE 窗口最右侧有三个功能按钮：

主页：单击这个按钮，页面进入主页。主页地址可以在 Internet 选项中设置，并且可以设置多个主页，这样点击之后会打开多个选项卡显示多个主页的内容，如图 6-21 所示。

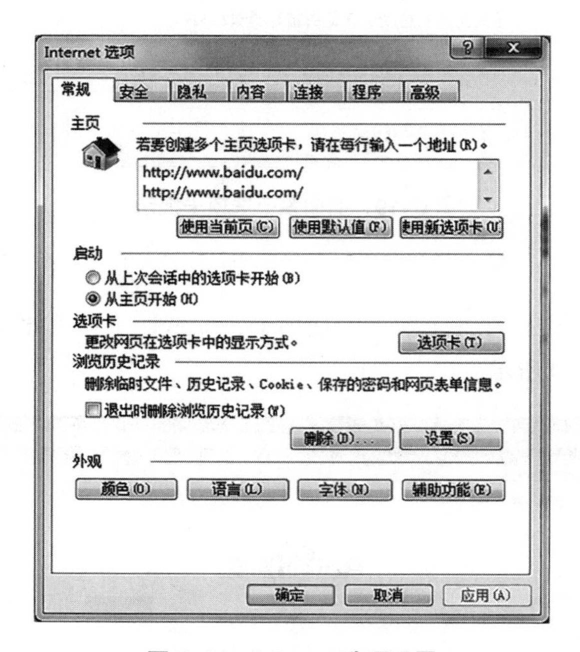

图 6-21　Internet 选项设置

收藏夹：IE11 将收藏夹、源和历史记录集成在一起了，单击收藏夹就可以展开对应的小窗口。

工具：单击该选项，可以看到“打印”“文件”“Internet 选项”“关于 Internet Explorer”等功能按钮。通过“Internet 选项”可以对 IE 进行设置；通过“关于 Internet Explorer”，可以查看 IE 的相关信息，包括 IE 版本等。

IE 窗口右上角是 Windows 常用的三个窗口控制按钮，依次是“最小化”“最大化 / 还原”“关闭”。

选项卡下方显示的是菜单栏，如图 6-22 所示，分别显示【文件（F）】、【编辑（E）】、【查看（V）】、【收藏夹（A）】、【工具（T）】、【帮助（H）】选项，选择对应选项，可实现文件、工具栏、收藏夹等的操作。

文件(F)　编辑(E)　查看(V)　收藏夹(A)　工具(T)　帮助(H)

图 6-22　IE 工具栏

③ IE 设置

单击 IE 窗口右侧“工具”按钮→ Internet 选项或左侧“工具（T）”→ Internet 选项，可以对 IE 进行设置，包括主页等。

④页面浏览

IE 窗口地址栏中输入页面的 URL 地址，按 Enter 回车键，即可跳转至对应的页面。如果不知道访问页面的 URL 地址，可以先打开百度页面进行搜索，搜索后单击对应的链接。

⑤页面的保存

步骤 1　打开要保存的 web 页面。

步骤 2　单击 IE 窗口菜单栏的【文件】→【另存为】，打开【保存网页】对话框，如图 6-23 所示。或使用 Ctrl+S 快捷键。

步骤 3　命名文件并选择文件的保存位置和保存类型，单击【保存】即可。

图 6-23　页面保存

如果想保存网页上的图片，右击对应的图片，选择【图片另存为】，命名文件并选择文件的保存位置和保存类型，单击保存即将对应的图片保存。

⑥信息的搜索

步骤 1　IE 地址栏中输入百度 URL 地址，打开百度主页。

步骤 2　在文本框中输入搜索关键词，如“2022 北京奥运”，单击【百度一下】按钮或按【Enter】键，开始搜索。

步骤 3　在搜索结果页面，如图 6–24 所示，列出了所有包含“2022 北京奥运”关键字的结果，单击链接可进入对应页面。

另外，关键词文本框下方，除了默认选中的“网页”外，还有“资讯”“视频”“图片”等标签，选择对应标签可以针对不同的目标进行搜索，大大提高搜索效率。其他搜索引擎的使用和百度基本类似。

图 6–24　“2022 北京奥运”搜索结果页面

⑦使用“历史记录”功能

点击 IE 窗口右侧“收藏夹”按钮，然后选择“历史记录”，可以查看和管理之前的浏览记录。可以选择按什么方式查看，如图 6–25 所示，想删除某个浏览记录时，右击对应的记录选择删除即可。

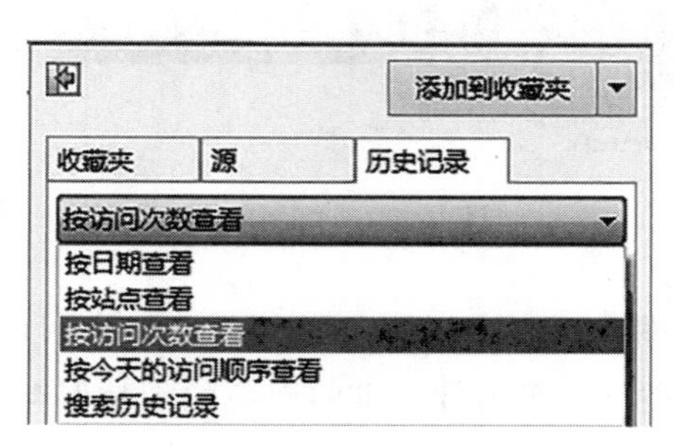

图 6–25　历史记录

点击其中的某个记录，即可跳转至对应的页面。

⑧使用收藏夹功能

● 收藏网页。将 web 页面添加到收藏夹中的方法有多种。

第一种是使用【添加到收藏夹】按钮。首先打开要收藏的网页（本例中为“北京 2022 年冬奥会和冬残奥会组织委员会网站”主页，如图 6-26 所示），单击 IE 右上侧的收藏夹按钮☆。

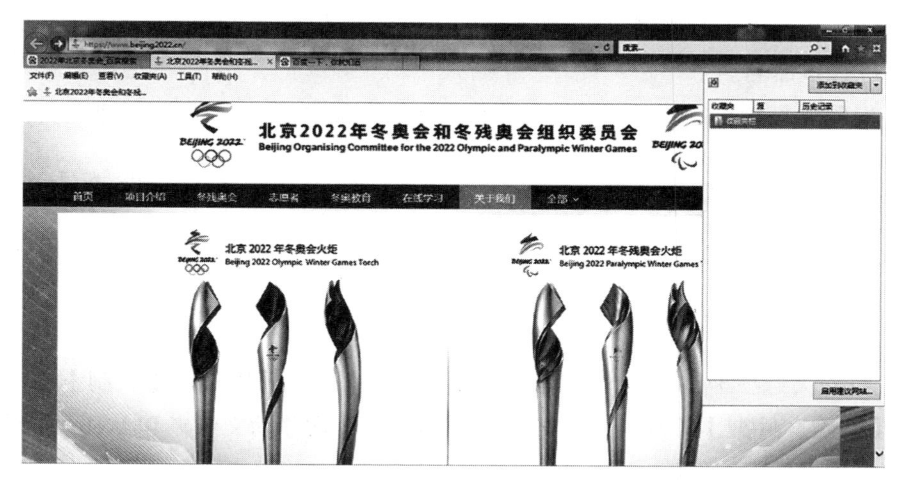

图 6-26　要收藏的网页

单击【添加到收藏夹】，命名网页名称并选择要保存的位置，如图 6-27 所示。也可新建文件夹，将网页保存到新建的文件夹中，如图 6-28 所示。

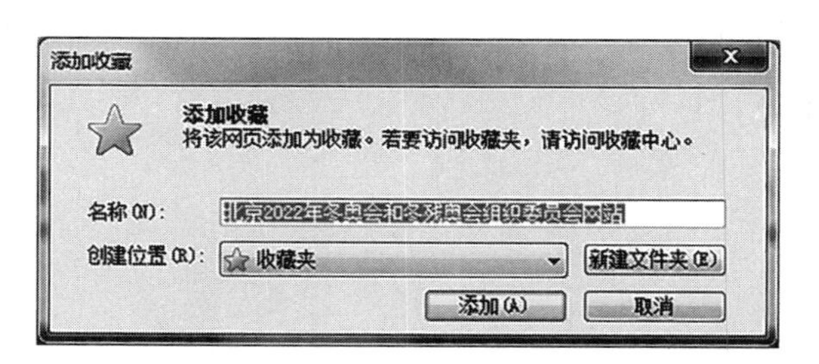

图 6-27　“添加到收藏夹”对话框

创建文件夹

文件夹名(N):　计算机

创建位置(R):　收藏夹

创建(A)　取消

图 6-28　“创建文件夹”对话框

第二种是右击需要收藏的网页，弹出的菜单中选择【添加到收藏夹】，后续的操作和上述类似。

● 收藏夹中创建新文件夹

第一种方法是收藏网页时创建文件夹，具体操作在单击【添加到收藏夹】按钮后，点击新建文件夹，如图 6-29 所示。

第二种方法是单击 IE 右上侧的【收藏夹】按钮→【整理收藏夹】→【新建文件夹】，对文件夹进行重命名。

如果想删除新建的文件夹，单击 IE 右上侧的收藏夹按钮，右击新建的文件夹，选择【删除】即可。

● 使用收藏夹中的地址。

单击 IE【收藏夹】按钮，选择所需的 Web 页面并单击，即可跳转到相应的 Web 页面。

● 整理收藏夹

在 IE 收藏夹选项卡中，在文件夹或 Web 页面上右击就可以选择【复制】、【重命名】、【删除】、【新建文件夹】等操作，还可以通过拖拽的方式移动文件夹和 Web 页面的位置，从而改变收藏夹的组织结构。

图 6-29 收藏夹中创建新文件夹

若要导出收藏夹，鼠标分别单击 IE 右上角【收藏夹】图标→【添加到收藏夹】右侧的▾图标→【导入和导出】，出现【导入和导出设置】对话框，如图 6-30 所示。根据实际情况选择【从另一个浏览器导入（A）】或【从文件导入】(此处以【从另一个浏览器导入（A）】为例，若导出收藏夹则此处选择【导出到文件】选项)，单击【下一步】。

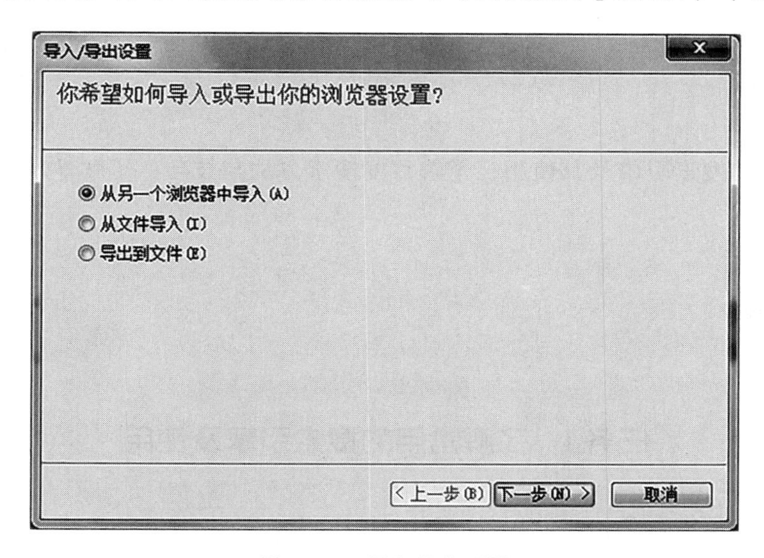

图 6-30　导入导出设置

勾选【Chrome】选项，如图 6-31 所示，单击【导入】，即实现从另一个浏览器导入收藏夹。

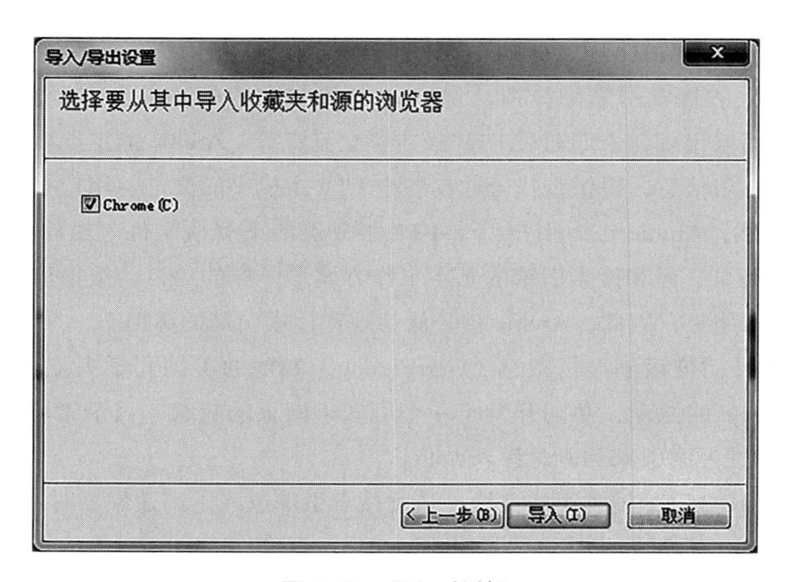

图 6-31　导入对话框

项目 6.3　信息检索

1. 项目要求

了解常用的搜索引擎及其使用；了解百度搜索方法与技巧；了解学术搜索引擎及知网的使用。

2. 项目实现

任务 1　了解常用的搜索引擎及使用

（1）搜索引擎的概念

随着网络上的信息越来越多，为使信息查找和使用变得更加容易，人们建设了专门用来快速检索信息的网站，也就是今天的“搜索引擎”。搜索引擎是一种非常有效和易于使用的互联网信息检索工具，它使用某些程序把因特网上的信息归类，帮助人们从海量数据中快速检索到所需要的信息。

（2）搜索引擎的发展历史

现代意义上的搜索引擎的鼻祖，是 1990 年由加拿大的三名大学生发明的 Archie。当时，万维网还未出现，人们通过 FTP 来共享交流资源。Archie 能定期搜集并分析 FTP 服务器上的文件名信息，提供查找分散在各个 FTP 主机中的文件。用户必须输入精确的文件名进行搜索，Archie 告诉用户哪个 FTP 服务器能下载该文件。虽然 Archie 搜集的信息资源不是网页，但和搜索引擎的基本工作方式是一样的：自动搜集信息资源、建立索引、提供检索服务，因此，Archie 被公认为现代搜索引擎的鼻祖。

1994 年 4 月，美籍华人杨致远（Gerry Yang）和他的美国同学大卫·费罗（David Filo）借鉴 Archie 的原理，共同开发了一个可搜索网页的超级“目录索引”，即后来的 Yahoo，成功地使搜索引擎的概念深入人心。

1998 年，GOOGLE 搜索正式上线，从此搜索引擎进入了高速发展时期。

2000 年 1 月，百度搜索成立，2001 年 10 月，百度作为搜索引擎正式上线，它是全球最大的中文搜索引擎。

随后，2009 年 5 月，微软也在中国创新出了“必应”搜索引擎。

（3）常用的搜索引擎

说到搜索引擎，有很多著名的搜索引擎，国外的如 Google、Yahoo!、Yandex、Bing，国内的如百度、搜狗搜索等。

百度搜索是全球最大的中文搜索引擎，也是国内使用最多的搜索引擎。“百度”二字源于中国宋代词人辛弃疾的《青玉案》诗句“众里寻他千百度”，巧妙表达了搜索信息的含义。通常可通过文字、语音、图片实现信息搜索。

在浏览器地址栏输入百度地址：www.baidu.com，按 Enter 回车键，即可进入百度搜索首页，如图 6-32 所示。

图 6-32　百度首页

可以在文本输入框中输入搜索关键词进行搜索。也可以单击文本输入框右侧相机按钮，上传要搜索的图片，或在文本输入框中输入图片网址，实现在该网址中搜索要搜索的图片，如图 6-33 所示。

图 6-33　图片搜索

按右上角【设置】→【高级搜索】，可进一步设置搜索范围，实现高级搜索。

任务 2　了解百度搜索方法与技巧

信息检索最常使用的是关键词检索，面对海量的互联网信息，百度搜索引擎为我们提供了丰富的信息平台，但仅靠单一关键词的搜索方式显然已经很难精确而快速地找到想要的信息。下面将介绍几种百度搜索技巧来提高搜索效率，如图 6–34 所示。

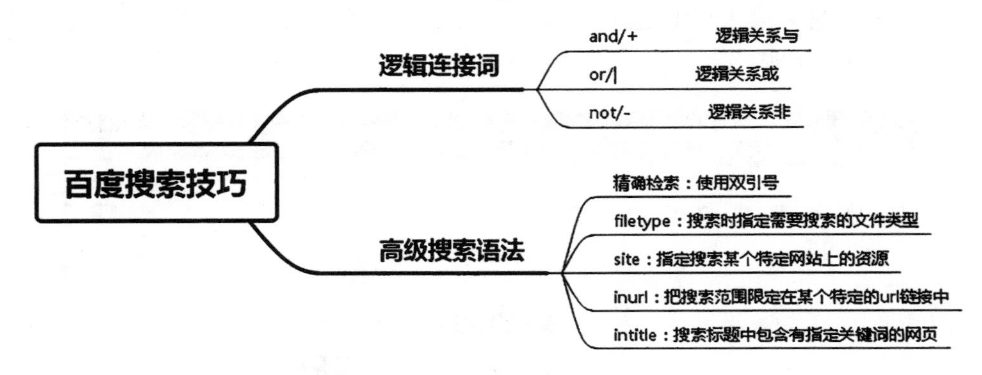

图 6–34　百度搜索技巧

（1）在检索关键词中使用逻辑连接词

什么是逻辑连接词呢？就是与、或、非。搜索时可以使用逻辑连接词来提高搜索效率，提高搜索相关度。英文为 and、or、not，不区分大小写，或者表示为 +、| 和 –。

AND 表示逻辑关系“与”，使用时表示它所连接的关键词必须同时出现在查询结果中。

OR 表示逻辑关系“或”，使用时表示任意一个关键词出现在查询结果中即可，不必同时出现。例如，我们想搜索人工智能或者机器人，只需使用“OR”符号在搜索框中输入：人工智能 or 机器人，搜索结果中既包含了“人工智能”也包含“机器人”。

“–”表示逻辑关系非，实际使用中“–”的使用效果并不十分理想，而 not 也会被当作关键词进行搜索，这里不做赘述。

（2）在检索关键词中使用高级搜索语法

①精确检索：使用双引号

使用百度搜索时，经常会有这样的体验：搜索的一个关键词，被百度拆得七零八落，最终的搜索结果与想搜索的内容相去甚远。此时，给关键词加双引号，百度在执行搜索时便会将输入的关键字作为一个整体进行搜索。把搜索词放在双引号中，代表完全匹配搜索，即搜索结果返回的页面包含双引号中出现的所有的词，连顺序也完全匹配。

例如搜索“人工智能机器人课程”，效果如图 6-35 所示，检索更为精确。

图 6-35　人工智能机器人课程搜索结果

②指定要搜索的文件类型：使用 filetype 语法

如果想搜索某一指定文件类型的信息，可以使用 filetype 语法，语法结构是：关键字 + 空格 +filetype+ :+ 文件类型，文件类型可以是 word（DOC）、PDF、PPT、excel（XLS）、ALL（全部文档）等。例如，“人工智能教学 filetype:PPT”，搜索出有关人工智能教学的 PPT。需特别注意的是关键词和 filetype 之间一定要有个空格。

③指定搜索特定网站的资源：使用 site 语法

使用百度搜索某个特定网站的资源，可以使用 site 语法。语法格式为：关键词 + 空格 +site+ 冒号 + 网址（站点域名），注意冒号和网址之间不要带空格，站点域名不要带“http://”。例如，想在知乎里搜索人工智能相关内容，那么在百度搜索里输入“人工智能”site:zhihu.com，最终的搜索结果大部分都是来自知乎网站。

④把搜索范围限定在特定的 URL 链接：使用 inurl 语法

语法格式为：inurl:xxx（xxx 可以为任意字符串），表示查找 url 中包含 xxx 的网页。

Inurl 语法可以缩小搜索范围，查找指定类型的信息，例如我们想在音乐网站中搜索北京欢迎你这首歌曲，那么在百度搜索中输入：北京欢迎你 inurl:music。

Inurl 还可以“inurl:xxx+ 关键词”和“关键词 +inurl:xxx”的方式来使用，两者的作用是完全一致的，搜索结果大致一样。使用“inurl:xxx+ 关键词”查找到的结果页面满足两个条件，一是 url（网址）中包括 xxx；二是网页中的任意部位包含“关键词”。

⑤搜索标题中包含有指定关键词的网页：使用 intitle 语法

intitle 的语法格式是：intitle+ 冒号（英文半角状态）+ 关键词，即 intitle: 关键词。例如，百度搜索框中输入：intitle:“人工智能”，搜索结果大部分显示标题含有“人工智能”的网页。

在实际搜索实践中，我们可以单独使用以上语法，也可以将以上语法组合使用，以达到准确的目的。

（3）使用百度高级搜索功能及百度首页标签

我们还可以通过使用百度高级搜索功能或百度首页的标签执行精确的搜索。在百度首页，点击右上角【设置】→【高级搜索】即可打开百度高级搜索界面，如图 6-36 所示。

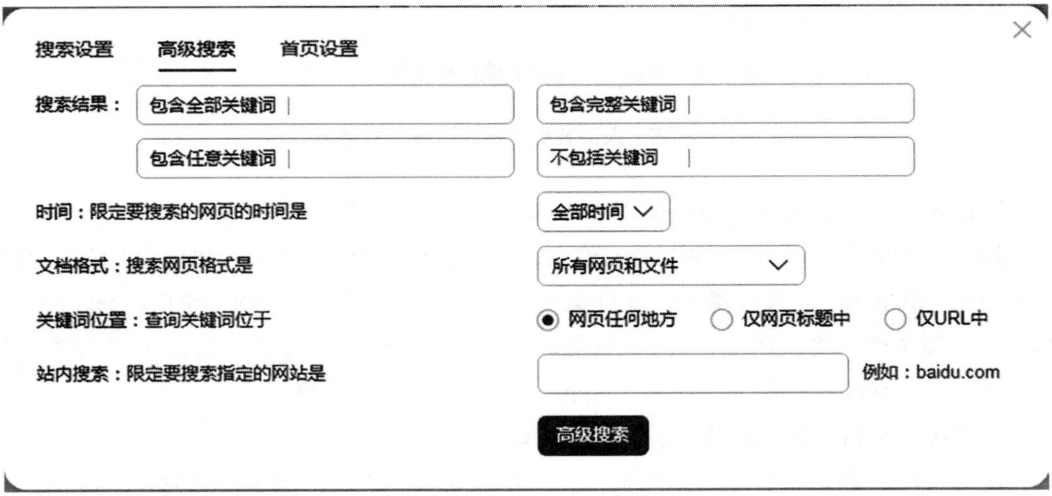

图 6-36　百度高级搜索界面

在该界面，可以设置搜索结果包含完整关键字或不包含关键字等，还可限定要搜索的网页的时间、文档格式、关键词所处位置以及限定在哪个指定的网站搜索。

另外，使用百度首页的标签，如“视频”“图片”“文库”等，点击对应的标签，可以搜索对应的内容。如点击图片，进入图片搜索界面，在此搜索界面输入搜索关键字即可搜索关键字相关的图片。

（4）搜索能力提升

现代社会，对于个人而言，提高信息检索意识和能力是一种重要的基本技能。有人称之为“搜商（Search Quotient，SQ）”，可以把它看成是一种与智商、情商并列的人类智力因素，也就是人类通过某种手段获取新知识的能力，其本质就是查询信息和搜索信息的能力。

一方面，要根据搜索的内容选择合适的检索工具；提高自身的检索能力，包括学会提炼搜索关键词（如主题关键词、限定关键词、专业关键词、资源关键词等）、构建检索式等。

另一方面，对于检索的结果需要提高自身甄别信息的能力（如判断哪些是广告、无用信息等）及判断信息的能力，即评估判断哪些信息满足自己的搜索需求。

任务 3　了解知网的使用

在进行学术研究时，通常需要通过学术搜索引擎或学术数据库查找相应的学术资源或文献。中国知网（CNKI）是目前中国最具权威、资源收录最全、文献信息量最大的知识服务平台。收录资源包括期刊、博士论文、硕士论文、会议论文、报纸、工具书、年鉴、专利、标准、国学、海外文献等；内容覆盖自然科学、工程技术、农业、哲学、医学、人文社会科学等。中国知网也是目前国内使用较多的学术搜索数据库。

（1）使用前准备

想要完全使用并阅读、下载知网的文献，需要注册账号成为正式的用户，并支付相应的费用，或者成为单位用户，并且所在单位已经购买了中国知网相关的数据库。通常情况下，对于普通的游客用户来说，也可以在线阅读，一般可以免费阅读文献前 10% 的部分。

（2）检索方法

一般通过以下 4 步完成信息检索：

步骤 1　进入“中国知网”网站。打开浏览器在地址栏中输入 https://www.cnki.net/，按【Enter】回车键。

步骤 2　在检索输入框中输入检索关键词，如图 6-37 所示。

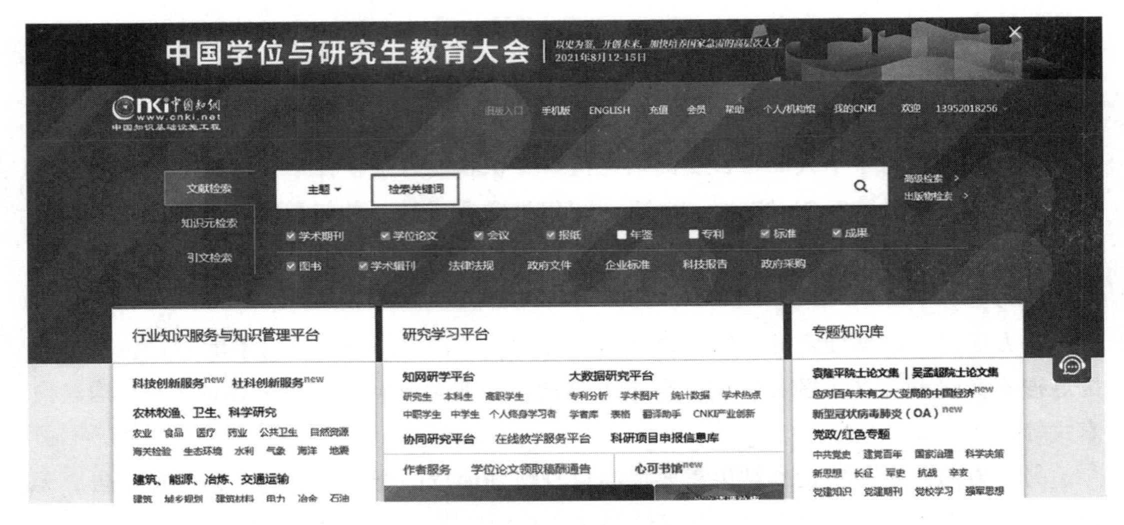

图 6–37　知网首页

步骤 3　确定检索标签和检索范围。检索标签初始为主题；检索范围默认为文献检索，具体包含学术期刊、学位论文、会议、报纸、图书等。用户在实际检索中可以根据自己的实际需要选择检索的关键词和检索范围，如图 6–38 所示。

图 6–38　检索范围

步骤 4　单击检索输入框右侧搜索图标，即可得到最终的检索结果。

如果想进一步缩小检索范围，增加检索的准确性，也可以在检索结果左侧区域选择文献发表的年度、文献来源、文献作者等，如图 6–39 所示。或者在检索之初就使用知网提供的高级检索功能，即单击检索输入框右侧【高级检索】，在高级检索界面，如图 6–40 所示，设定一系列检索的具体要求，如主题、作者、文献来源等。

图 6–39　人工智能检索结果

图 6–40　高级检索界面

（3）检索结果的处理

对于检索出来的结果，可以进行多种维度的浏览。如图 6–41 所示。例如，想查看搜索结果中发表时间是 2021 年的文献，在检索结果右侧区域选择文献发表的年度，勾选 2021，单击左侧确定即可；再如，可以通过作者的选择，查看权威专家的文献。通过排序，可以对检索结果按选择的维度进行排序。

图 6-41　检索结果查看维度选择

对于检索出的结果，还可以进行下载、收藏等操作，如图 6-42 所示。或者直接单击文献的题名，具体查看文献的相关信息。

检索范围：总库　主题：人工智能　主题定制　检索历史　共找到 43,043 条结果　1/300

全选　已选：1　清除　批量下载　导出与分析　排序：相关度　发表时间　被引　下载　显示 20

	题名	作者	来源	发表时间	数据库	被引	下载	操作
1	人工智能时代企业管理变革的逻辑与分析框架	徐鹏; 徐向艺	管理世界	2020-01-05	期刊	32	6852	
2	人工智能技术在电力设备运维检修中的研究及应用	蒲天骄; 乔骥; 韩笑; 张国宾; 王新迎	高电压技术	2020-02-22 10:35	期刊	35	2134	
3	人工智能技术在电网调控中的应用研究	范士雄;李立新;王松岩;刘幸蔚;於益军	电网技术	2019-12-02 09:58	期刊	28	1959	
4	人工智能、经济增长与居民消费改善：资本结构优化的视角	林晨; 陈小亮; 陈伟泽; 陈彦斌	中国工业经济	2020-03-06 15:22	期刊	19	5588	
5	人工智能时代背景下的国家安全治理：应用范式、风险识别与路径选择	阙天舒; 张纪腾	国际安全研究	2020-01-17	期刊	20	2101	
6	人工智能教育变革的三重境界	曹培杰	教育研究	2020-02-15	期刊	26	2919	
7	人工智能技术会诱致劳动收入不平等吗——模型推演与分类评估	王林辉; 胡晟明; 董直庆	中国工业经济	2020-04-22 15:33	期刊	21	4001	

图 6-42　检索结果操作

需要注意的是，每一篇 CNKI 的文献都需要安装对应的阅读器软件进行阅读，一般使用较多的是 CAJViewer 和 E-Study。

项目 6.4　计算机与网络信息安全概念和防控

1. 项目要求

了解计算机网络信息安全的概念；了解常见的计算机网络信息安全风险；了解计算机网络信息安全的防控措施。

2. 项目实现

任务 1 了解计算机网络信息安全的概念

网络安全，英文 Network Security，是指网络系统的硬件、软件及其系统中的数据受到保护，不因偶然的或者恶意的原因而遭受破坏、更改、泄露，系统连续、可靠、正常地运行，网络服务不中断。网络安全本质上就是网络上的信息安全。

网络安全主要分为信息系统安全、网络边界安全及网络通信安全。信息系统安全主要指计算机安全（智能手机及终端也是一种计算机），包括操作系统安全和数据库安全等；网络边界安全是指不同网络域之间的安全，包括网络上的访问控制、流量监控等，以保护内部网络不被外界非法入侵；网络通信安全则是关注对通信过程中所传输的信息加以保护。

网络安全的重要属性主要包括保密性、完整性、可用性、真实性、不可抵赖性、可控性和可审查性。其中，保密性、完整性、可用性也称为信息安全的三要素。

任务 2 了解计算机与网络信息安全的风险

对于计算机与网络来说，信息安全风险有多方面：一是计算机硬件可能因为技术原因存在安全隐患，导致计算机病毒如 CIH 病毒可以利用硬件漏洞来攻击和破坏硬件系统。二是计算机操作系统，因其是巨型复杂的软件系统，配置越来越复杂，加之其本身安全级别不高（目前大规模使用的 Windows 和 Linux 系统的安全级别为可信计算机系统安全评价准则 TCSEC 的 C2 级），导致其难免存在安全漏洞。此外，我们目前使用的操作系统基本上自国外引进，不能排除某些国家出于不可告人的目的而在其中设置后门。因此，软件（特别是操作系统）国产化是一个迫切需要解决的问题。三是对于计算机软件由于技术或人为因素不可避免地存在安全缺陷，事实上，软件漏洞是威胁网络及信息系统安全的最根本原因。

网络安全的另一个主要威胁就是网络攻击，由于计算机硬件和软件、网络协议以及网络管理等方面不可避免地存在安全漏洞，使得网络攻击成为可能。网络攻击所涉及的技术和手段很多，通常有：拒绝服务（Denial of Service，DoS）或分布式拒绝服务攻击（DDoS）、入侵攻击、计算机病毒攻击（具有隐蔽性、潜伏性、传染性、表现性破坏性、可触发性）、电子邮件攻击、诱饵攻击（诱骗用户去浏览恶意网页）。

另外，人为因素也会造成安全风险。不管是什么样的网络系统都离不开人的管理，一方面人为管理难免会出现某些安全方面疏漏，另一方面很多网络系统缺少安全管理员，尤其是高素质的网络安全管理员等都可能导致安全风险。

任务 3　了解计算机与网络信息安全的防控措施

（1）计算机与网络信息安全的防控措施

①防火墙

防火墙是最基本的网络安全防护措施，也是目前使用最广泛的一种网络安全防护技术。防火墙通常安置在内部网络（通常是局域网）和外部网络之间，根据访问控制规则对出入网络的数据流进行过滤，以抵挡外部入侵和防止内部信息泄密，保护内部网络不易受到来自 Internet 的侵害。防火墙是一种综合性的技术，它的主要功能是过滤进出网络的数据、管理进出网络的访问行为、封堵某些禁止的访问行为、记录通过防火墙的信息内容和活动、对网络攻击进行检测和告警等。

根据防火墙在网络协议栈中的过滤层次不同，可以把防火墙分为包过滤防火墙、电路级网关防火墙和应用级网关防火墙（代理防火墙）。

目前许多网络设备均含有简单的防火墙功能，如路由器、IP 交换机等。目前常用的 Windows 操作系统自带了软件防火墙。如图 6-43 所示，Windows 系统在控制面板中可以查看 Windows 自带防火墙的状态，也可以对自带的防火墙进行设置。

图 6-43　Windows 自带防火墙

对个人用户而言，一般使用操作系统自带的防火墙或启用杀毒软件中的防火墙，如360 安全软件、腾讯电脑管家等即可满足日常的网络安全防护。

②入侵检测

入侵检测是一种动态安全技术，通过对入侵行为的过程与特征的研究，从而对入侵事件和入侵过程做出实时响应。有两种主要的入侵检测技术：基于特征的检测和基于行为的检测。

③计算机病毒及恶意代码防治

计算机病毒及恶意代码是威胁网络信息系统安全的主要威胁之一。通常使用一些反病毒软件来抵御计算机病毒的侵害，如金山毒霸、360 安全卫士等，这些都是免费的软件。

④密码技术

密码技术主要研究数据的加密、解密及其应用，加密是将明文变为密文的过程，解密是将密文变为明文的过程。密码技术是保证计算机网络安全的重要机制。目前密码技术只在一些重要的应用（如网银交易、购物等）中使用。

⑤数字签名（Digital Signature）

数字签名是实现信息认证的主要技术，是信息发送方用私钥对原始数据的信息摘要（记为 M2）进行加密所得的加密摘要。信息接收者收到信息后，使用信息发送者的公钥对附在原始信息后的数字签名进行解密获得解密后的信息摘要 M1，将其与原始数据的信息摘要 M2 比对，以此判定原始数据是否被篡改，即保证了信息来源的真实性和数据传输的完整性。

数字签名算法常用 RSA 公钥算法实现。

数字签名类似于传统的手工签字或印章，能够表明签名者的身份，不能伪造，使得消息发送者无法抵赖，这也是数字签名的不可抵赖性。

（2）日常网络安全防范

①加强安全防护意识

每个人在日常生活中都经常会用到各种用户登录信息，如网银账号、微信及支付宝等，这些都是个人隐私信息，这些信息容易成为不法分子的窃取目标。更为严重的是，当前很多用户的各账号之间都有关联，一旦成功窃取一个账号，其他账号的窃取便易如反掌，给用户带来更大的经济损失。因此，用户必须时刻保持警惕，提高自身安全意识，拒绝下载不明软件，禁止点击不明网址、提高账号密码安全等级、禁止多个账号使用同一密码等，加强自身安全防护意识和能力。

②对于使用的计算机，安装系统时尽量采用正版软件，正版系统在安全性上有保障，并在日常管理中及时更新系统或漏洞补丁程序；尽量不安装不必要的软件，若确需

安装，应到官方网站下载软件并安装，这样可以避免安装到可能存在病毒的软件；安装必要的防火墙和杀毒软件，这对提高计算机网络安全大有益处，常见的杀毒软件有 Windows Defender、360 杀毒软件、Kaspersky 卡巴斯基等；养成良好的预防计算机病毒的习惯，如移动存储设备使用之前要先查毒或杀毒，确认无毒之后才能使用。

③注意上网安全和个人信息保护。使用浏览器浏览网页时，不浏览有安全风险的网站或网页，不下载来路不明的程序或文档，否则可能导致计算机感染病毒或者信息被盗取，如银行的账号、密码、身份证信息等；网上购物时，不要使用公共的计算机，而使用自己的计算机；使用微信等社交网络，不晒包含个人信息的照片，如身份证、护照、各种票据账单等；不要连接陌生 Wi-Fi，如公共场所的免费 Wi-Fi，其存在被钓鱼的风险，可能导致个人隐私泄露；如果自己安装无线 Wi-Fi，则需要给 Wi-Fi 设置合适的 SID 和密码，保证自己在使用时不存在安全风险；日常使用电子邮件时，可以通过一些邮件代理，代为收发邮件，对于收到的不信任的邮件不要轻易打开浏览，如果觉得有安全风险，可以选择直接删除邮件。

对于网络信息安全来说，安全是相对的，并且具有时效性，因为随着技术的发展新的漏洞和攻击方法会不断出现，系统的新配置、新组件也可能引入新的安全问题。同时，对于网络攻击，攻击时间、攻击者、攻击目标和攻击发起的地点都具有不确定性，这些都在一定程度上提升了网络信息安全的复杂性。对于身处互联网时代的人们而言，要懂得网络安全的重要性，它关乎国家、社会、政府、企业以及个人的安全，在实际的操作中需要把网络信息安全看成是一项系统工程，将技术及非技术的手段组合使用，最大限度地保障计算机网络信息安全。

课后练习

一、选择题

1. 计算机网络中可以共享的资源包括（　　）。

A. 硬件、软件、数据、通信信道　　B. 主机、外设、软件、通信信道

C. 硬件、程序、数据、通信信道　　D. 主机、程序、数据、通信信道

2. 一座大楼内的一个计算机网络系统，属于（　　）。

A. PAN　　B. LAN　　C. MAN　　D. WAN

3. Internet 最基础、最核心的协议是（　　）。

A. TCP/IP　　B. FTP　　C. HTTP　　D. NetBEUI

4. 不属于 TCP/IP 参考模型中的层次是（　　）。

A. 应用层　　B. 传输层　　C. 会话层　　D. 互联层

5. 在因特网中完成从域名到 IP 地址或者从 IP 地址到城名转换的是（　　）

A. DNS　　B. FTP　　C. WWW　　D. ADSL

6. 在下列各项中，正确的 URL 是（　　）。

A. http://www.pku. edu.cn/ notice/ file.htm

B. http:/www.pku.edu.cn/ notice/ file.htm

C. http://www.pku.edu..cn/ notice/ file.htm

D. http://www.pku.edu.cn/ notice\ file.htm

7. 下列各项中，不能作为 IP 地址的是（　　）。

A. 10.2.8.112　　B. 202.205.17.33　　C. 222.234. 256. 240　　D. 159.225.0.1

8. IP 地址由（　　）组成。

A. 网络号和主机号　　B. 用户名和主机号

C. 用户名和 ISP 号　　D. 网络名和 ISP 号

9. 关于使用 FTP 下载文件，下列说法中错误的是（　　）。

A. FTP 即文件传输协议

B. 登录 FTP 不需要账户和密码

C. 可以使用专用的 FTP 客户机下载文件

D. FTP 使用客户机 / 服务器模式工作

10. 网络安全的基本属性不包括（　　）。

A. 可用性　　B. 完整性　　C. 机密性　　D. 隐蔽性

二、操作题

1. 打开“2022 北京冬奥会”的主页（地址是 https://www.beijing2022.cn/），将首页中的任一张图片保存到指定文件，格式是 jpg；在该主页任意打开一条新闻的页面浏览，并将页面保存到指定文件夹下。

2. 使用“百度搜索”搜索“人工智能”的相关介绍，将相关介绍内容复制下来并保存到 Word 文档“人工智能 .docx”中

3. 在 IE 浏览器的收藏夹中新建一个目录，命名为“常用网址”，将百度网址（https://www.baidu.com/）添加至该目录下。

4. 到 360 官网下载“360 安全卫士”软件，并安装到电脑上；安装好后卸载。

单元 7　常用工具介绍

项目 7.1　虚拟机工具 VirtualBox 安装与使用

1. 项目要求

（1）在 VirtualBox 中安装操作系统 I

（2）在 VirtualBox 中进行必要设置

（3）在 VirtualBox 中安装操作系统 II

2. 相关知识

虚拟化技术是为了提高效率而生，是将各项硬件产品（CPU、内存、网卡、存储等）逻辑化，再进行整合的一个过程。为什么需要虚拟化技术，在这里我们仅简单地从单机服务器的角度去讨论。首先，随着计算机的性能的不断提升，单台设备的运算能力已经大大超过我们提供服务需要的能力。其次，各项不同的服务所使用的时间上也不完全一致，这就导致了设备的使用率偏低。在一台设备上同时运行多个操作系统，提供不同的服务，就可以大大提高硬件的使用效率。

3. 项目实现

任务 1　在 VirtualBox 中安装操作系统 I

本章节所有内容具有一定的延续性，为学习能够承上启下，请各位同学准备一个不低于 32GB 的 U 盘，我们所有的实践都在 U 盘中进行，本课程所有使用的软件和演示动画均存放在 ftp://ftp.nith.edu.cn 服务器中。

首先点击【开始】打开程序中 VirtualBox 软件我们会看到如图 7-1 所示界面。

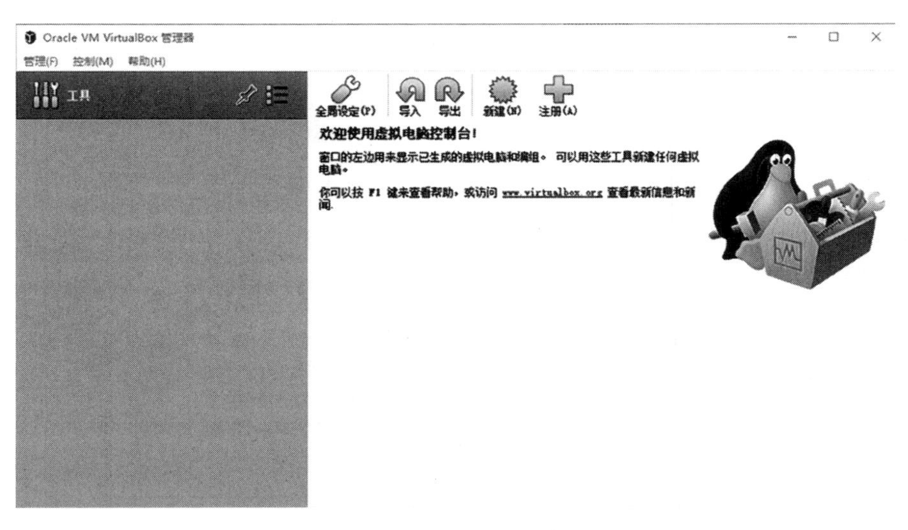

图 7-1　VirtualBox 启动界面

在管理菜单中有全局设定、虚拟机的虚拟介质管理等设置，同学们可以自行了解。在这里我们先单击右侧的【新建】按钮，会出现如图 7-2 所示的界面。

? ×

← 新建虚拟电脑

虚拟电脑名称和系统类型

请选择新虚拟电脑的描述名称及要安装的操作系统类型。此名称将用于标识此虚拟电脑。

名称:

文件夹: C:\PortableApps\VirtualBoxPortable\VMs

类型(T): Microsoft Windows

版本(V): Windows 7 (64-bit)

专家模式(E)　下一步(N)　取消

图 7-2　设置虚拟电脑名称和系统类型界面

此处名称填写 WIN7，文件夹选择默认文件夹，注意文件夹所在磁盘容量是否足够，类型和版本不变，然后选择【下一步】。

如图 7-3 所示，此处设置虚拟机的内存大小，根据物理机的实际空闲内存选择，我们设置成【4096MB】。

如图 7-4 所示，此处选择现在创建磁盘，这里的磁盘是占用实际物理磁盘的一部分空间，点击【创建】。

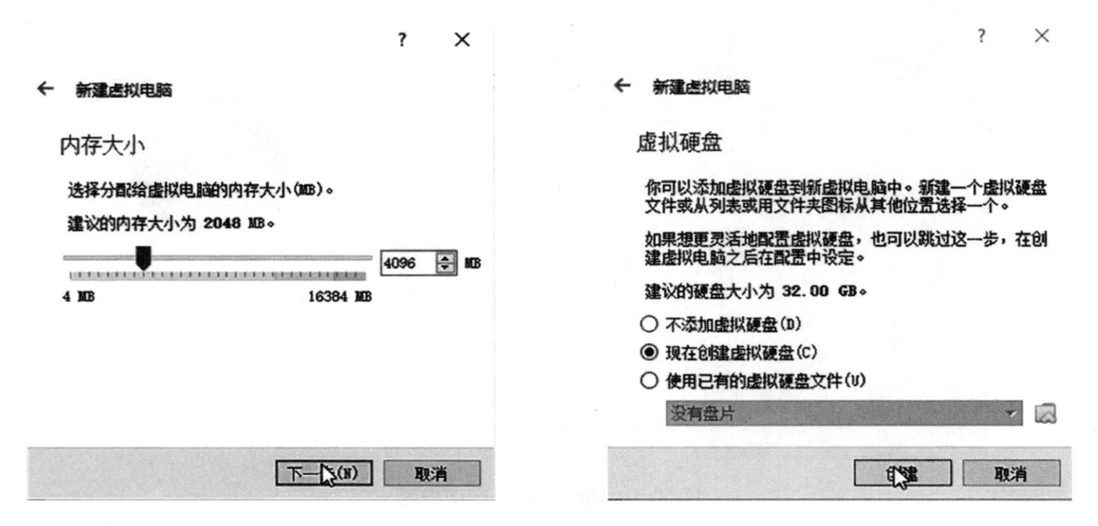

图 7-3　虚拟电脑内存设置界面　　　　图 7-4　虚拟电脑硬盘设置界面

如图 7-5 所示，这里的虚拟磁盘类型有三种，VDI 是 Oracle VirtualBox 的文件类型，VHD 是微软 Hyper-V 的文件类型，VMDK 是 VMware 的文件类型，这里我们选择【VDI】，然后点击【下一步】。

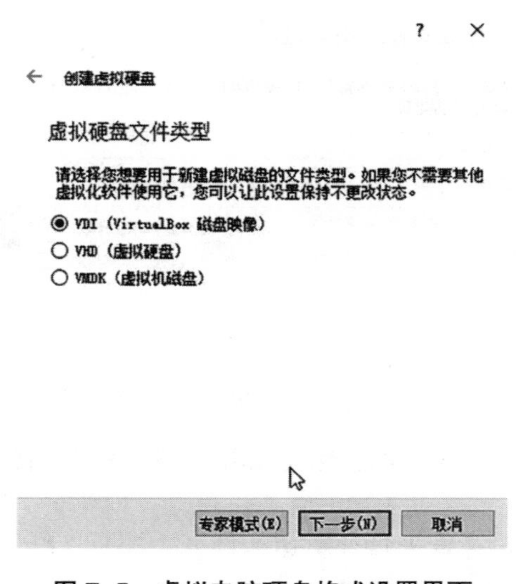

图 7-5　虚拟电脑硬盘格式设置界面

如图 7-6 所示，动态分配指实际占用多少空间就使用多少空间，但是不会超过设置硬盘大小的上限。固定大小指占用全部设定的硬盘空间，这里选择【动态分配】。

如图 7-7 所示，这里选择要存放虚拟硬盘为位置，我们选择默认即可，点击【创建】。

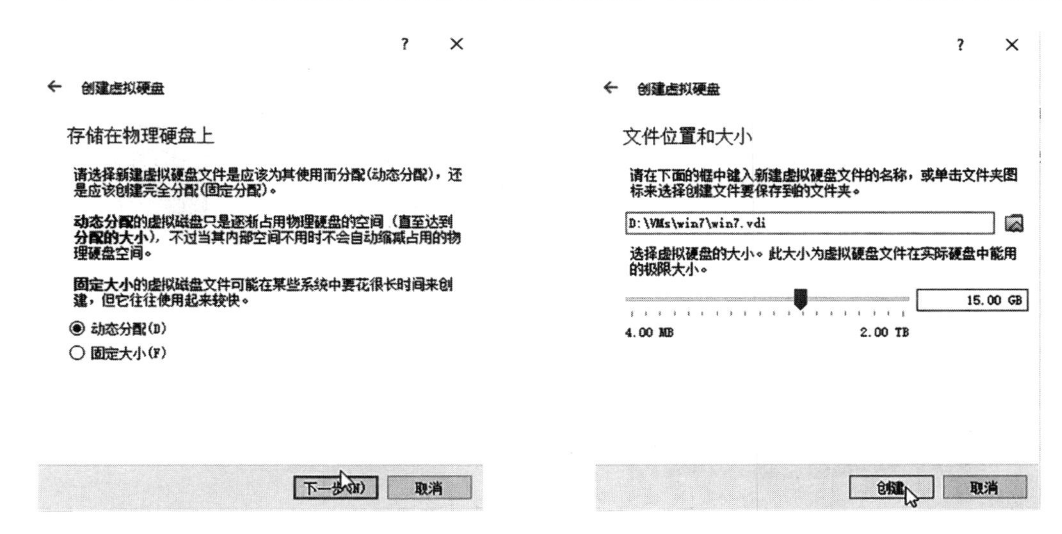

图 7-6　虚拟电脑硬盘分配方式设置界面　　　　图 7-7　虚拟电脑硬盘存放位置设置界面

在系统安装时需要使用 Windows 安装光盘，在设置 - 存储选项中选择光驱，在右侧选择【选择或创建一个虚拟光驱】选项，如图 7-8 所示。

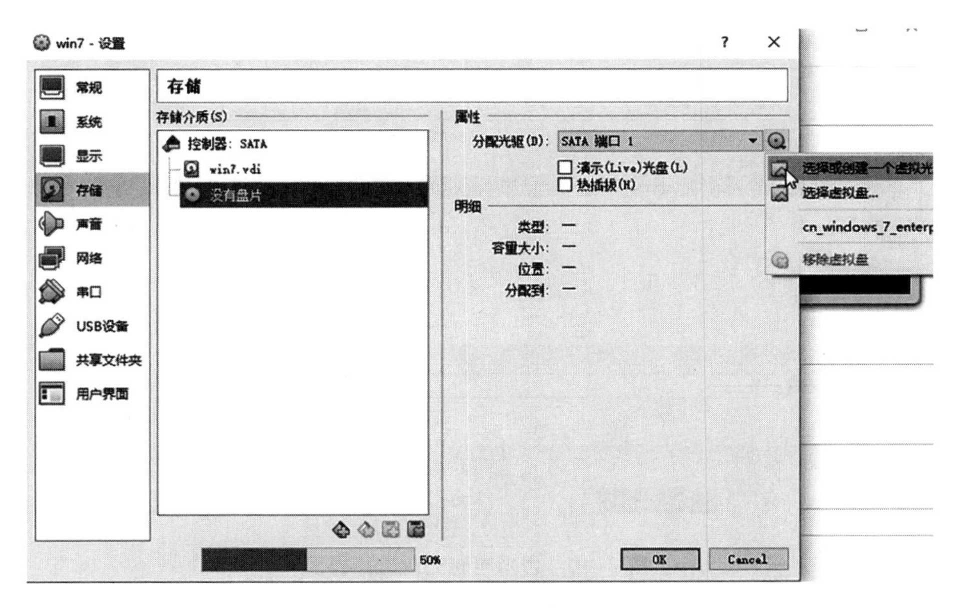

图 7-8　虚拟电脑光驱设置界面

点击【注册】，将计算机中 Windows 安装光盘进行注册，安装光盘文件在计算机的 C 盘学生文件夹中，如图 7-9、图 7-10 所示。

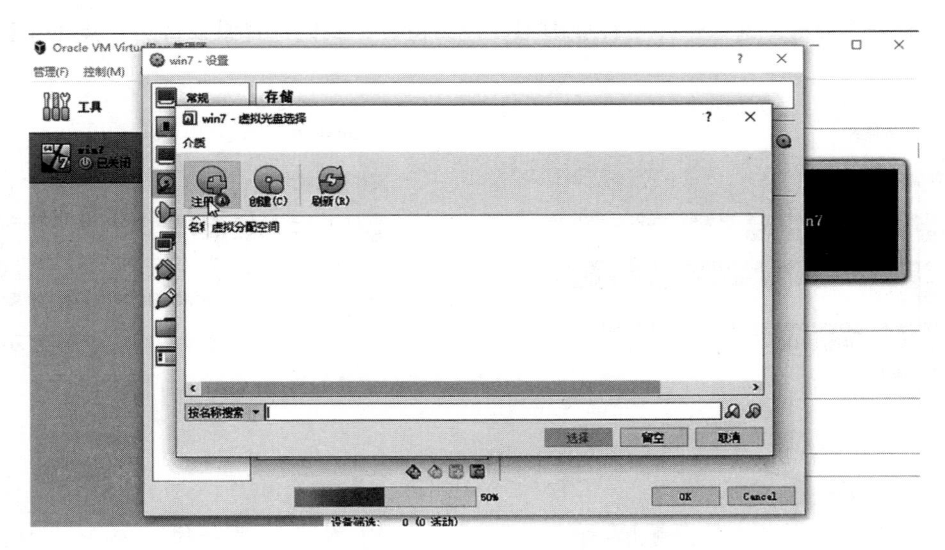

图 7-9　虚拟电脑光盘注册界面

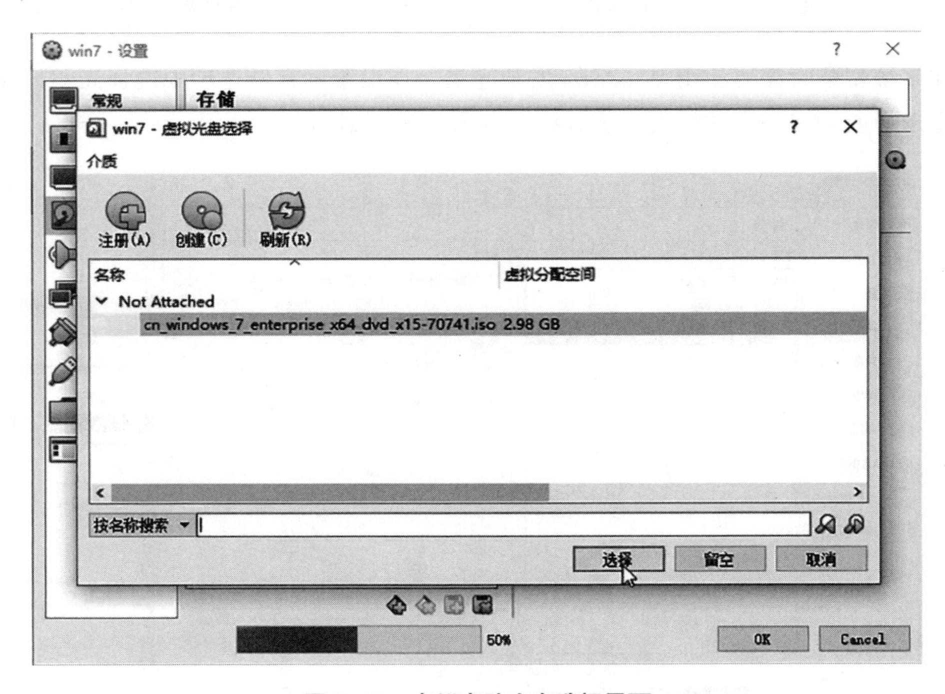

图 7-10　虚拟电脑光盘选择界面

点击图 7-11 右上角【启动】，进行 Windows 的安装工作。

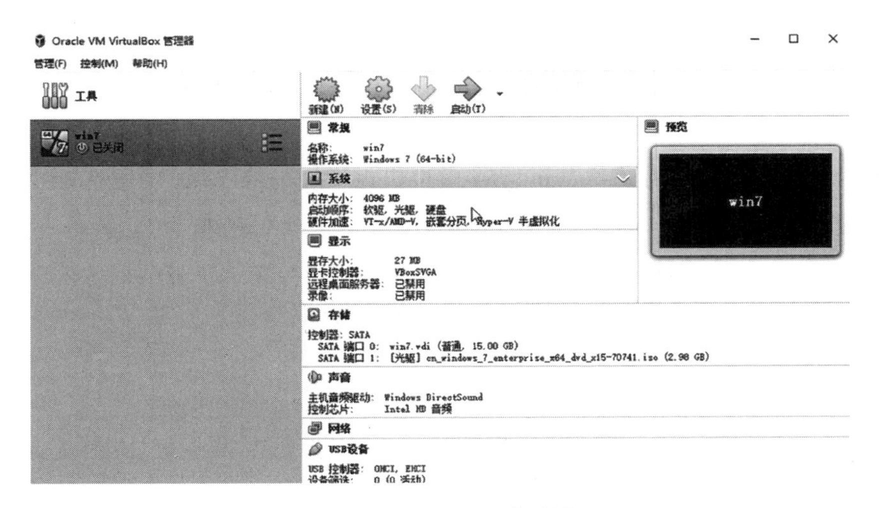

图 7–11　VirtualBox 启动界面

如图 7–12 所示，按步骤进行安装，安装完毕以后，建立在现有操作系统上的虚拟机就已经安装完成。安装完成后在 VirtualBox 界面选择左侧【工具】按钮，点击右侧【导出】，保存在电脑中然后拷贝至 U 盘，这样下次上课前导入 VirtualBox 中，导入过程先拷贝至计算机再导入，速度会快很多。

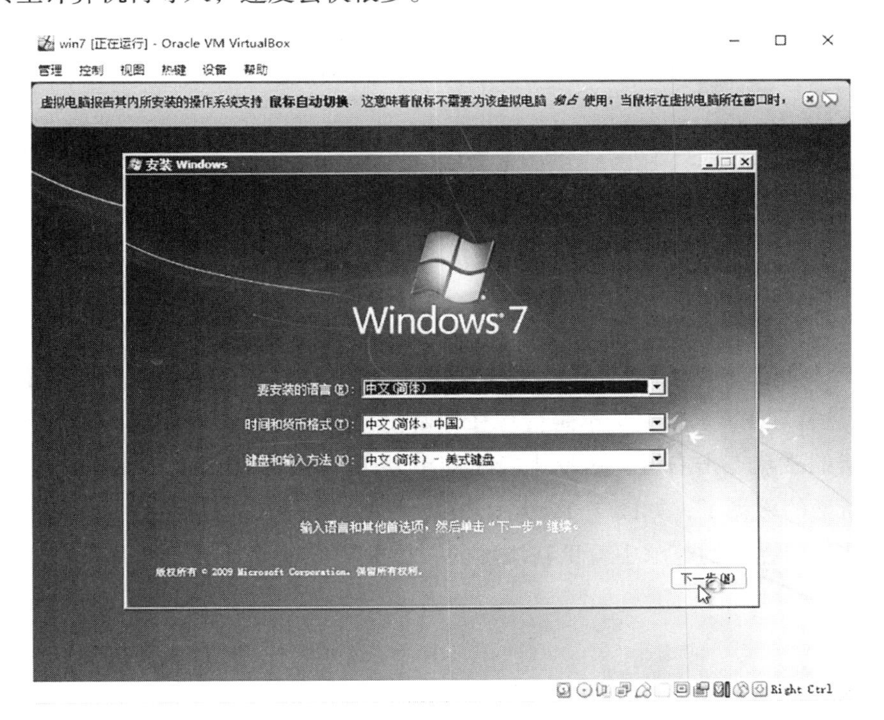

图 7–12　虚拟机 Windows 7 安装启动界面

任务 2　在 VirtualBox 中进行必要设置

为了后续操作，我们需要为 Windows 虚拟机再增加一块磁盘，大小同样为 15GB。

首先将 Windows 系统关闭，在 Windows 7 选项卡 –【设置】–【存储】–【控制器 SATA】右侧点击【创建】。

在弹出菜单中选择【创建】，增加一块 15G 的虚拟硬盘。启动 Windows 7 虚拟机，如图 7–13 所示。

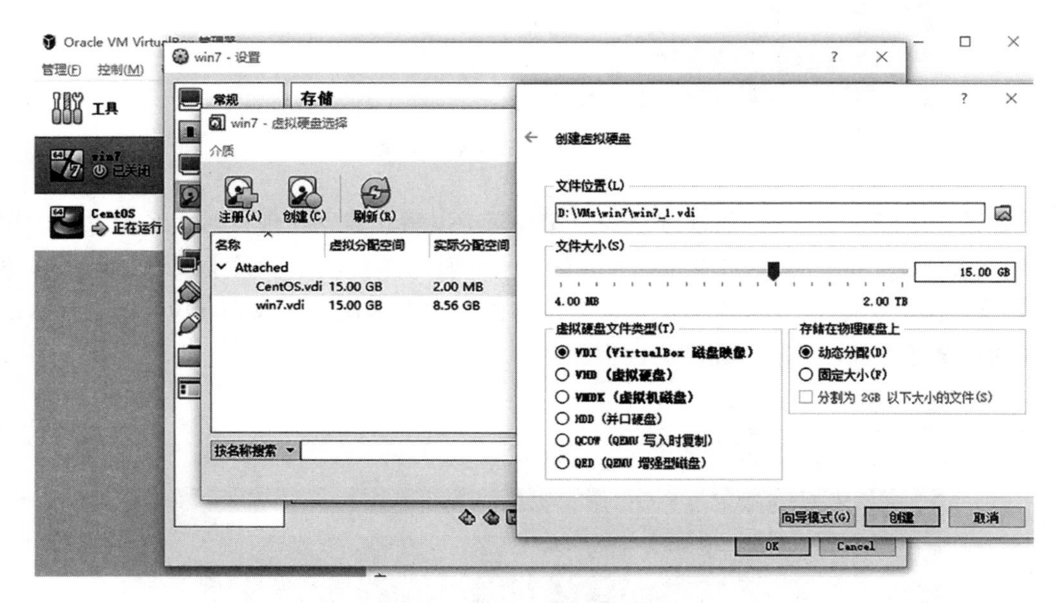

图 7–13　虚拟机添加硬盘界面

启动以后在我的电脑中并不能看见刚刚添加的虚拟磁盘，因为磁盘并没有初始化，Windows 不认为这是一个有效存储。我们需要进入【开始】–【控制面板】–【计算机管理】–【磁盘管理】，系统会提示是否现在初始化，我们选择【确定】，如图 7–14 所示。

在新增的磁盘点击右键，选择【新建简单卷】，再格式化以后，在我的电脑中就能正常访问新增的磁盘了，如图 7–15 所示。

随后就可以在我的电脑中看见新增加的一块虚拟磁盘。

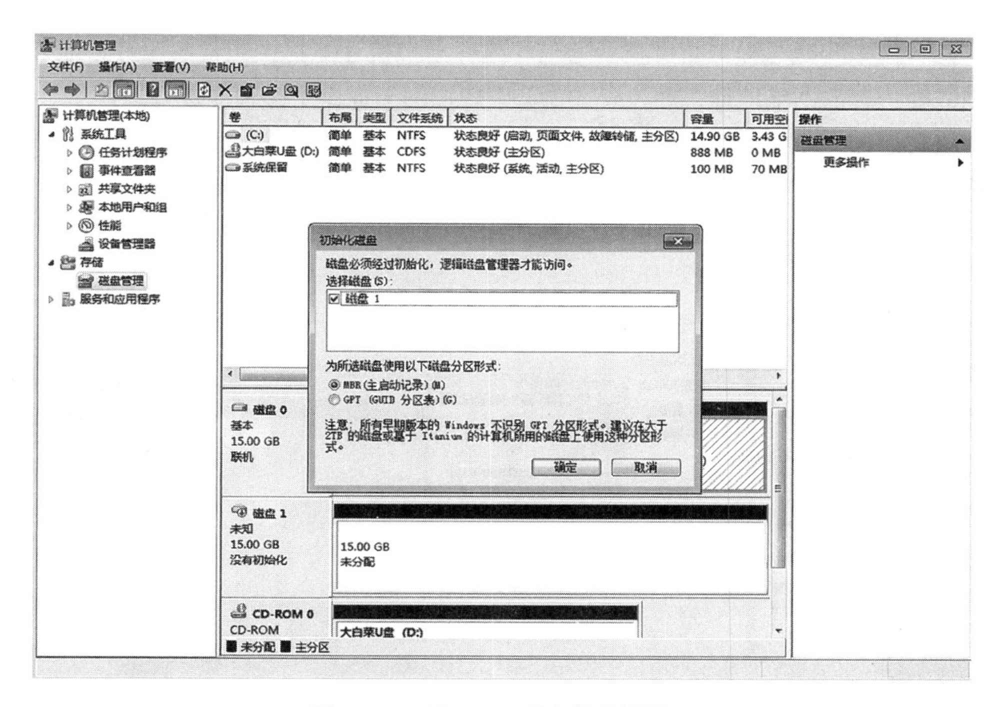

图 7–14　Windows 磁盘管理界面一

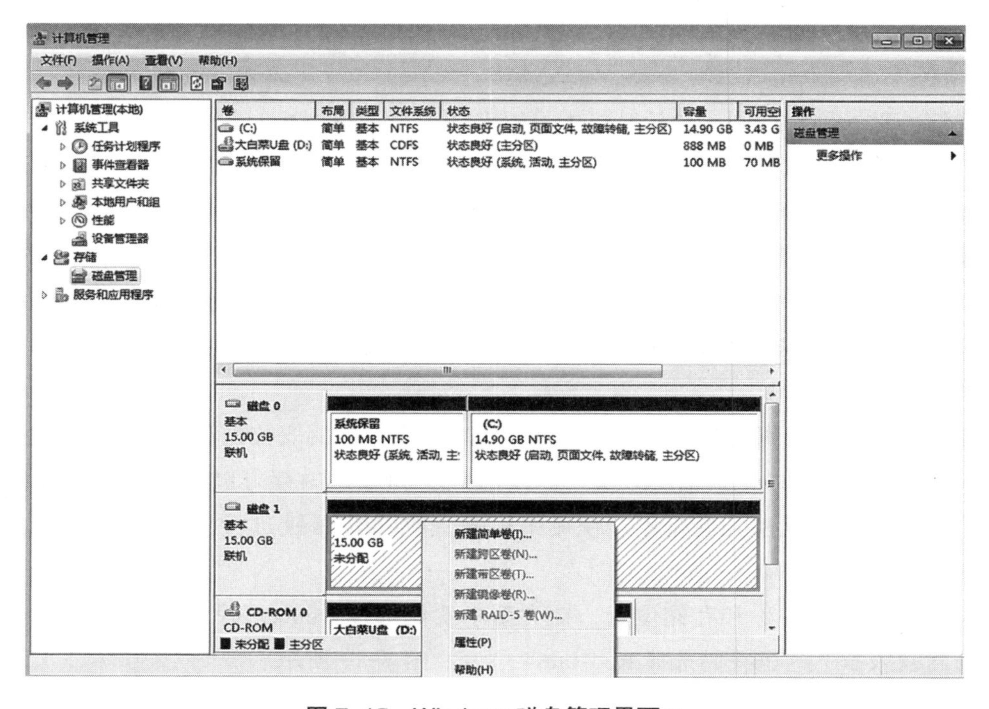

图 7–15　Windows 磁盘管理界面二

下面我们来测试与虚拟机主机的通信，这样虚拟机才能提供正常的服务，能够正常通信则需要正确的网络地址，在 VirtualBox 中虚拟网卡提供了四种连接方式：

这里我们选择【桥接模式】，如图 7-16 所示，此时虚拟机网卡和主机网卡联通，将地址段设为同一网段则可以实现主机和虚拟机的访问，网卡设置完成立即生效。

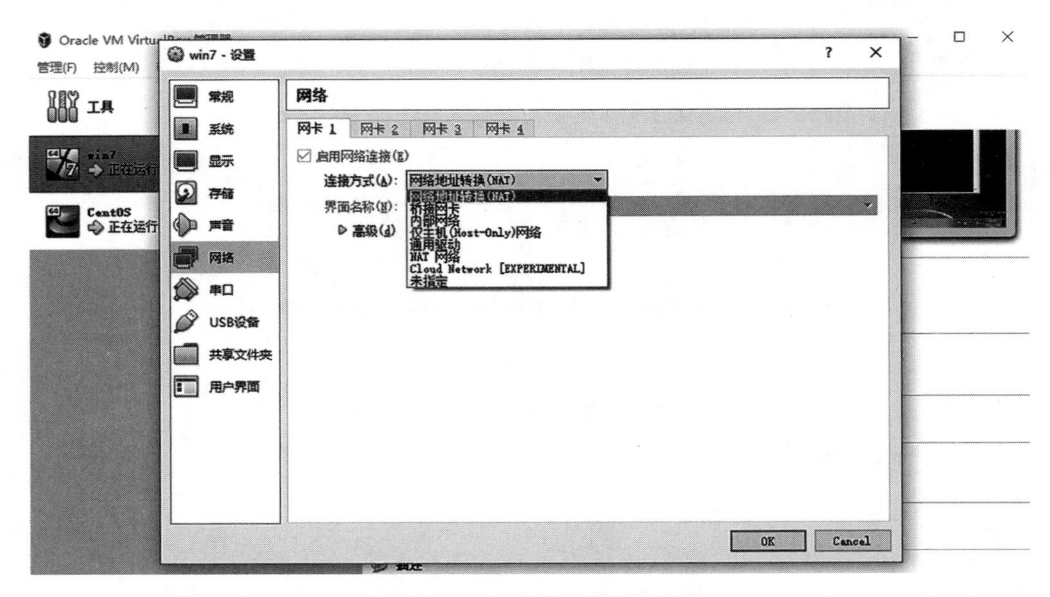

图 7-16　虚拟电脑网络设置界面

我们可以看到，在同一台计算机中可以安装若干个虚拟机，并且可以同时运行，在各自负载不高的情况下提高计算机硬件设备的使用效率。在实际使用中，除了我们常见的 Windows 系统以外，更多用来提供服务的是 Linux 系统，下面我们在已经熟悉虚拟机中安装操作系统的基础上安装一个常用的 Linux 系统。

任务 3　在 VirtualBox 中安装操作系统 II

新建虚拟机的步骤我们这里不再重复，这里我们挂载的安装光盘是计算机 D 盘中的 CentOS-6.10-x86_64-bin-DVD1.iso 文件。硬盘大小和虚拟内存可以根据实际情况设置，然后启动虚拟机。这里开始是不能使用鼠标的，使用 TAB 键进行按钮区块选择，上下键选择具体某一个选项，空格键选中。

设置虚拟机的名称和存储位置，在类型中我们选择 Linux，因为 CentOS 是 RedHat 的重新封装版本，这里我们选择 RedHat64 位，如图 7-17 所示。

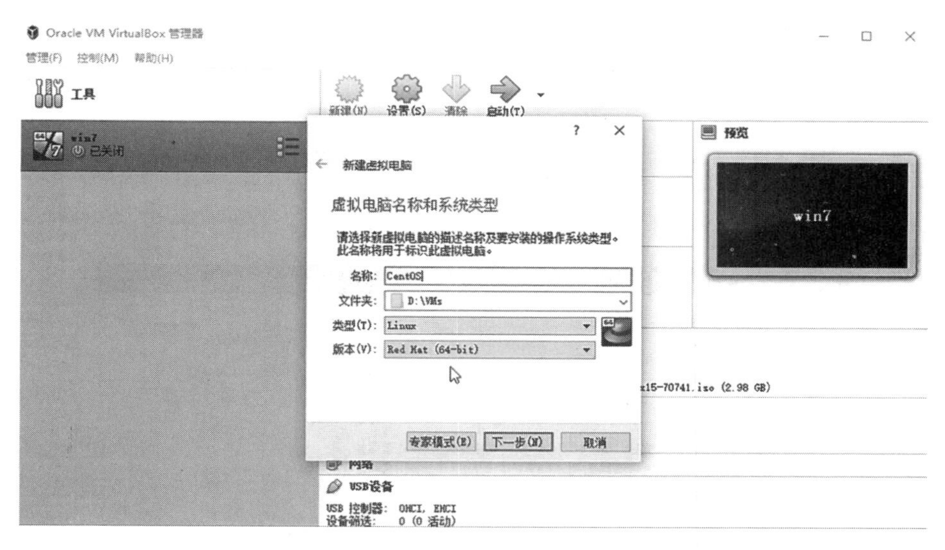

图 7–17　VirtualBox 新建虚拟电脑界面

图 7-18 是对安装光盘镜像的检查，我们选择 Skip 略过。

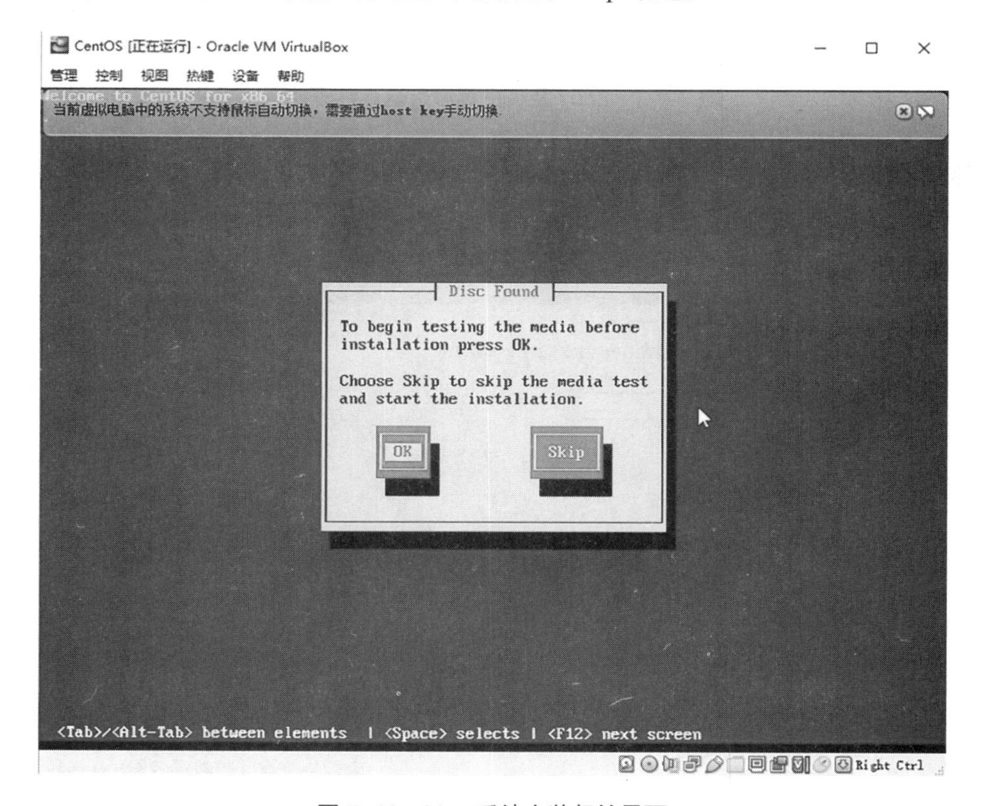

图 7–18　Linu 系统安装起始界面

这里是我们设置的 15G 虚拟硬盘空间，我们这里选择忽略所有数据，如图 7–19 所示。

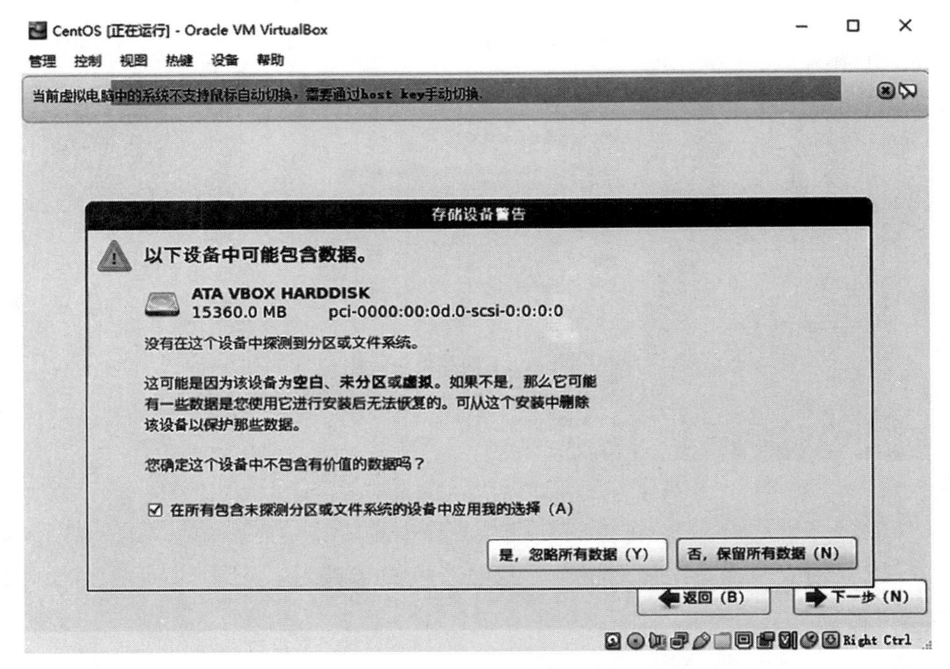

图 7–19 Linux 是否保留原有磁盘数据界面

这里设置计算机的名称，Linux 主机名称是主机名 + 域名的命名方式，如图 7–20 所示。

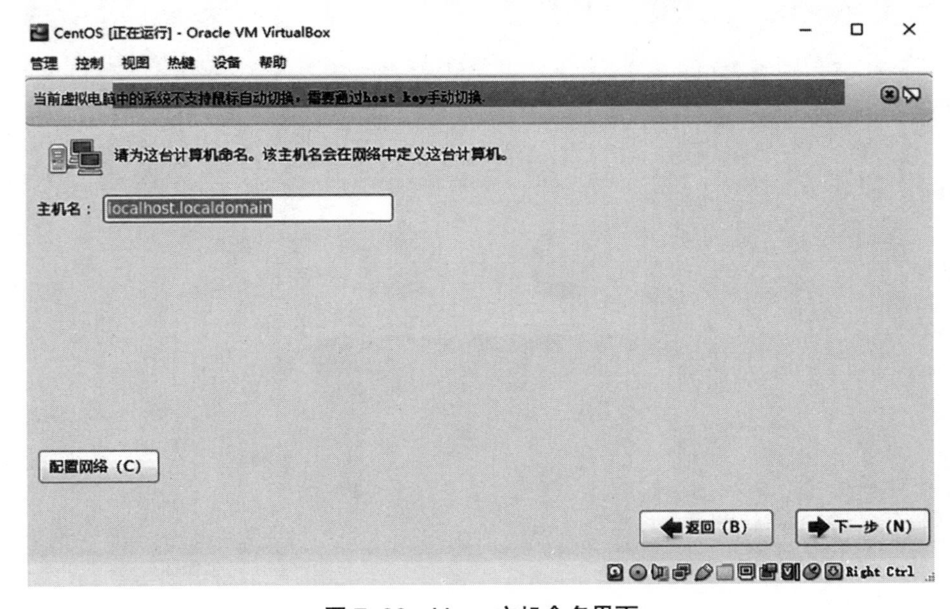

图 7–20 Linux 主机命名界面

此处设置硬盘空间如何使用，我们点击【使用所有空间】，如图 7-21 所示。

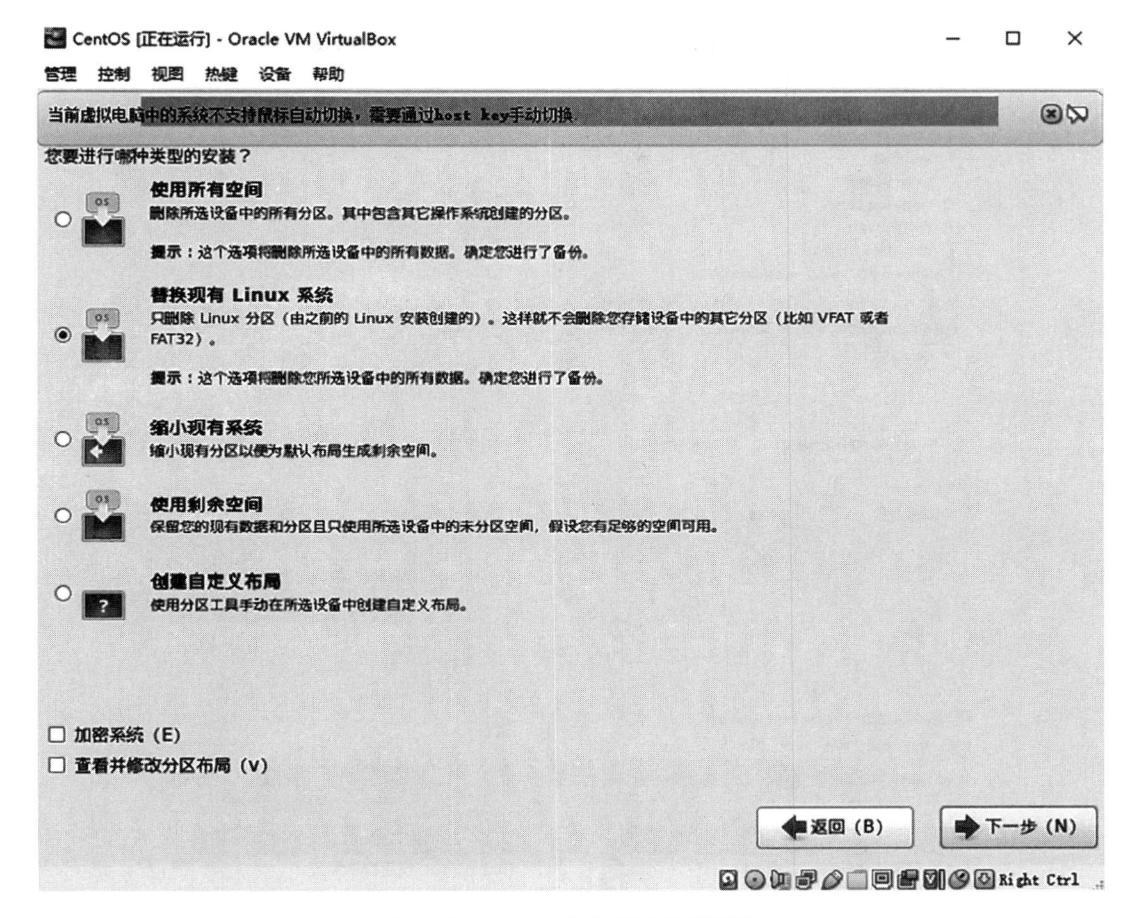

图 7-21　Linux 磁盘使用设置界面

这里选择 CentOS 的安装包，CentOS 列出了常见的一些类型，我们可以选择现在定义来安装需要的软件包，如图 7-22 所示。

选择图 7-23、图 7-24、图 7-25 中安装包，点击【下一步】，安装完成后在设备选项卡中点击【安装增强功能】，如图 7-26 所示。

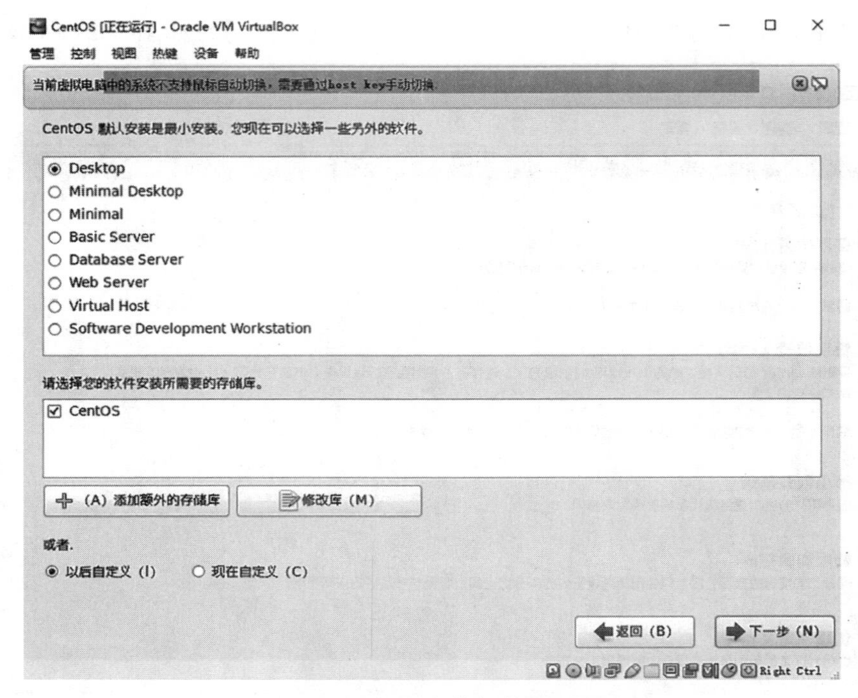

图 7–22　Linux 安装方式选择界面

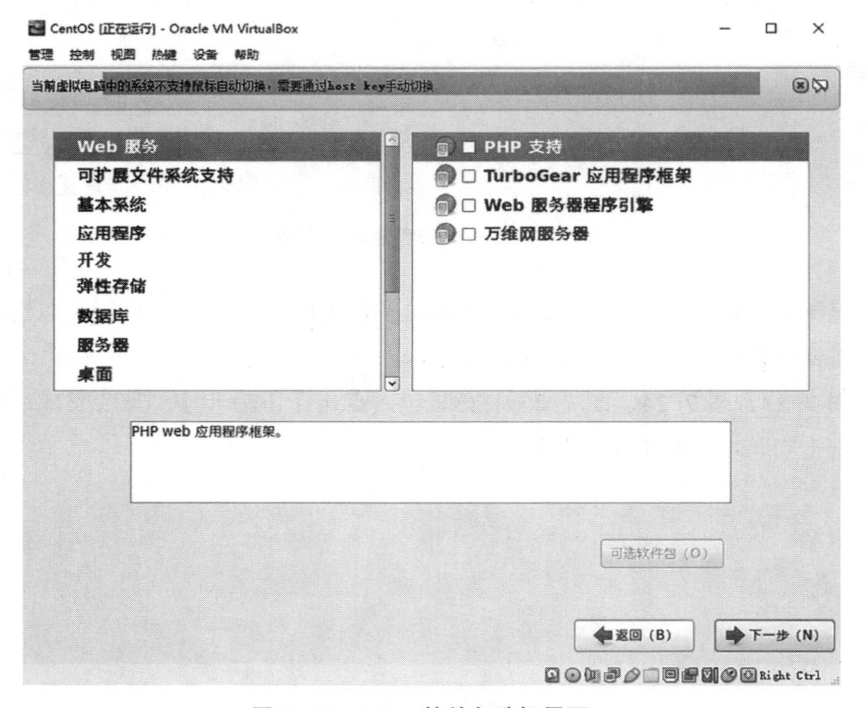

图 7–23　Linux 软件包选择界面一

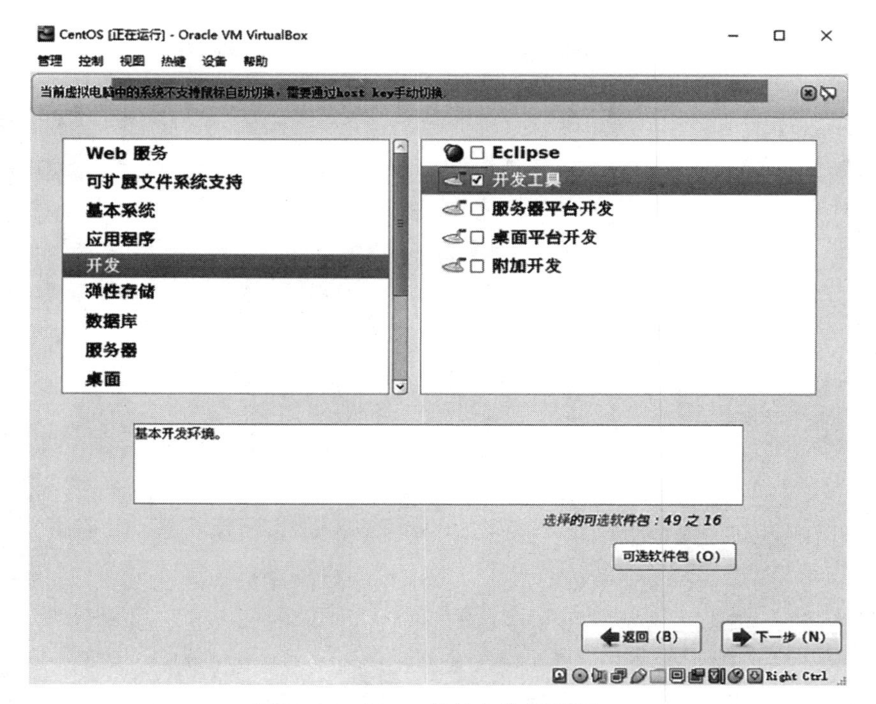

图 7-24　Linux 软件包选择界面二

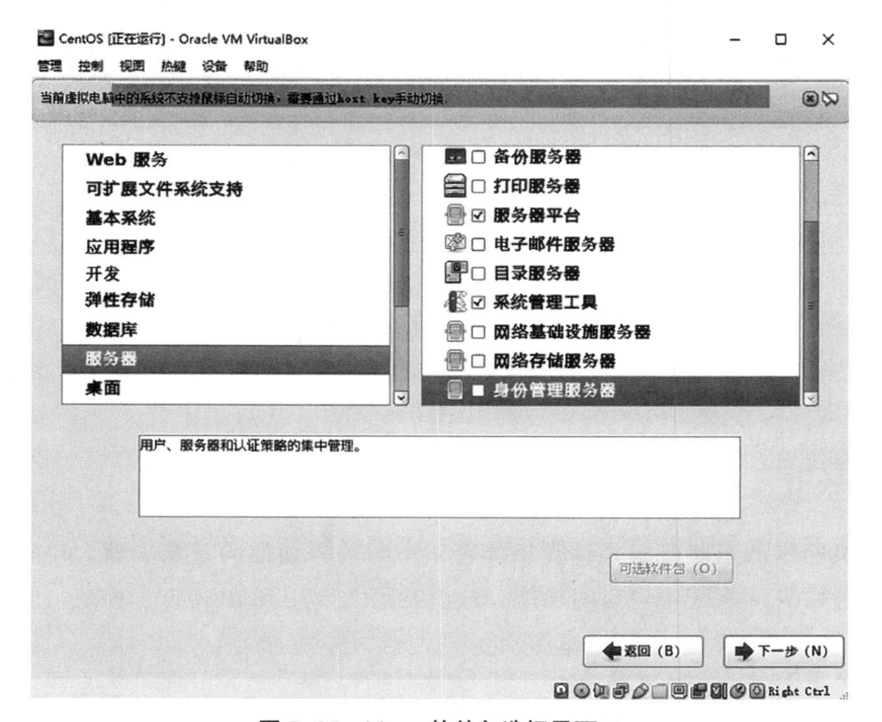

图 7-25　Linux 软件包选择界面三

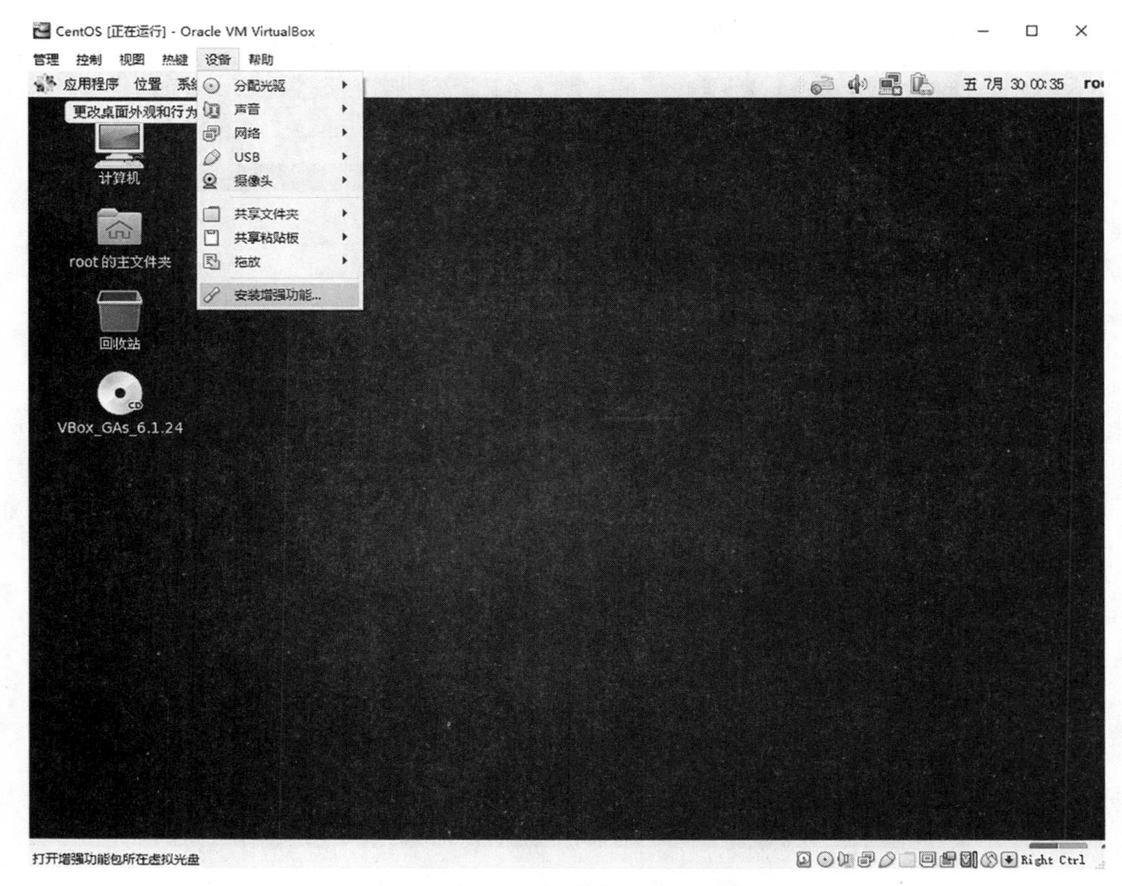

图 7–26　Linux 安装增强功能界面

项目 7.2　计算机网络配置

1. 项目要求

计算机网络的正确配置是计算机能否正常与外界通信的重要步骤，在前面的章节我们学习过常见网络配置项目的功能，这里我们需要用到 IP 地址、掩码、默认网关和 DNS 地址。

2. 项目实现

任务 1　Windows 系统的网络配置

打开前面我们安装的 Windows 虚拟机，Windows 中网络设置在【开始】-【控制面板】如图 7-27 所示。

图 7-27　Windows 控制面板界面

将右侧查看方式改为小图标，点击【网络和共享中心】，点击左侧的【更改适配器设置】，右键选择需要修改的适配器，右键选择【属性】，如图 7-28 所示。

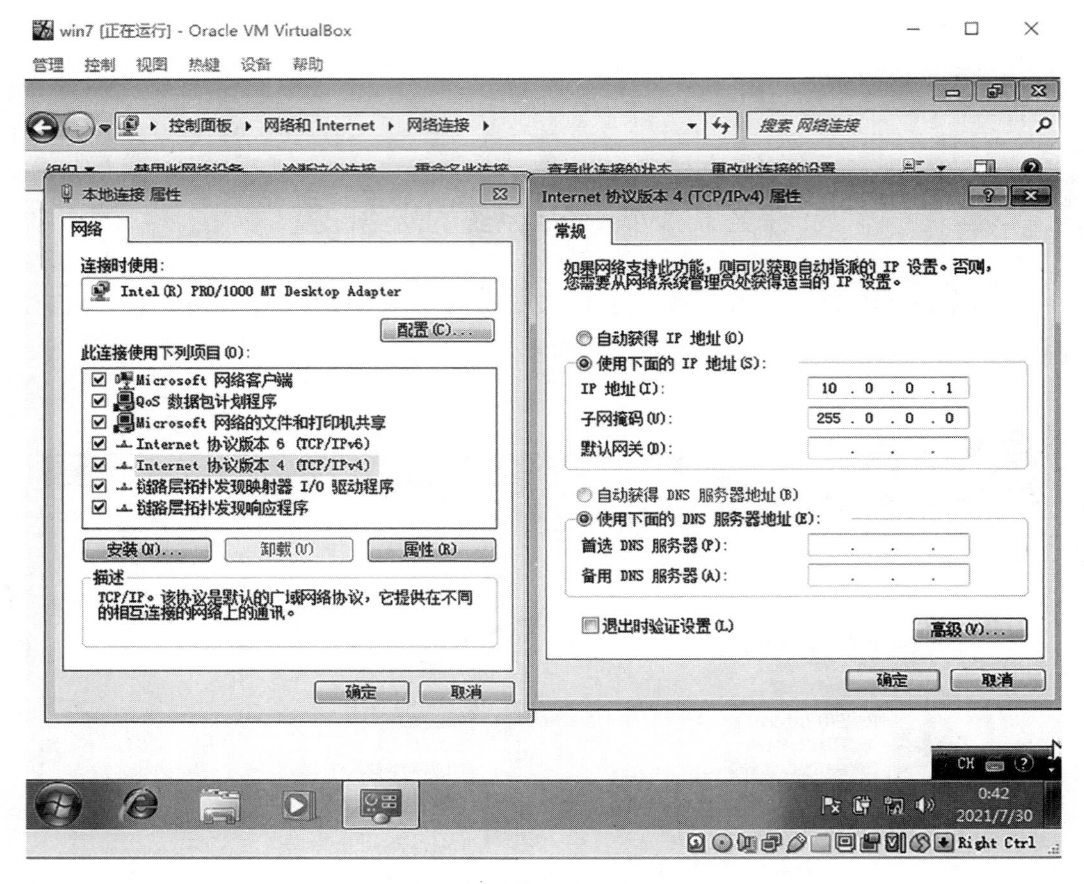

图 7–28　Windows 网络设置界面

双击选择其中的【Internet 协议版本 4】，在弹出的对话框中选择使用下面的 IP 地址，为避免冲突，设置一个不冲突的同网段地址，点击【确定】。

```
正在 Ping 10.0.0.1 具有 32 字节的数据:
来自 10.0.0.1 的回复: 字节=32 时间=6ms TTL=253
来自 10.0.0.1 的回复: 字节=32 时间=7ms TTL=253
```

可以通过主机 Ping 命令测试与虚拟机地址是否联通，测通以后可以通过远程桌面访问虚拟机中的 Windows。Ping 命令是网络调试中常用的命令，用来测试网络连通性，如果通信正常返回一个 TTL 值，如果不正常会显示超时或者网络无法到达的错误信息。

在 Windows 中点击开始，右键【我的电脑】–【属性】，左侧选择【远程设置】–【允许运行任意版本远程桌面的计算机连接】。在 Windows 中点击开始，【控制面板】–【防火墙】–【打开或关闭 Windows 防火墙】，选择【关闭防火墙】，如图 7–29 所示。此时我们就可以使用远程桌面来访问 Windows 系统了。

图 7-29　Windows 网络设置界面 Windows 远程连接设置界面

任务 2　Linux 系统的网络配置

在 Linux 中也可以修改 IP 地址，首先看一下图形界面的方法，如图 7-30 所示。

首先右键点击右上侧网络图标，选择【编辑连接】，选择网卡名称点击【编辑】，勾选【自动连接】，选择【IPv4】选项卡，点击【地址】- 输入 ip 地址，注意要和主机在同一网段且不要冲突。

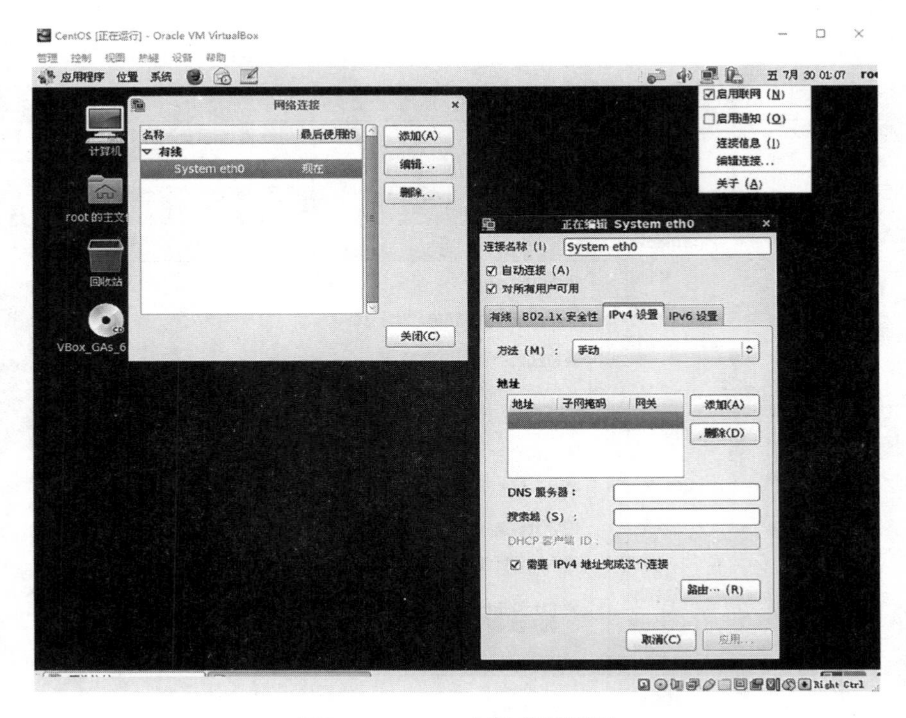

图 7–30　Linux 网络设置界面

也可以在命令行进行修改，点击左上角应用程序，系统工具 – 终端输入。

```
[ root@linux ~]# vi /etc/sysconfig/network-scripts/ifcfg-eth0
```

图 7–31　Linux 网络配置文件修改界面

在图 7-31 界面按【 i 】进入修改模式，修改其中参数即可修改网卡的相关选项，保存退出按 ESC，输入【 :wq! 】，不保存直接退出按 ESC，输入【 :q! 】。

相关参数

DEVICE=eth0	网络适配器代号，要与 ifcfg-eth0 相对应
BOOTPROTO=static	启动时使用静态地址（STATIC）还是自动分配地址 (DHCP)
BROADCAST= 192.168.1.255	广播地址
HWADDR=00:40:D0:13:C3:46	网络适配器物理（MAC）地址
IPADDR= 192.168.1.13	网络适配器 IP 地址
NETMASK= 255.255.255.0	掩码
NETWORK= 192.168.1.0	IP 地址所在网络
GATEWAY= 192.168.1.2	网关
ONBOOT=yes	开机时是否启动
MTU=1500	最大传输单元的设定值
#GATEWAYDEV=eth0	网管所在的网络适配器，通常不用设定

修改完成以后使用 Ping 命令测试连通性。

点击主机 putty 软件工具，选择 SSH 连接，输入 Linux 地址，连接后输入账号和密码，即可对 Linux 进行远程管理。

项目 7.3　镜像制作恢复工具 Ghost 介绍与实践

项目实现

任务 1　启动光盘的使用

这是 VirtuaBox 的启动画面，在右下角我们看到有“Press F12 to select boot device”，如图 7-32 所示，在没有安装任何系统第一次启动的情况下，VirtualBox 会选择从光驱启动。安装好系统以后，VirtualBox 会默认从虚拟硬盘启动，如果我们需要对系统盘做一些调整，或者不希望加载本地操作系统，则需要从光盘启动。

首先在 VirtualBox 主界面选择 Windows 7 虚拟机，在右侧选择设置 - 存储 - 虚拟光盘－选择虚拟盘，将 D 盘中 dabaicai.iso 文件进行注册，如图 7–33 所示（这里我们选择的是第三方已经制作好的启动光盘）。

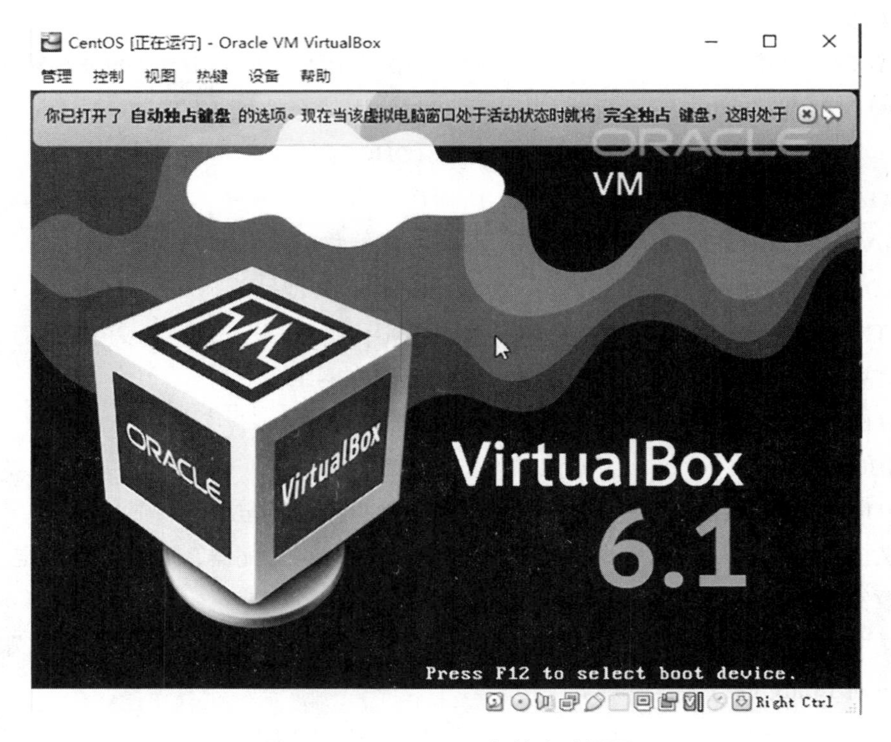

图 7–32　VirtualBox 初始启动界面

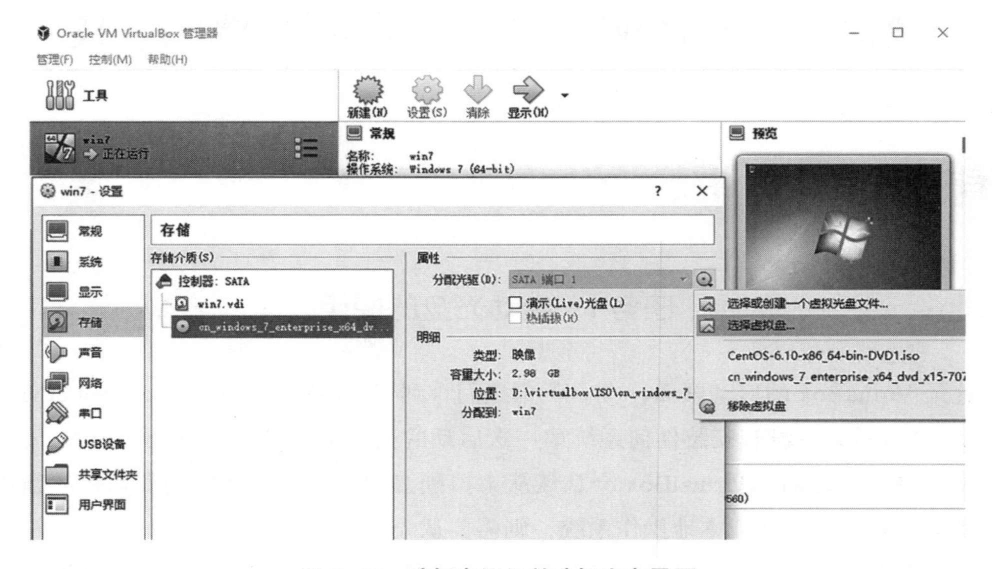

图 7–33　选择虚拟机并选择光盘界面

重新启动 Windows，在启动界面按 F12，出现图 7-34 界面，按 C 选择从光盘 CD-ROM 启动，启动后选择菜单第一项，WIN10PE 启动。

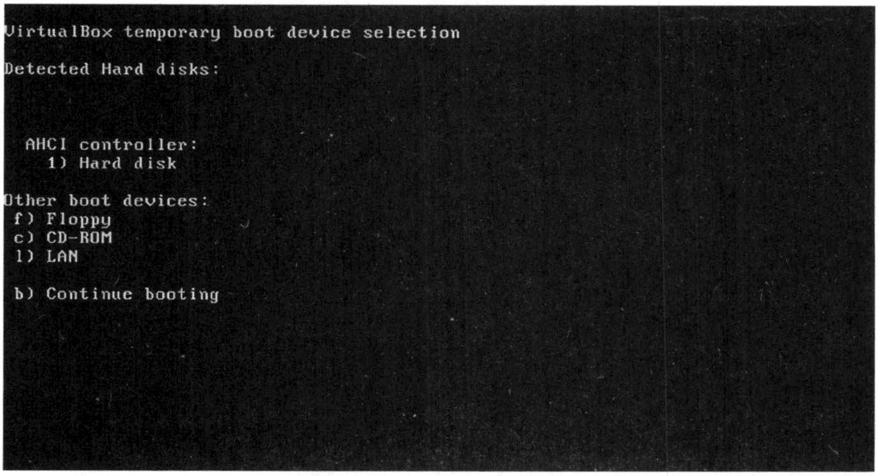

```
VirtualBox temporary boot device selection

Detected Hard disks:


  AHCI controller:
    1) Hard disk

Other boot devices:
 f) Floppy
 c) CD-ROM
 l) LAN

 b) Continue booting
```

图 7-34　虚拟电脑启动介质选择界面

任务 2　Ghost 的镜像制作与恢复

Ghost 是一款用于将磁盘或者磁盘分区进行镜像备份和恢复的软件，可以用于快速地安装和恢复系统。首先打开开始菜单的 Ghost 软件，出现图 7-35 界面。

Ghost 的一级菜单分为以下几种：

Local 指本地操作；

Peer to peer 指通过网络点对点操作；

GhostCast 指通过网络广播操作。

这里我们仅了解本地操作，在本地 Local 菜单下有如下二级菜单：

Disk 指对整个磁盘进行操作，to disk 指复制到另一个磁盘；to image 指保存磁盘镜像；from image 指从一个镜像文件恢复。

Partition 指对分区进行操作，to disk 指复制到另一个磁盘；to image 指保存磁盘镜像；from image 指从一个镜像文件恢复。

Check 指检查一个镜像是否有错误。

这里我们先进行保存分区镜像，注意要保存的分区镜像和镜像文件不能在同一分区。

首先选择【Local】-【Partition】-【ToImage】，如图 7-36 所示。

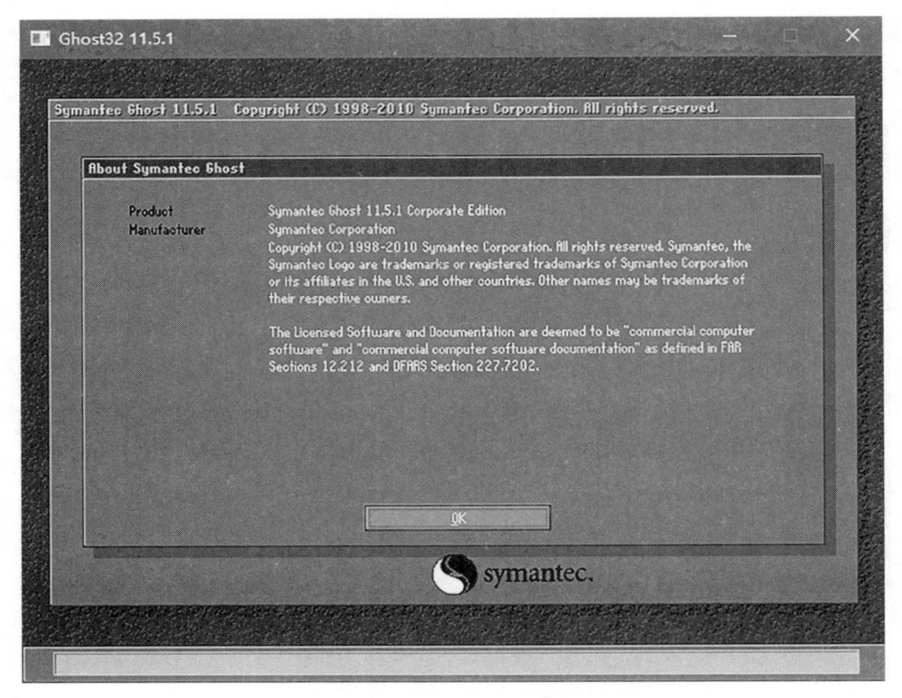

图 7–35　Ghost 启动界面

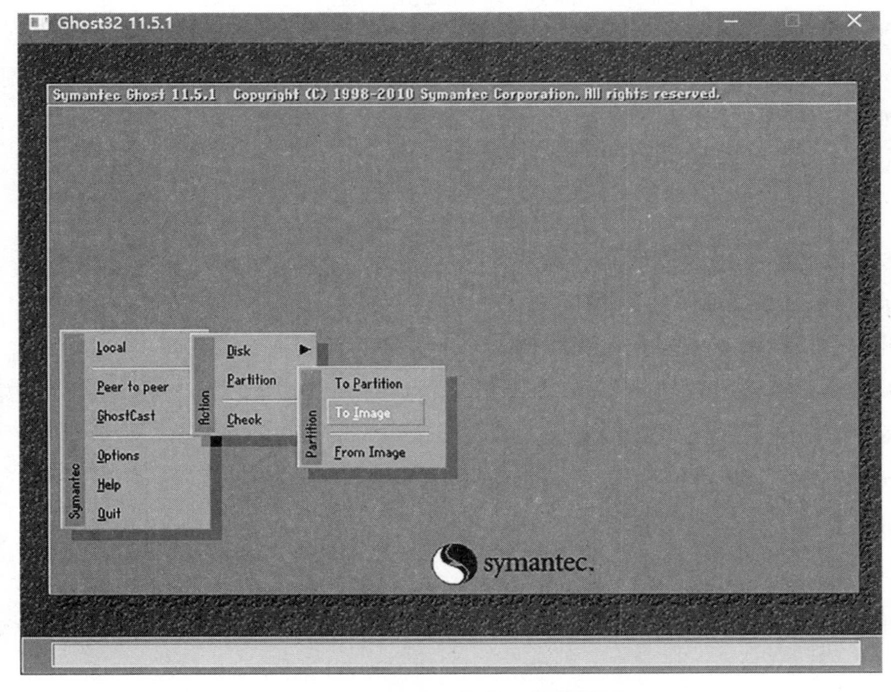

图 7–36　Ghost 恢复　备份界面

通过上下箭头选择第一块虚拟磁盘点击【回车】，如图 7-37 所示。

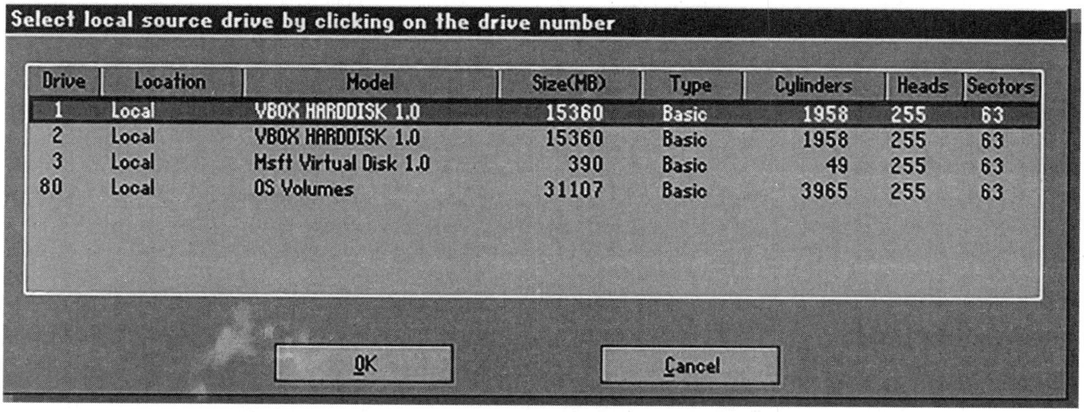

Select local source drive by clicking on the drive number

Drive	Location	Model	Size(MB)	Type	Cylinders	Heads	Sectors
1	Local	VBOX HARDDISK 1.0	15360	Basic	1958	255	63
2	Local	VBOX HARDDISK 1.0	15360	Basic	1958	255	63
3	Local	Msft Virtual Disk 1.0	390	Basic	49	255	63
80	Local	OS Volumes	31107	Basic	3965	255	63

OK　Cancel

图 7-37　备份源选择界面一

注意要选择第一块磁盘中的系统分区，这里是分区 D，如图 7-38 所示。

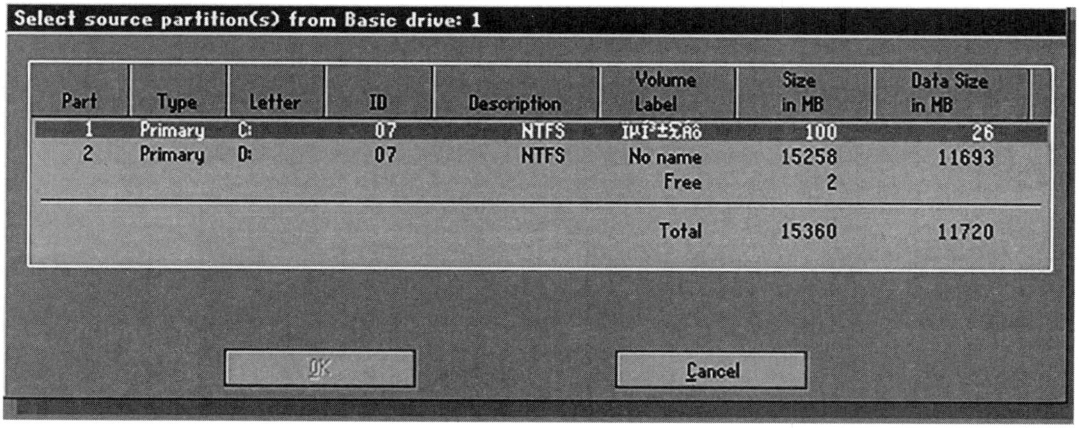

Select source partition(s) from Basic drive: 1

Part	Type	Letter	ID	Description	Volume Label	Size in MB	Data Size in MB
1	Primary	C:	07	NTFS	ÏµÍ³±£Áô	100	26
2	Primary	D:	07	NTFS	No name	15258	11693
					Free	2	
					Total	15360	11720

OK　Cancel

图 7-38　备份源选择界面二

备份磁盘选择 2：1 第二块磁盘，在 File name 输入镜像名称，点击【Save】，如图 7-39 所示。

这里 Fast 表示不压缩，备份速度最快，High 表示压缩镜像，但是速度较慢，这里我们选择 Fast，然后点击 yes，如图 7-40 所示。最后在我的电脑中查看备份磁盘中是否有 Windows 7.gho 文件。

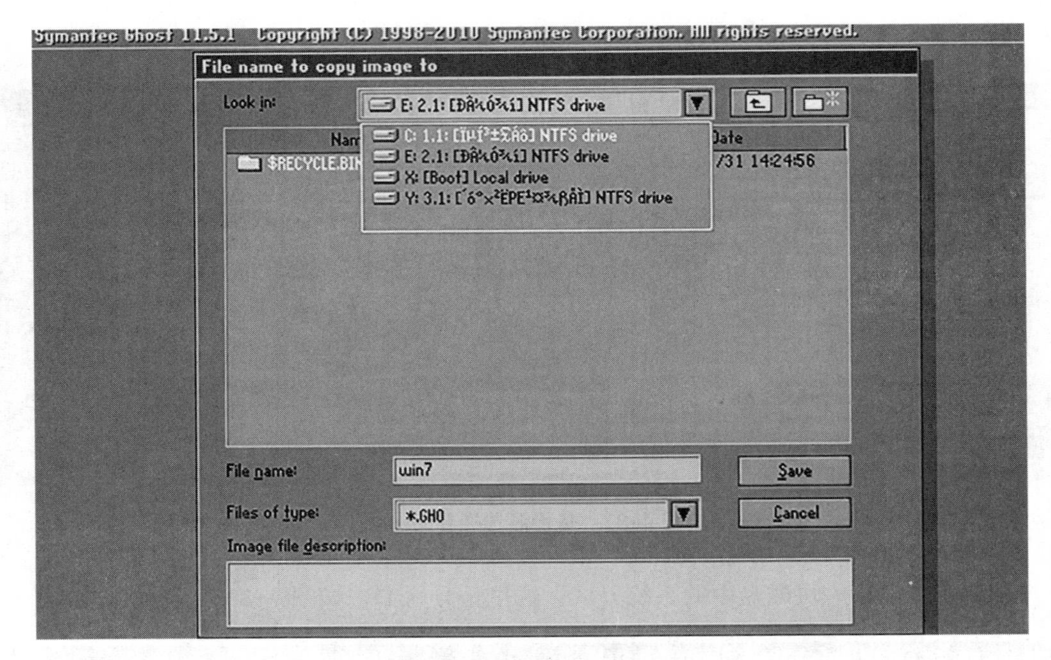

图 7–39 备份位置选择界面

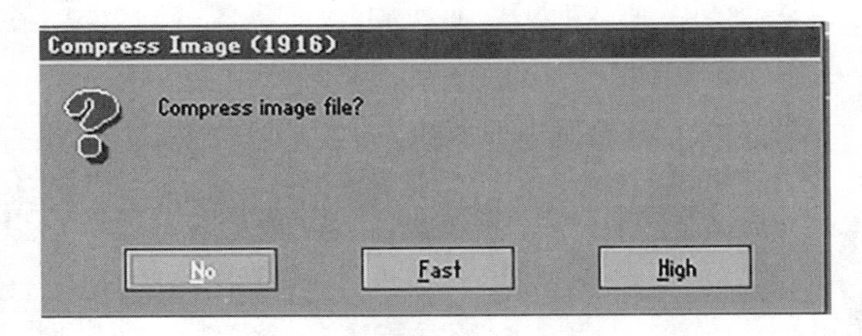

图 7–40 备份开始确认界面

项目 7.4 磁盘工具 DiskGenius 介绍与实践

1. 项目要求

在现实使用中，我们会需要对磁盘进行一些操作，如设置活动硬盘，调整分区大小，磁盘分割等。DiskGenius 是常用的一种工具。

2. 项目实现

任务 1　使用 DiskGenius 进行磁盘分区和调整

目前的 Windows 虚拟机中有两个磁盘，为了方便操作，启动虚拟机后还是在 PE 系统中进行操作，点击桌面【DiskGenius】(分区工具)图标。

左侧为设备所有的磁盘和分区情况，右侧显示详细内容。我们对后加的第二块磁盘进行操作，右键选择【HD1】-【新加卷 E】，如图 7-41 所示。

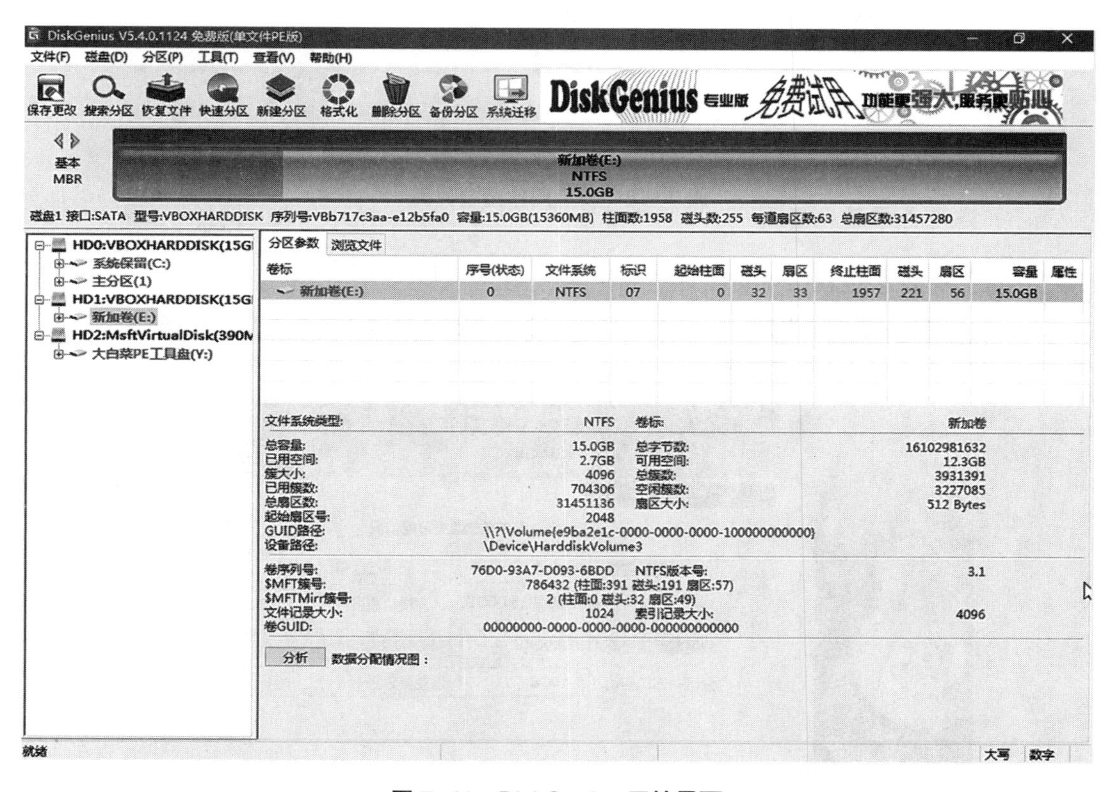

图 7-41　DiskGenius 开始界面

这里我们选择【拆分分区】，如图 7-42 所示。

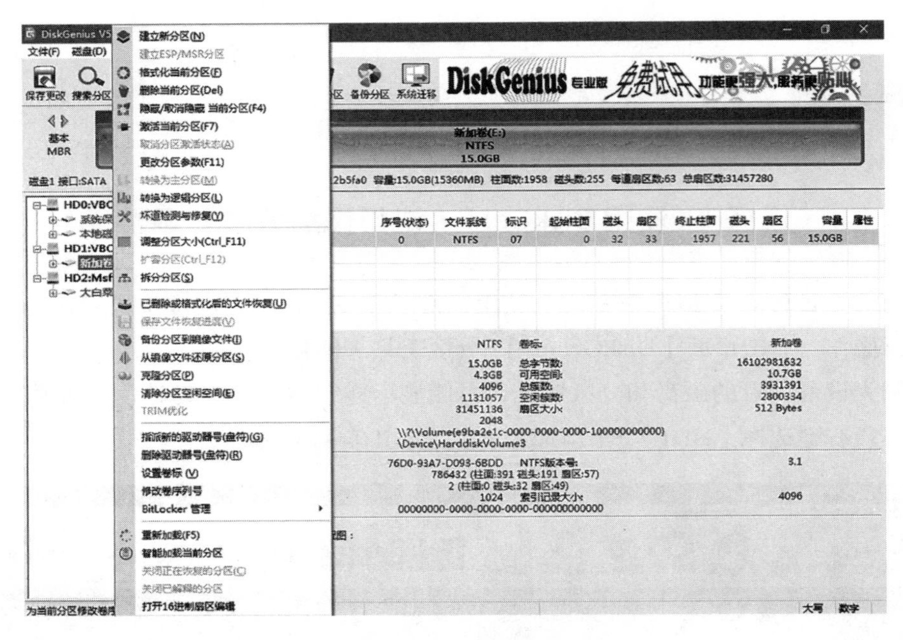

图 7–42　硬盘操作菜单界面

可以调整分区大小，确定以后点击【开始】，如图 7–43 所示。

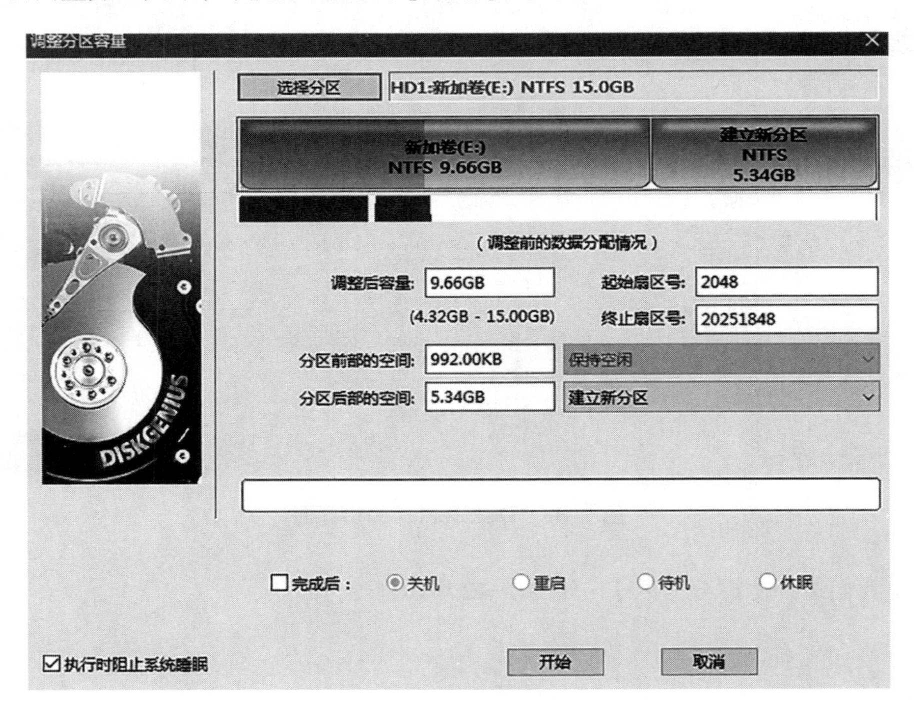

图 7–43　硬盘拆分设置界面

右键选择分出来的新分区，将其转换成逻辑分区，并格式化分区，随后在我的电脑中查看。

任务 2　使用 DiskGenius 进行数据恢复

在 Windows 中一般情况下删除文件（按 DEL 键），实际上只是把文件名的第一个字母改成特殊字符，然后把该文件占用的空间标记为空闲状态，但文件仍然在磁盘上，下次再有新的文件保存到磁盘时，这些新的空间可能会被新文件使用，因此一般情况下，在这些空间没有被覆盖时，文件是可以恢复的。

在刚分出来的空白分区中建立若干个文件，这里我们建立一个 txt 文件，一个文件夹，并在文件夹中建立一个 txt 文件，在 txt 文件中随机写入一些字符，然后将其删除，如图 7-44 所示。

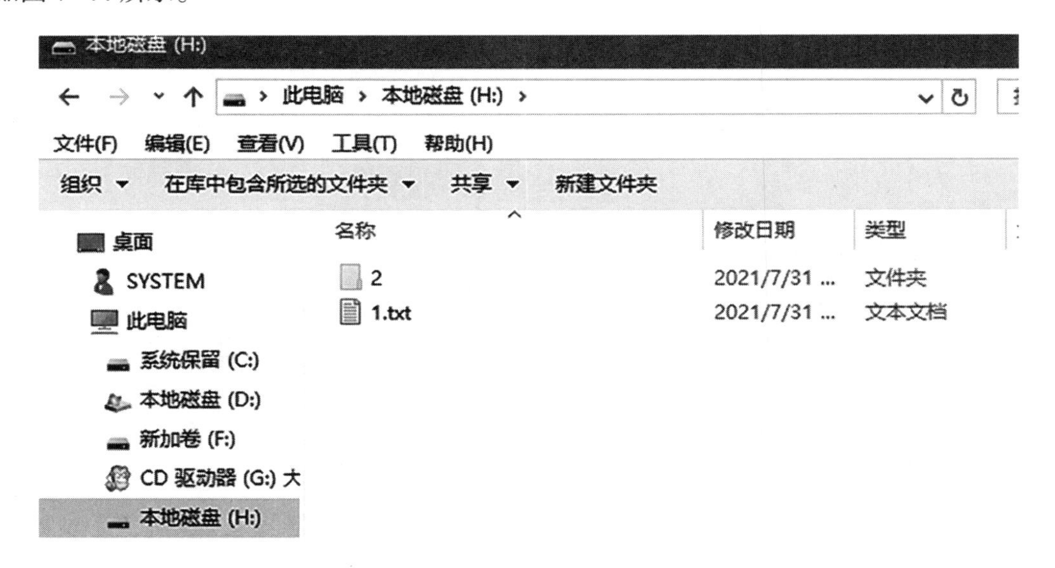

图 7-44　删除文件界面

打开 DiskGenius（D 盘中）选择刚刚删除文件的分区，点击菜单中的【恢复文件】-【开始】，如图 7-45 所示。

这里可以看到刚才删除的文件在右侧详情页中，如图 7-46 所示（恢复功能属于注册版功能）。

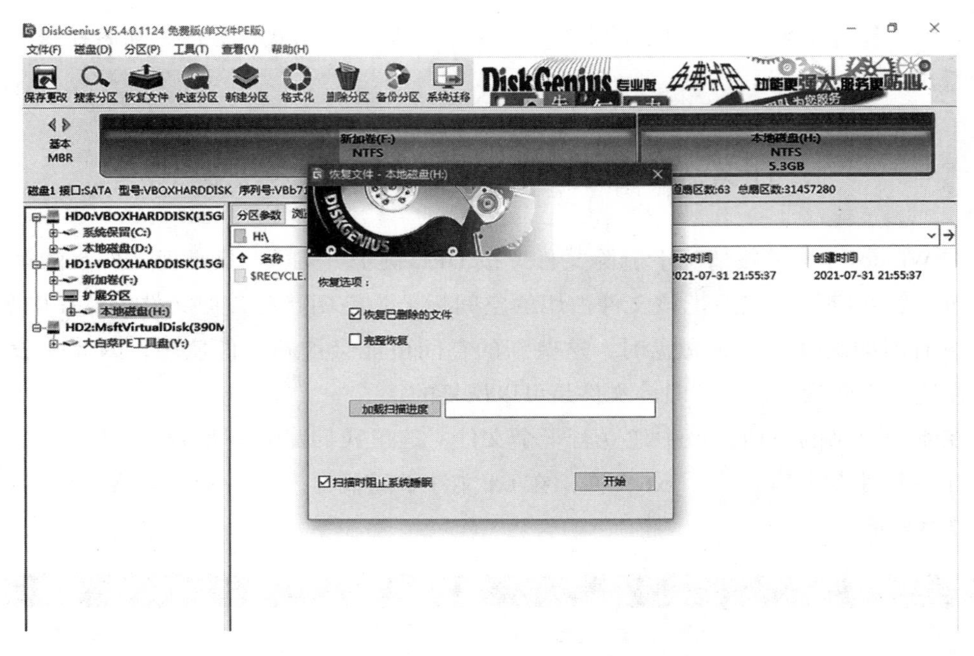

图 7–45　DiskGenius 分区选择 – 恢复文件界面

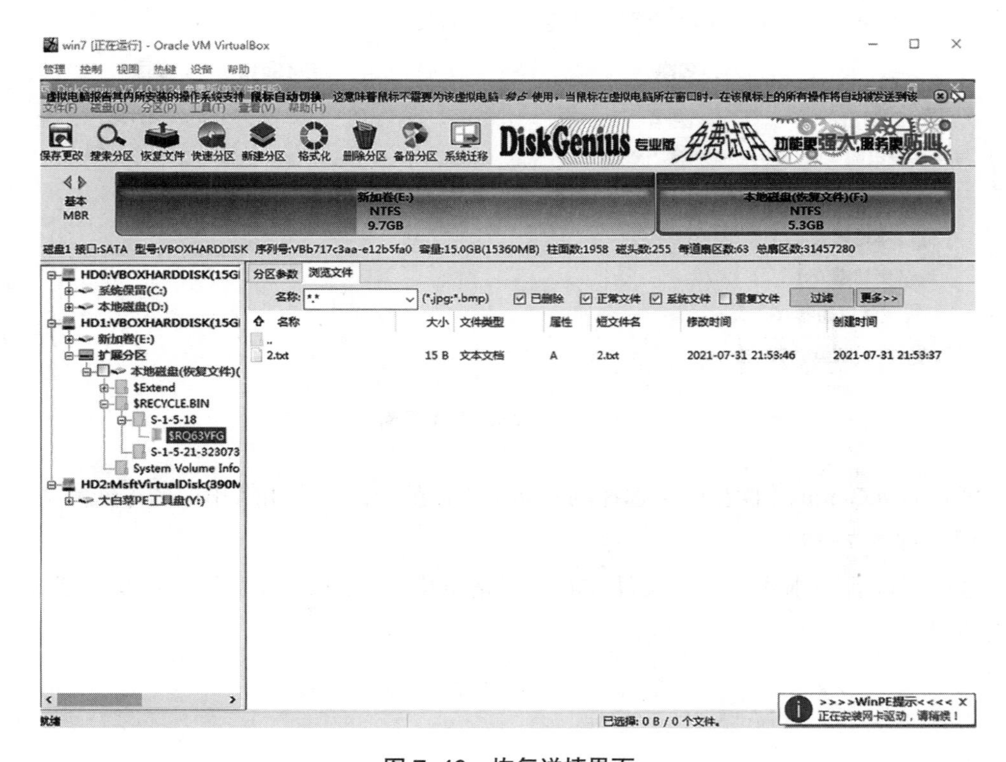

图 7–46　恢复详情界面

项目 7.5　HTTP 服务工具介绍与实践

1. 项目要求

浏览网页是我们常用功能，我们打开浏览器，输入网址就可以查看网页内容，那么这些内容是怎么出现在我们浏览器上的？常见的是操作系统中安装的 HTTP 软件提供的服务，下面我们和大家简单介绍一下最常见的 HTTP 服务软件 -Apache 软件。

2. 项目实现

任务 1　在 Windows 系统中安装 Apache

Apache 是一款开源的 HTTP 服务软件，首先在 Windows 虚拟机中使用浏览器打开 ftp.nith.edu.cn 下载。

双击安装 Apache，如图 7–47 所示。

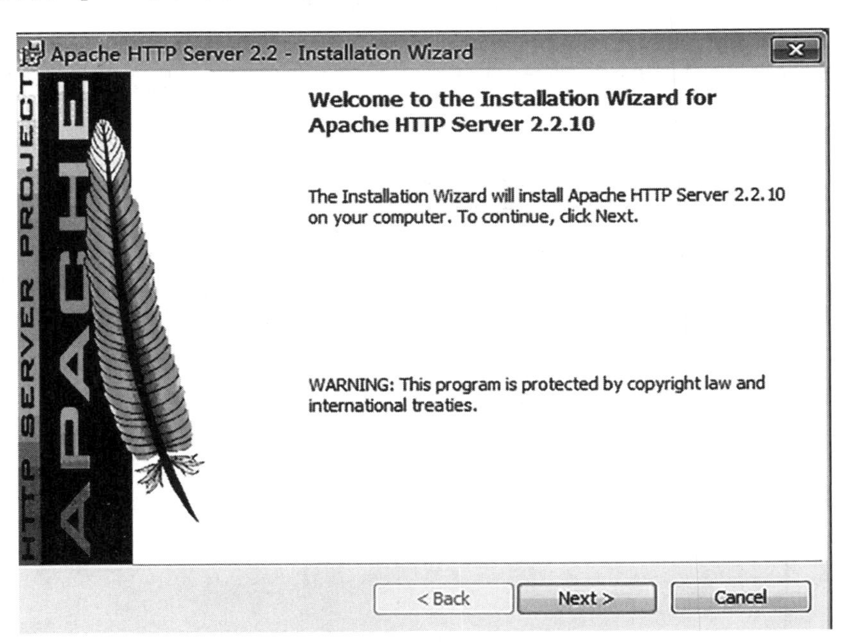

图 7–47　Apache 安装起始界面

这里分别填入域名（nith.edu.cn）、服务器名称（linux）、管理员账号（admin@admin.com）如图 7–48 所示。

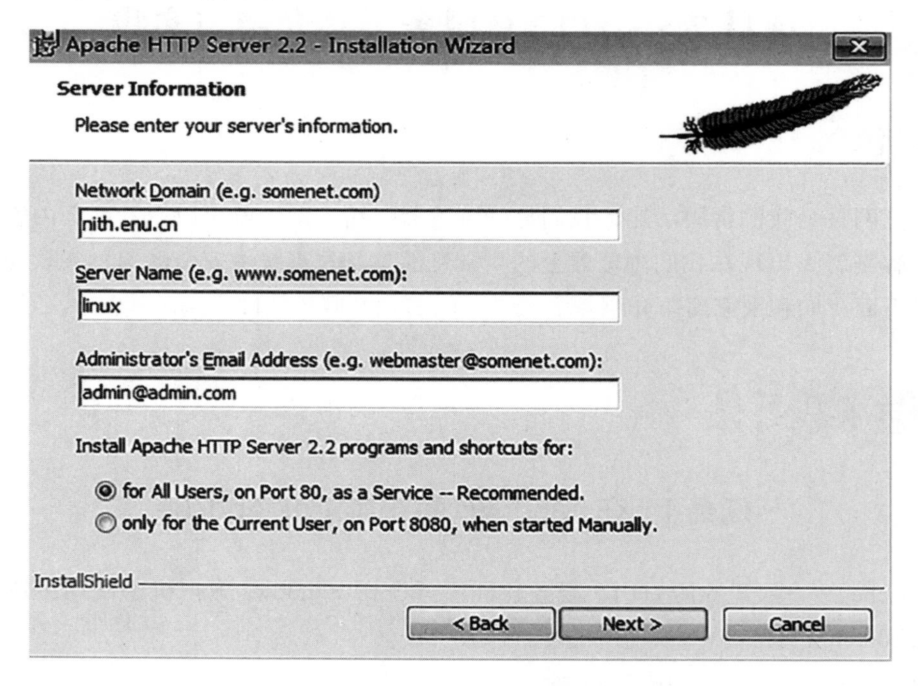

图 7–48　域名、名称、账号设置界面

在浏览器中输入 127.0.0.1（回环地址栏，访问本机网卡），显示 It works 表示 HTTP 服务正常。如图 7–49 所示。

图 7–49　初始测试页面

任务 2　Apache 的设置

安装完成以后，所有的设置是默认设置，实际使用中我们需要根据自己的需要对配置文件进行一定的修改。

在 Apache 安装目录中，htdocs 是 http 服务的根目录，conf 文件夹是配置文件目录，其中 httpd.conf 是主要配置文件。

下面介绍主要配置：

在配置文件中加 # 号的表示注释或者未生效的配置。

ServerRoot "C:/Program Files（x86）/Apache Software Foundation/Apache2.2"

指定 Apache 的运行目录，在服务中使用的所有相对路径都是相对于这个目录下

Listen 80

指定 Apache 服务的监听端口，如我们测试的 http://127.0.0.1 不带端口号其实是默认的 80 端口，这里我们可以改变监听端口为 8081，然后通过 http://127.0.0.1：8081 进行测试

DocumentRoot "C:/Program Files（x86）/Apache Software Foundation/Apache2.2/htdocs"

指定 http 服务的文件根目录

DirectoryIndex index.html

指定默认主页文件名，当访问一个文件夹时，默认访问的此文件夹下的文件名称 .

除了上述配置以外，还有很多其他的配置，这里我们不再详细叙述，有兴趣的同学可以自行查看。

我们还安装可一个 Linxu 的虚拟机，在实际的应用中，使用 Linux 主机作为 HTTP 服务的主机更为常见，同样我们也可以安装 Apache。

这里我们使用 RPM 包进行安装，在 Linux 虚拟机中访问 ftp://ftp.nith.edu.cn，下载 Apache 的 RPM 包进行安装。

安装好以后再终端中键入 service httpd start。

课后练习

在安装有 Windows 的计算机中安装虚拟化软件可以提高计算机的使用效率，但是宿主机 Windows 系统本身也是需要占用一定的系统资源的。1974 年，Gerald J. Popek（杰拉尔德 · J. 波佩克）和 Robert P. Goldberg（罗伯特 · P. 戈德堡）在合作论文《可虚拟第三代架构的规范化条件》（Formal Requirements for Virtualizable Third Generation

Architectures）中介绍了两种 Hypervisor 类型，分别是类型 I 和 类型 II。如图 7-50 所示。

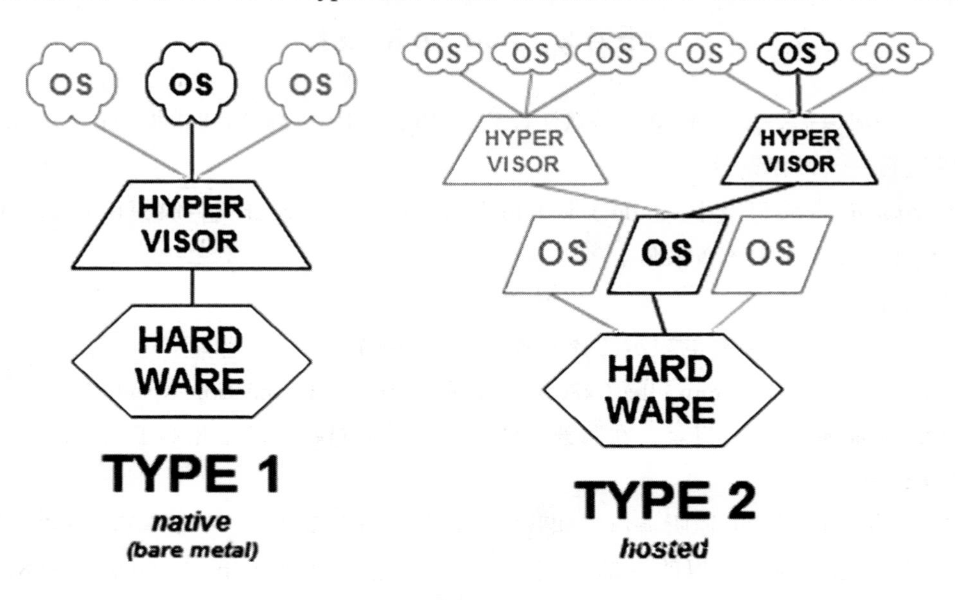

图 7-50　两种虚拟化技术逻辑图

在之前的实践中，我们可以看出是 TYPE2 类型的虚拟化技术，TYPE1 型明显有更加高的系统资源使用效率，课后请了解 Proxmox、ESXI 两种软件，并进行适当的实践。

附录　全国计算机一级考试大纲

基本要求

1. 掌握算法的基本概念。

2. 具有微型计算机的基础知识（包括计算机病毒的防治常识）。

3. 了解微型计算机系统的组成和各部分的功能。

4. 了解操作系统的基本功能和作用，掌握 Windows 7 的基本操作和应用。

5. 了解计算机网络的基本概念和因特网（Internet）的初步知识，掌握 IE 浏览器软件和 Outlook 软件的基本操作和使用。

6. 了解文字处理的基本知识，熟练掌握文字处理软件 Word 2016 的基本操作和应用，熟练掌握一种汉字（键盘）输入方法。

7. 了解电子表格软件的基本知识，掌握电子表格软件 Excel 2016 的基本操作和应用。

8. 了解多媒体演示软件的基本知识，掌握演示文稿制作软件 PowerPoint 2016 的基本操作和应用。

考试内容

一、计算机基础知识

1. 计算机的发展、类型及其应用领域。

2. 计算机中数据的表示与存储。

3. 多媒体技术的概念与应用。

4. 计算机病毒的概念、特征、分类与防治。

5. 计算机网络的概念、组成和分类；计算机与网络信息安全的概念和防控。

二、操作系统的功能和使用

1. 计算机软、硬件系统的组成及主要技术指标。

2. 操作系统的基本概念、功能、组成及分类。

3. Windows 7 操作系统的基本概念和常用术语，文件、文件夹、库等。

4. Windows 7 操作系统的基本操作和应用：

（1）桌面外观的设置，基本的网络配置。

（2）熟练掌握资源管理器的操作与应用。

（3）掌握文件、磁盘、显示属性的查看、设置等操作。

（4）中文输入法的安装、删除和选用。

（5）掌握对文件、文件夹和关键字的搜索。

（6）了解软、硬件的基本系统工具。

5. 了解计算机网络的基本概念和因特网的基础知识，主要包括网络硬件和软件，TCP/IP 协议的工作原理，以及网络应用中常见的概念，如域名、IP 地址、DNS 服务等。

6. 能够熟练掌握浏览器、电子邮件的使用和操作。

三、文字处理软件的功能和使用

1. Word 2016 的基本概念，Word 2016 的基本功能、运行环境、启动和退出。

2. 文档的创建、打开、输入、保存、关闭等基本操作。

3. 文本的选定、插入与删除、复制与移动、查找与替换等基本编辑技术；多窗口和多文档的编辑。

4. 字体格式设置、文本效果修饰、段落格式设置、文档页面设置、文档背景设置和文档分栏等基本排版技术。

5. 表格的创建、修改；表格的修饰；表格中数据的输入与编辑；数据的排序和计算。

6. 图形和图片的插入；图形的建立和编辑；文本框、艺术字的使用和编辑。

7. 文档的保护和打印。

四、电子表格软件的功能和使用

1. 电子表格的基本概念和基本功能，Excel 2016 的基本功能、运行环境、启动和退出。

2. 工作簿和工作表的基本概念和基本操作，工作簿和工作表的建立、保存和退出；数据输入和编辑；工作表和单元格的选定、插入、删除、复制、移动；工作表的重命名和工作表窗口的拆分和冻结。

3. 工作表的格式化，包括设置单元格格式、设置列宽和行高、设置条件格式、使用样式、自动套用模式和使用模板等。

4. 单元格绝对地址和相对地址的概念，工作表中公式的输入和复制，常用函数的使用。

5. 图表的建立、编辑、修改和修饰。

6. 数据清单的概念，数据清单的建立，数据清单内容的排序、筛选、分类汇总，数据合并，数据透视表的建立。

7. 工作表的页面设置、打印预览和打印，工作表中链接的建立。

8. 保护和隐藏工作簿和工作表。

五、PowerPoint 的功能和使用

1. PowerPoint 2016 的基本功能、运行环境、启动和退出。

2. 演示文稿的创建、打开、关闭和保存。

3. 演示文稿视图的使用，幻灯片的基本操作（编辑版式、插入、移动、复制和删除）。

4. 幻灯片的基本制作方法（文本、图片、艺术字、形状、表格等插入及格式化）。

5. 演示文稿主题选用与幻灯片背景设置。

6. 演示文稿放映设计（动画设计、放映方式设计、切换效果设计）。

7. 演示文稿的打包和打印。

考试方式

上机考试，考试时长 90 分钟，满分 100 分。

一、题型及分值

单项选择题（计算机基础知识和网络的基本知识）20 分

Windows 7 操作系统的使用 10 分

Word 2016 操作 25 分

Excel 2016 操作 20 分

PowerPoint 2016 操作 15 分

浏览器（IE）的简单使用和电子邮件收发 10 分

二、考试环境

操作系统：Windows 7

考试环境：Microsoft Office 2016

责任编辑：刘志龙
责任印制：闫立中
封面设计：中文天地

图书在版编目（CIP）数据

新编计算机应用基础 : Office 2016版 / 刘蓉, 肖伟主编. -- 北京 : 中国旅游出版社, 2021.12

全国旅游高等院校精品课程系列教材

ISBN 978-7-5032-6884-7

Ⅰ. ①新… Ⅱ. ①刘… ②肖… Ⅲ. ①电子计算机—高等学校—教材②办公自动化—应用软件—高等学校—教材 Ⅳ. ①TP3

中国版本图书馆CIP数据核字(2021)第278268号

书　　名：新编计算机应用基础：Office 2016版

作　　者：刘蓉，肖伟主编
出版发行：中国旅游出版社
（北京静安东里6号　邮编：100028）
http://www.cttp.net.cn　E-mail:cttp@mct.gov.cn
营销中心电话：010-57377108，010-57377109
读者服务部电话：010-57377151
排　　版：北京旅教文化传播有限公司
经　　销：全国各地新华书店
印　　刷：三河市灵山芝兰印刷有限公司
版　　次：2021年12月第1版　2021年12月第1次印刷
开　　本：787毫米 × 1092毫米　1/16
印　　张：21
字　　数：361千
定　　价：46.00元
ISBN　978-7-5032-6884-7